中国低碳城市建设报告

黄伟光 汪 军 主编

科学出版社

北京

内 容 简 介

　　本报告主题是探索适合中国城市的低碳发展道路，围绕当前我国在低碳城市领域的相关实践经验和存在问题，通过国际对比、情景预测、政策分析等方式解读当前我国在建设低碳城市过程中的目标体系、实现路径及各个支撑体系建设。报告中对低碳城市建设涉及的规划设计、产业发展、社会生活、基础设施等重要领域做了全面论述。同时，通过建立适合中国城市特征的低碳城市评价体系，对全国范围内的地级市进行了低碳发展水平评估。

　　本报告为团队近年来的最新研究成果，为低碳城市研究提供了理论和实践相结合的综合性报告，对各级决策部门、行政部门、科研院所、大专院校、咨询机构及社会公众具有一定的参考和研究价值。

图书在版编目 (CIP) 数据

中国低碳城市建设报告/黄伟光，汪军主编 . —北京：科学出版社，
2014.10
　ISBN 978-7-03-042006-0

　Ⅰ.①中⋯　Ⅱ.①黄⋯ ②汪⋯　Ⅲ.①节能–生态城市–城市建设–研究报
告–中国　Ⅳ.①X321.2

中国版本图书馆 CIP 数据核字（2014）第 223783 号

责任编辑：刘宝莉　孙　芳／责任校对：胡小洁
责任印制：肖　兴／封面设计：陈　敬

科 学 出 版 社 出版
北京东黄城根北街 16 号
邮政编码：100717
http://www.sciencep.com
中国科学院印刷厂印刷
科学出版社发行　各地新华书店经销
*
2014 年 10 月第 一 版　开本：787×1092　1/16
2014 年 10 月第一次印刷　印张：20 1/4
字数：360 000
定价：128.00 元
（如有印装质量问题，我社负责调换）

《中国低碳城市建设报告》编委会

主　编：

黄伟光　汪　军

编写顾问：

李　卫　李晋峰　许京军　戴晓波

委　员（排名不分先后）：

张尚武　沈清基　查　君　匡晓明　汪鸣泉

张立群　高　昆　沈忠华　刘　辰　安　超

阎　凯　邓智团　叶可新　叶钟楠　田逸飞

陈　烨　邓雪嫒　陈　君

参编人员单位及职务（按署名先后排序）：

黄伟光　全国政协委员，中国科学院上海高等研究院副院长，研究员

汪　军　中国科学院上海高等研究院，博士，助理研究员

李　卫　全国政协委员，中国钢研科技集团有限公司，副总工程师

李晋峰　全国政协委员，山西省地税局，副局长

许京军　全国政协常委，南开大学，副校长

戴晓波　上海社会科学院房地产业研究中心，主任，研究员

张尚武　上海同济城市规划设计研究院，副院长，同济大学教授

沈清基　同济大学建筑与城市规划学院，教授

查　君　华东建筑设计研究总院城市设计所，所长

匡晓明　上海同济城市规划设计研究院规划二所，
所长

汪鸣泉　中国科学院上海高等研究院，博士，高级
工程师

张立群　中国科学院上海高等研究院，博士，助理
研究员

高　昆　中国科学院上海高等研究院科技发展部，
主管

沈忠华　上海普天中科能源技术有限公司，总经理

刘　辰　上海普天中科能源技术有限公司，项目主管

安　超　同济大学建筑与城市规划学院，博士

阎　凯　同济大学建筑与城市规划学院，博士

邓智团　上海社会科学院城市与区域研究中心，副
研究员

叶可新　上海社会科学院城市与区域研究中心，博士

叶钟楠　华东建筑设计研究总院城市设计所设计一
室，主任，博士

田逸飞　华东建筑设计研究总院，规划师

陈　烨　上海同济城市规划设计研究院，规划师

邓雪湲　上海同济城市规划设计研究院，规划师，
博士

陈　君　上海同济城市规划设计研究院，规划师

本研究受国家自然科学基金项目（项目批准号：51208304，51308525）资助，特此感谢。

前　言

　　面对日益严重的资源环境挑战，中共十八大和十八届三中全会把生态文明建设放到了前所未有的高度。作为生态文明的主要载体，我国城市在其发展过程中遇到了土地紧张、能源短缺、交通拥堵、空气污染等诸多问题。为此，2013 年年底召开的中央城镇化工作会议上提出了走新型城镇化道路的战略决策，预示着我国下一阶段城镇化工作的重点将是城市发展与生态、环境、资源的和谐，而本书所论述的"低碳城市"正是新型城镇化的一种模式选择。这一模式将区别于我们过去所走的"大拆大建"的道路，而走"集约、智能、绿色、低碳"的新型城镇化发展道路。走低碳绿色道路将成为今后助力新型城镇化发展的重要任务和发展方向。

　　跨入 21 世纪后，为了应对全球气候变化，各国纷纷掀起了低碳城市建设的浪潮。应该清醒地认识到，我国当前对于低碳城市建设的理解还存在不少争议。由于顶层设计不够完善，各地的低碳建设还处于探索和尝试中，其中有不少成功的经验，也有失败的教训。我们现阶段的低碳解决方案还难以应对我国城市复杂多样的情况，亟需通过研究和创新，形成一条适合中国城市的低碳发展道路，从而实现中央提出的新型城镇化战略。

　　建设低碳城市不仅是政府的责任，也需要全社会的共同努力。在建设低碳城市的过程中，我们不仅需要高效廉洁的政府、敢于技术创新的企业、独立理性的学者，也需要普通公众在生活、工作和日常社会活动中一起努力。作为其中的一员，我们深感作为研究者肩头责任的重大，希望能够通过我们不懈的努力，提供问题导向的、可操作的低碳系统解决方案，为我国的可持续发展贡献我们的力量。

　　中国科学院上海高等研究院作为中国科学院高技术研发与转移转化和支撑区域经济发展的试点科研机构，在信息、能源、空间、材料、医疗等领域将城市作为载体进行研究，其中，在三个重大突破中将"重大平台——智慧低碳城市"作为一个主要的突破点，体现了中国科学院上海高等研究院在城市研究领域的聚焦。近年来，我们的研究团队不仅在绿色智能城网、智慧低碳城市整体解决方案、低碳基础设施等方面取得了丰硕的科研成果，也为安徽、云南、青海、山西、河南、吉林等地城市编制了低碳规划，为地方的可持续发展出谋划策。大量的项目实践和扎实的理论研究为我们在低碳城市领域的探索奠定了基础，也保证了理念的先进性和可实施性。

在本报告研究过程中，我们一方面充分调动不同科研团队的专业力量，继续邀请来自企业、高校、科研机构的知名专家学者参与研究工作；另一方面，重视组织调查研究，虚心听取不同领域专家、学者和社会公众的意见，通过较为充分的研讨和评议，使我们的判断和结论更加科学公正和符合实际。

特别感谢全国政协委员、中国钢研科技集团有限公司李卫副总工程师，全国政协委员、山西省地税局李晋峰副局长，全国政协委员、南开大学许京军副校长，上海社会科学院房地产研究中心戴晓波主任对本报告选题及内容提出的意见、建议。在他们的帮助下，我们依托本报告形成了题为《以低碳城市建设推动我国减排战略，实现城市转型和产业升级》的政策建议，获得中共中央统战部党外知识分子建言献策小组优秀成果奖。

同时，本报告汇集了来自中国科学院上海高等研究院、同济大学、上海社会科学院、上海同济城市规划设计研究院、华东建筑设计研究总院、上海普天中科能源技术有限公司等机构的研究团队，真正实现了科研院所、高校和企业的协作与融合。

本书撰写分工为：中国科学院上海高等研究院的汪鸣泉、张立群、高昆等参与编写了第1章、第2章和第9章；华东建筑设计研究总院的查君、叶钟楠和田逸飞等参与编写了第3章；同济大学建筑与城市规划学院的沈清基、安超和阎凯等参与编写了第4章；上海同济城市规划设计研究院的张尚武、匡晓明、陈烨、邓雪湲和陈君等参与编写了第5章；上海社会科学院的邓智团、叶可新等参与编写了第6章和第7章；上海普天中科能源技术有限公司的沈忠华、刘辰等参与编写了第8章。在此，一并感谢以上专家辛勤而富有成效的努力。

限于作者水平，不妥之处在所难免，恳请广大读者不吝提出批评意见和建议，以便我们在今后的工作中不断完善。

黄伟光　　汪　军

2014 年 6 月 12 日于中国科学院上海浦东科技园

目　　录

前言

第1章　低碳城市建设的意义与影响 ·································· 1

　1.1　全球气候变化与低碳城市理念 ···························· 1

　1.2　国际间组织行动及各国政府行动 ························· 6

　1.3　我国发展低碳城市的责任和目标 ························· 9

　　参考文献 ·· 12

第2章　中国低碳城市建设现状 ··································· 13

　2.1　中央各部委的低碳建设政策 ····························· 13

　2.2　各省市的低碳建设举措 ·································· 28

　2.3　存在问题与建议 ·· 35

　　参考文献 ·· 36

第3章　国际低碳城市建设情况 ··································· 38

　3.1　全球各国低碳政策与举措 ································ 38

　3.2　典型国家的低碳城市建设 ································ 44

　3.3　对我国的启示与建议 ···································· 53

　　参考文献 ·· 60

第4章　中外低碳城市的对标分析 ································· 62

　4.1　不同城镇化率国家低碳建设水平 ······················ 62

　4.2　中外大都市区域低碳建设对比分析 ···················· 95

　4.3　中外典型低碳城市建设对比 ··························· 114

　4.4　中外低碳社区建设对比 ································· 135

　　参考文献 ··· 140

第5章　低碳城市的规划设计 ····································· 143

　5.1　低碳规划的内涵 ······································· 143

　5.2　不同层次的低碳规划 ··································· 146

　5.3　我国典型低碳规划设计案例 ··························· 168

5.4　存在问题和建议 ·· 189

附录5.1　国外案例汇总 ·· 196

参考文献 ·· 199

第6章　低碳城市的产业发展 ·· 201

6.1　低碳产业的含义与分类 ·· 201

6.2　国际低碳产业发展现状 ·· 202

6.3　我国低碳产业发展现状 ·· 206

6.4　典型城市低碳产业发展现状 ·· 209

6.5　存在问题与建议 ·· 212

参考文献 ·· 215

第7章　低碳城市的社会生活 ·· 216

7.1　低碳城市的社会内涵 ··· 216

7.2　低碳生活方式 ·· 218

7.3　低碳城市的公众参与 ··· 221

参考文献 ·· 228

第8章　低碳城市的基础设施 ·· 229

8.1　低碳交通 ·· 229

8.2　低碳水务 ·· 234

8.3　低碳能源 ·· 239

8.4　低碳垃圾处理 ·· 244

参考文献 ·· 249

第9章　我国低碳城市评价体系研究 ··· 251

9.1　全球性低碳标准体系研究 ·· 251

9.2　国内已有低碳标准研究 ·· 254

9.3　城市低碳发展指标体系研究综述 ·· 257

9.4　低碳城市评价及排名 ··· 287

附录9.1　全国低碳城市指标分项测算结果及城市低碳发展水平排名

（基于2012年统计数据） ·· 292

参考文献 ·· 312

第 1 章

低碳城市建设的意义与影响

1.1 全球气候变化与低碳城市理念

1.1.1 全球气候变化

全球气候变化（climate change）是指在全球范围内，气候平均状态统计学意义上的巨大改变或者持续较长一段时间（典型的为 10 年或更长）的气候变动。气候变化的原因可能是自然的内部进程，或是外部强迫，或是人为地持续对大气组成成分和土地利用的改变。

为客观评估有关气候变化问题的科学信息、评价气候变化的环境和社会经济后果并制定现实的应对策略，世界气象组织（World Meteorological Organization，WMO）和联合国环境规划署（United Nations Enviroment Programme，UNEP）于 1988 年联合成立了政府间气候变化专门委员会（Intergovernmental Panel on Climate Change，IPCC）。该组织于 1990 年、1995 年、2001 年、2007 年和 2013 年撰写了一系列评估报告，在协助各国政府采取并执行应对气候变化的政策方面起到了重大作用。IPCC于 2007 年发布的《第四次评估报告（AR4）——"气候变化 2007"》的引言中明确指出，"气候系统变暖是毋庸置疑的，目前从全球平均气温和海温升高、大范围积雪和冰融化、全球平均海平面上升的观测中可以看出气候系统变暖是明显的"，"预估未来二十年将以每十年增加大约 0.2℃ 的速率变暖。即使所有温室气体和气溶胶的浓度稳定在 2000 年的水平不变，预估也会以每十年大约 0.1℃ 的速率进一步变暖"；而在 2013 年的《气候变化 2013：自然科学基础》中指出，人类活动极可能（95% 以上可能性）导致了 20 世纪 50 年代以来的大部分全球地表平均气温升高。95% 以上，这个数字比以往报告中的都高。1995 年、2001 年、2007 年发布的评估报告中，这一数字分别是 50% 以上、66% 以上、90% 以上。

为了应对全球气候变化，《联合国气候变化框架公约》（UNFCCC）提出一个长期目标——大气中温室气体的浓度应当稳定在"防止气候系统受到危险的人为干扰的水平上"，这一稳定要在足以使生态系统能够自然地适应气候变化、确保粮食生产免受危险并使经济发展能够可持续地进行的时间范围内实现。到目前为止，UNFCCC 已经收到来自 185 个国家的批准、接受、支持或添改文件，并成功地举行了 6 次有各缔约国参加的缔约方大会。尽管各缔约方还没有就气候变化问题综合治理所采取的措施达成共识，但全球气候变化会给人带来难以估量的损失，气候变化会使人类付出巨额代价的观念已为世界所广泛接受，并成为广泛关注和研究的全球性环境问题。在 2009 年哥本哈根世界气候大会上，这一目标已具体化到"将全球气温升幅控制在 2℃ 以下"。

要实现这一目标并非易事，IPCC 评估报告显示，以当前的减缓气候变化政策和相关可持续发展实践，全球温室气体排放在未来几十年将继续增长。由于化石能源将在 2030 年前继续支配世界能源的生产和消费结构，基线情景预计从 2000 年到 2030 年因能源利用产生的 CO_2 排放将增长 45% ~ 110%。到 2030 年，全球温室气体排放增量的 2/3 ~ 3/4 将源自发展中国家。如何减少全球 CO_2 排放量，缓解全球变暖现象，在不影响经济发展的情况下进行节能减排，成为摆在每一个国家面前的难题。

1.1.2 城市是全球碳排放的主体

1800 年，全世界的城市人口只占总人口的 3%，随着产业革命的掀起，新兴工业城市和商业城市不断涌现，城市人口迅速增长，城市人口在世界人口中的比重也一路攀升。1800 ~ 1950 年的一百五十余年间，地球上的总人口增加了 1.6 倍，而城市人口却急剧增长了 23 倍。当今世界仍延续着工业革命以来的城市化进程，现代城市的规模将越来越大，城市数量也将越来越多。报告显示，世界城市人口比例由 1900 年的 13%（2.2 亿）上升至 1950 年的 29%（7.32 亿），及至 2005 年的 49%

（32 亿），速度相当惊人。2008 年，城市居民人口数量在历史上首次超过了农村居民，城市成为世界人口最大的聚居地。

城市数量不断增加，城市规模迅速扩大，城市人口迅猛增长，作为人类社会人口、建筑、产业、交通运输、生活消费等活动的集聚地区，城市在很大程度上是消费型的，城镇居民消费碳排量远远超过农村居民消费碳排量，一直是人类碳排放的重点地区。人为 CO_2 排放总量也在此影响下一路呈上升趋势，国际能源署（International Energy Agency，IEA）公布的文件显示，2006 ~ 2010 年，全球 CO_2 排放量年均递增 6 亿 t，2011 年则突破了 10 亿 t，碳排总量飙升为 31.6 亿 t，创历史新高。而化石燃料的使用与城市生活息息相关，该部分的 CO_2 排放总量自工业革命后一路飙升（图 1.1），进入 20 世纪 50 年代后增幅更是惊人。

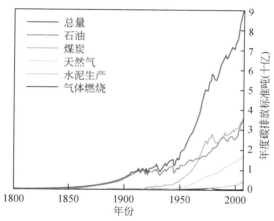

图 1.1　1800 ~ 2000 年化石燃料使用产生的 CO_2 排放情况

资料来源：en. wikipedia. org

据 IEA 估算，由于能源使用，全球城市消耗了世界 76% 的煤炭、63% 的石油和82% 的天然气，共计排放 198 亿 t CO_2 当量（占全球能源相关温室气体排放总量的71%）。而其他研究机构，如世界大城市气候领导联盟（C40）则认为城市温室气体排放当前已经占全球排放的 80%，并且其研究成果也受到了联合国人居署的引用。预计到 2030 年，城市温室气体排放量将达到 308 亿 t CO_2 当量（占全球能源相关温室气体排放总量的 76%）。

1.1.3　低碳城市理念

低碳城市是指在经济、社会、文化等领域全面进步，市民生活品质不断提升的前提下，减少城市消费 CO_2 排放量，实现可持续发展的宜居城市。低碳城市概念最早在英国提出，在全球气候变暖的情况下，低碳逐渐成为国家发展的新趋势。低碳城市建设的战略目标包括能源低碳化、经济低碳化、社会低碳化、排放低碳化，最终建成以低碳为发展模式及方向、市民以低碳生活为理念和行为特征、政府公务管理层以低碳社会为建设标本和蓝图的城市。低碳城市发展不是以牺牲发展换取环境的模式，而是将经济发展、社会进步和环境保护置于同等重要的地位来考虑发展的方式和可能性的一种发展模式；低碳城市的建设最终要依赖于城市治理者和居民消费理念及生活方式的转变来实现。

目前，发达国家在建设低碳城市的领域主要推行以下几个方面：

（1）新能源利用。面对即将到来的能源危机，全世界都认识到必须采取开源节流的战略，即一方面节约能源，另一方面开发新能源。面对能源危机，许多国家都在下大力气研究和开发利用"绿色能源"，包括太阳能、生物质能源、风电、水电的新技术新工艺。绿色能源可概述为清洁能源和再生能源。狭义地讲，绿色能源指氢能、风能、水能、生物能、海洋能等可再生能源，而广义的绿色能源包括在开发利用过程中采用低污染的能源，如天然气、清洁煤和核能等。目前，绿色能源在全球能源结构中的比重已占到 15% ~ 20%，今后由石油、煤炭和天然气能源唱主角的局面将得到改善。

（2）清洁技术。实现低碳生产，就必须实行循环经济和清洁生产。循环经济是一种与环境和谐的经济发展模式，它要求把经济活动组织成一个"资源—产品—再生资源"的反馈式流程，其特征是低开采、高利用、低排放甚或零排放。循环经济要求所有的物质和能源在经济和社会活动的全过程中不断进行循环，并得到合理和持久的利用，以把经济活动对环境的影响降低到最低程度。清洁生产是从资源的开采、产品的生产、产品的使用和废弃物的处置的全过程中，最大限度地提高资源和能源的利用率，最大限度地减少它们的消耗和污染物的产生。循环经济和清洁生产的一个共同目的是最大限度地减少高碳能源的使用和 CO_2 的排放，这与低碳城市的要求不谋而合。因此，实施循环经济和清洁生产是低碳城市建设必须坚持的原则和方向。

（3）绿色规划。科学的城市规划是建设低碳城市的第一步。城市能源消耗会直接影响到周边区域的环境污染，城市规划除了考虑单个城市自身特点外，还应结合城市所在区域和国家的发展战略来进行考量。第一，产业规划。在城市发展规划中，要降低高碳产业的发展速度，提高发展质量；要加快经济结构调整，加大淘汰污染工艺、设备和企业的力度；提高各类企业的排放标准；提高钢铁、有色、建材、化工、电力和轻工等行业的准入条件。也就是说，要从决策源头上保证城市总体规划符合可持续发展原则，在规划阶段就推动向低碳城市的方向发展。第二，交通规划。低碳城市的交通战略可从两个方面实现：一方面是控制私人交通出行的数量，如果这个数量是下降的，则在单位排放为一定的情况下，城市交通的碳排放就可降低；另一方面是降低单位私人交通工具的碳排放，如果私人交通出行的数量是一定的，则只要持续降低单位汽车的碳强度，就可以降低整个城市交通的碳排放。以上两个方面说明，低碳城市需要倡导和实施公共交通为主导的交通模式。

（4）绿色建筑。建筑施工和维持建筑物运行是城市能源消耗的大户，低碳城市的一个重要组成部分是绿色建筑。绿色建筑需要既能最大限度地节约资源、保护环境和减少污染，又能为人们提供健康、适用、高效的工作和生活空间。绿色建筑的建设包括建筑节能政策与法规的建立；建筑节能设计与评价技术，供热计量控制技术的研究；可再生能源等新能源和低能耗、超低能耗技术与产品在住宅建筑中的应用等；推广建筑节能，促进政府部门、设计单位、房地产企业、生产企业等就生态社会进行有效沟通。在减少碳排放的进程中，绿色建筑的普及和推广将具有重要的意义。

（5）绿色消费。减少碳排放不仅仅是政府的责任，个人也应当承担责任。我们应当倡导和实施一种低碳的消费模式，一种可持续的消费模式，在维持高标准生活的同时尽量减少使用消费能源多的产品。在减少碳排放方面，个人的行动非常重要，我们的衣食住行都可以帮助减少碳排放。从日常生活做起，节省含碳产品的使用，实行可持续的消费模式，我们就可以为实现低碳经济、建设低碳城市做出贡献。

低碳城市规划的理论框架是在我国已有的城市规划体系的基础上，增加并强调能源消耗和温室气体排放等限制性要素的约束后构建的。因此，低碳城市规划的理论框架和方法论体系应该是：实施"科学发展观"和建设"生态文明"的国家战略，在现有城市规划体系的基础上，增加碳排放约束，创新低碳城市规划技术和方法。当代城市规划理念已经从传统的程序规划理论向系统规划理论、理性规划理论转变；从实证主义规划方法论向科学、客观、最佳方案，再向沟通规划转变。在"物权"和利益集团基础上，不同目标和需求的社会群体通过低碳城市规划理念、低碳城市规划指标体系、低碳城市规划方法和低碳城市规划方案的公众参与等实现低碳城市社会"共识"的追求。低碳城市规划概念框架如图 1.2 所示。

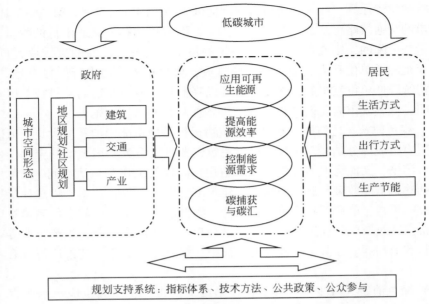

图1.2 我国低碳城市规划概念框架

1.2 国际间组织行动及各国政府行动

1.2.1 国际间低碳城市合作组织

UNFCCC是全球最主要的应对气候变化的国际公约，除此以外，还有一些专门帮助全球城市进行低碳和减排行动的合作组织。

世界大城市气候领导联盟（C40）是一个致力于应对气候变化的国际城市联合组织，共有40个国际城市参加，2005年由前任伦敦市长肯·利文斯顿提议下成立，围绕着"克林顿气候倡议"（CCI）来实行减排计划，以CCI来推动C40城市的减排行动和可持续发展。同时，C40城市还提出了行动要点，其中最主要的是采购政策和建立联盟，以加速气候友好技术的应用和影响市场的数量。C40城市致力于城市碳低排放，为其他城市树立榜样。

地方环境倡议国际委员会（International Council for Local Enviromental Initiatives，ICLEI）的城市气候保护（CCP）项目是由可持续城市经营组织倡导的气候变化应对项目。CCP 项目提出了各国城市政府可以并应该在温室气体减排中发挥重要的作用，他们相信各级城市政府在全球气候变化的应对中将会是关键的要素。CCP 项目的特点就是将可持续发展纳入各地城市政府的决策和实施中，并促使当地的应对气候变化行动。

"国际太阳能城市倡议"（ISCI）成立于 2003 年，最初是太阳能领域的科学家们的想法，他们认为太阳能的应用是一个非常依赖于社会认识度的能源形式，需要有更多的城市决策者了解并使用太阳能，因此，他们倡导将太阳能研究与城市政策制定结合起来，为社会的可持续发展共享实践成果。ISCI 旨在全球城市中推行太阳能这种新能源形式，以此减少传统能源的利用，降低能源的成本。

气候组织（The Climate Group）是一家独立的国际非营利机构，致力于推动各国政府部门和工商企业发挥领导作用应对气候变化，通过推广温室气体减排的最佳实践来推动全球走上低碳经济发展道路。在英国前首相布莱尔及北美、欧洲和澳大利亚的 20 位商业精英和政府领袖的支持下，气候组织于 2004 年 4 月成立。为了促进中国城市低碳经济发展，减少温室气体排放，2008 年气候组织正式推出城市低碳领导力项目，并得到汇丰气候伙伴同行项目（HSBC Climate Partnership）的大力支持。城市低碳领导力项目致力于推动城市低碳经济的发展，通过研究城市在发展低碳经济方面所具有的优势及面临的困难和挑战，协助城市政府制定可促进当地低碳经济发展的、切实可行的激励政策，建立低碳生态城市联盟，发挥城市领导力，分享资源与最佳实践，共同应对气候变化带来的挑战。

世界自然基金会（World Wide Fund for Nature，WWF）是在全球享有盛誉的、最大的独立性非政府环境保护组织之一，自 1961 年成立以来，WWF 一直致力于环保事业，在全世界拥有将近 520 万支持者和一个在一百多个国家活跃着的网络。在WWF 的应对气候变化项目中有一个重要部分就是低碳城市发展项目，其中国低碳城市发展项目在 2008 年选定上海和保定作为低碳城市建设示范，并在 2010 年选定了 5 个城市探索低碳发展的示范项目，分别是上海生态建筑示范城市、广州可持续交通示范城市、攀枝花生物柴油发展之城、伊春生态保护低能耗发展之城、保定新能源制造业之城。

1.2.2　各国减排承诺

气候变化是世界各国面临的共同问题，减少温室气体排放是世界各国的共同责任，从历史累积排放来看，发达国家几百年工业化过程中的碳排放才是气候变化的主要原因。正如 IEA 的《世界能源展望 2009》所指出的，"要想成功阻止气候变化，一个至关重要的因素是各国政府履行其承诺的速度。"其中，特别是发达国家要尽快承诺并履行其应该承担的减排目标。在 2009 年哥本哈根世界气候大会上，全球各个国家都提出了自身的减排目标。

在发达经济体中，美国承诺 2020 年温室气体排放量在 2005 年的基础上减少17%，据专家测算，这约为在 1990 年基础上减排 4%，另外，美国的减排目标还包括到 2025 年减排 30%，2030 年减排 42%，2050 年减排 83%；欧盟通过包括气候与能源一揽子计划和各种能效措施，无条件承诺到 2020 年温室气体排放量较 1990 年减少 20% 以上，同时承诺抬高减排幅度至 30%；日本则把减排目标定为在 1990 年的基础上将温室气体减排 25%；挪威是首个承诺到 2020 年较 1990 年温室气体减排达 40% 的国家，这与发展中国家要求富裕发达国家做出的减排承诺幅度一致；澳大利亚承诺到 2020 年在 2000 年基础上实现温室气体减排 5%～25%；新西兰承诺到2020 年在 1990 年基础上实现温室气体减排 10%～20%；加拿大承诺到 2020 年在2006 年基础上实现温室气体减排 20%，相当于在 1990 年基础上减排 2%；新加坡承诺到 2020 年该国温室气体排放量将较 "如常运作" 排放量削减 16%。

此外，中国制订了一系列控制温室气体排放的目标及行动，包括在 2020 年前把单位 GDP 温室气体的排放量较 2005 年减少 40%～45%；巴西计划到 2020 年将温室气体排放量在预期基础上减少 36.1%～38.9%，巴西国家气候变化计划涵盖了目标远大的林业发展措施，包括到 2020 年将森林非法砍伐面积减少 80%；俄罗斯承诺2020 年前温室气体排放量在 1990 年基础上减少 25%；印度计划到 2020 年实现单位GDP 温室气体比 2005 年下降 20%～25%；韩国在 2020 年前将本国的温室气体年排放量在 2005 年的基础上减少 4%，相当于在 1990 年基础上减少 30%；印度尼西亚承诺自愿使用国家预算到 2020 年温室气体减排 26%，同时承诺，如果国际提供资金援助，能源和林业部门将减少 41% 的碳排放量。

1.2.3 全球城市的低碳行动

在应对气候变化行动需要的反应及在低碳城市建设方面，国外一些大城市（如伦敦、东京和纽约）已经起到了领跑者的作用。

伦敦市长肯·利文斯顿于 2007 年 2 月发表 "今天行动，守护将来" 计划书，把伦敦的 CO_2 减排目标定为在 2025 年降至 1990 年水平的 60%。伦敦政府相信，转用低碳技术的成本比处理已排放的 CO_2 所需要的成本低。伦敦政府认为，应对气候变化（包括节能及提高能源效率等措施），不会令原有的生活品质下降；反之，加强开发应对气候变化的技术，有助于伦敦发展为环保技术的研发中心。

纽约市长彭博在 2006 年年底公布了一项名为"策划纽约"的行动，长远规划了纽约市在未来三十年的发展。在 2007 年公布的行动计划详情中，明确了全球气候变化是其中一项重要的挑战，目标是到 2030 年，在 2005 年水平上减少 30% 温室气体。"策划纽约"行动强调纽约要扮演先锋角色，为现代社会的严峻问题提供答案。

东京政府则于 2007 年 6 月发表了一份名为《东京气候变化战略——低碳东京十年计划的基本政策》的报告书，详细介绍了东京政府在气候变化问题方面的认识和政策，并强调要以身作则制定全方位减排政策。东京政府的目标是以 2000 年为基准，在 2020 年时减少 25% 的温室气体排放。

1.3 我国发展低碳城市的责任和目标

1.3.1　我国低碳城市建设历程

我国 2006 年建筑商品能源消耗量占当年社会总能耗的 23.1%，随着中国快速的城市化，以及人民生活质量的不断提高，这一比例势必不断增加。世界 2007 年的碳排放量为 289.62 亿 t，中国 2007 年的碳排放量为 60.71 亿 t，占世界排放量的 20.96%，美国 2007 年的碳排放量为 57.69 亿 t，占世界排放量的 19.92%。中国的碳排放量已经超过美国成为世界第一。中国面临减排温室气体的巨大压力，因此城市的低碳发展势在必行。

2007 年，国家主席胡锦涛在亚太经济合作组织（Asia-Pacific Economic Cooperation，APEC）第 15 次领导人会议上郑重提出四项建议，明确主张"发展低碳经济"。自此以后，低碳城市建设在我国正式起步且迅速升温。全国各地争当低碳生态示范区的风潮也越来越火热。低碳城市已成为中国大陆城市自花园城市、人文城市、魅力城市、最具竞争力城市之后的最热目标。

2009 年，中国社会科学院在北京发布的《城市蓝皮书：中国城市发展报告（No.2）》中再次指出，低碳发展是中国在城市化进程中控制温室气体排放的必然选择，同时指出，有效利用能源是低碳城市建设的核心内容，制定实施中国城市的低碳发展战略、加强城市公共治理力度、促进城市可持续发展是低碳城市建设的发展方向。低碳城市既是缓解能源压力和气候变暖的直接现实要求，也是对我国坚持科学发展观、构建和谐社会的最具体的理论实践。因此，处在城市化、工业化加快推进时期的中国，必须坚定地走低碳发展之路。这就为中国建设低碳城市提供了理论依据。

2010 年 7 月，国家发改委发布《关于开展低碳省区和低碳城市试点工作的通知》，确定在五省八市启动低碳省区和低碳城市的试点工作。开展低碳试点工作是中国积极应对气候变化采取的一项重大举措，对于促进可持续发展、积极探索中国工业化城镇化的快速发展具有重要意义。国家发改委启动低碳省和低碳城市的试点工作，就是要发挥各地、各方面的积极性、主动性、创造性，探索具有中国特色的低碳发展模式。在启动低碳城市试点之后，不仅试点省市为建设低碳城市提出了不同的发展思路（如天津市提出了产业机构调整、促进产业聚集区形成、加强投资项目能源评估、实施工业节能等四个方面的举措；辽宁要把节能目标作为突破口，提出了具体的节能目标，并以鞍山为率先启动的试点，由小到大、由点到面探索低碳机制；广东开展国家低碳省试点初步计划按准备阶段、启动阶段、深化阶段三个阶段加以推进等），全国其他各地的很多省市也都为低碳城市建设做出了巨大的努力（如杭州出台了 50 条低碳新政，着力推进六位一体的低碳城市建设，即培育低碳产业，打造低碳经济；推进建筑节能，打造低碳建筑；倡导绿色出行，打造低碳交通；倡导绿色消费，打造低碳生活；加强生态建设，打造低碳环境；变革城市管理，打造低碳社会。无锡致力于建立六个低碳体系，即低碳法规体系、低碳产业体系、低碳城市建设体系、低碳交通与物流体系、低碳生活与文化体系、碳汇吸收与利用体系，并重点发展低碳农业、碳汇、低碳产业、低碳交通、低碳建筑、低碳消费等领域）。此外，还有一些城市采取了比较典型的低碳发展措施（如德州实施太阳城战略，将低碳经济发展纳入国民经济总体发展规划；厦门重点从占碳排放总量 90% 以上的三大领域——交通、建筑、生产，探索低碳发展模式；湖北省把武汉城市圈确立为低碳经济试验示范区，实行低碳能源、低碳交通、低碳产业发展模式，重点推动一批低碳经济示范工程建设等）。由此可见，低碳城市建设几乎成了国内城市政府文件当中的"常用词"，而且也是许多政府的一项重要工作。可见，低碳城市将成为我国城市品牌的新高标。

全面推进低碳城市建设是我国未来城市发展的趋势，也是城市可持续发展的必然选择，但探索中国城市的低碳发展之路任重道远。2011 年 3 月，为了科学推动我国城市低碳发展，中国社会科学院城市发展与环境研究所、湖南工业大学共同发布《中国低碳城市发展绿皮书》。"绿皮书"中指出，"十二五"期间，我国低碳发展将面对三大挑战：①我国低碳发展面临技术水平、经济结构、人口增长、城市化进程、国际贸易与资源环境等多种因素的限制；②全球有限的碳预算空间迫使我国在民生问题还没有得到很好的解决之前就过多承担碳减排等国际义务；③我国大部分城市的碳生产力水平较低，碳排放强度偏高，节能减排任务重，要将 2020 年单位GDP 碳排放降到 2005 年的 40%～45% 以下，十分困难。因此，我国的低碳化城市建设需要政府部门、研究机构、企业及国际组织的多层次、多方位支持参与。只有这样，中国经济才能走向循环发展、绿色发展和低碳发展的道路。

2012 年，国家发改委下发《关于开展第二批低碳省区和低碳城市试点工作的通知》，确立了包括北京、上海、海南和石家庄等 29 个城市和省区成为我国第二批低碳试点。至今，我国已确定了 6 个省区低碳试点，36 个低碳试点城市，大陆 31 个省市自治区当中除湖南、宁夏、西藏和青海以外，每个地区至少有一个低碳试点城市，低碳城市试点已经基本在全国全面铺开。

1.3.2　我国建设低碳城市的责任和目标

我国目前是全球年碳排总量最高的国家，2010 年的碳排总量为 8.24 亿 t，较 2009 年增长 3.2%，涨幅呈逐年上涨趋势，且目前经济结构性矛盾依然突出，CO_2 排放总量大、增长快，控制排放面临巨大压力和困难。从 1990 年到 2007 年，我国化石能源 CO_2 排放量增长了 175%，远远高于全球排放总量 38% 的增幅，所占比重也由 10.5% 飙升至 21%。中国承受着来自全球各界巨大的减排压力，在哥本哈根世界气候大会前夕，中国宣布到 2020 年 GDP 碳排放水平比 2005 年减少 40% ～45%，并在最近公布的"十二五"规划纲要中进一步提出，到 2015 年能源和碳排放强度要比 2010 年分别减少 16% 和 17%，表明了中国减排的坚定决心。

而从另一个角度来看，我国面临的资源环境约束将日益强化，这也促使我国将持续推进节能减排行动。从国内看，随着工业化、城镇化进程加快和消费结构升级，我国能源需求呈刚性增长，受国内资源保障能力和环境容量制约，我国经济社会发展面临的资源环境瓶颈约束更加突出，节能减排工作难度不断加大。从国际看，围绕能源安全和气候变化的博弈更加激烈。一方面，贸易保护主义抬头，部分发达国家凭借技术优势开征碳税并计划实施碳关税，绿色贸易壁垒日益突出；另一方面，全球范围内绿色经济、低碳技术正在兴起，不少发达国家大幅增加投入，支持节能环保、新能源和低碳技术等领域创新发展，抢占未来发展制高点的竞争日趋激烈。

根据 2012 年颁布的《节能减排"十二五"规划》内容，到 2015 年，全国万元 GDP 能耗下降到 0.869t 标准煤（按 2005 年价格计算），比 2010 年的 1.034t 标准煤下降 16%（比 2005 年的 1.276t 标准煤下降 32%）。"十二五"期间，实现节约能源 6.7 亿 t 标准煤。具体来说，到 2015 年，单位工业增加值（规模以上）能耗比 2010 年下降 21% 左右，建筑、交通运输、公共机构等重点领域能耗增幅得到有效控制，主要产品（工作量）单位能耗指标达到先进节能标准的比例大幅提高，部分行业和大中型企业节能指标达到世界先进水平。风机、水泵、空压机、变压器等新增主要耗能设备能效指标达到国内或国际先进水平，空调、电冰箱、洗衣机等国产家用电器和一些类型的电动机能效指标达到国际领先水平。工业重点行业、农业主要污染物排放总量大幅降低。

而我国城市在"低碳"道路上需要一个有条不紊的方针指引和系统化的衡量标准，必须建立在自身发展条件和发展阶段之上。我国城市碳排放中，工业排放所占比例最大，主要来自位于城市及城市周边的工业部门。建筑和交通虽然总比例不是很高，但增长迅猛。由于城市化进程的推进，人口快速增加、大量基础设施尚需建设，特殊的国情要求我国在城市的低碳努力中重点关注工业领域，而在建筑和交通领域，更主要是在快速城市化过程中建设更多的低碳基础设施，同时倡导低碳的生活方式，避免走向高碳之后，在不远的将来又需要更高的成本去实现低碳。

参 考 文 献

塔蒂安娜. 2007. 低碳城市——从伦敦到上海的愿景. 城市中国，(21)：91，92.

IPCC. 2007. 气候变化 2007：综合报告. 政府间气候变化专门委员会第四次评估报告, 日内瓦.

IPCC. 2014. 气候变化 2014：综合报告. 政府间气候变化专门委员会第五次评估报告, 日内瓦.

第 2 章

中国低碳城市建设现状

2.1 中央各部委的低碳建设政策

中国正处在快速城市化的发展阶段，受到我国资源与环境承载能力的硬约束，为实现我国的发展目标，兑现我国对于世界的庄重承诺，中国必须走出资源消耗少、环境污染小、综合效率高的绿色、低碳城市化发展之路。为推动低碳城市发展，构建我国低碳发展的顶层设计，中央各部委相继出台一系列政策规定。

2.1.1 低碳城市试点

2009 年 11 月，国务院提出我国 2020 年控制温室气体排放行动目标，在当年 12 月丹麦哥本哈根世界气候大会上，温家宝总理在讲话中明确提出，中国是最早实施《应对气候变化国家方案》的发展中国家，也是近年来节能减排力度最大的国家。中国在气候大会上充分表现出一个负责任大国的诚意和担当。为进一步落实中国的减排目标，充分考虑到中国大力推进城市化发展的国家战略，国家发改委于 2010 年 7 月发布了《关于开展低碳省区和低碳城市试点工作的通知》，在国内推出第一批低碳试点区域：广东、辽宁、湖北、陕西、云南五省和天津、重庆、深圳、厦门、杭州、南昌、贵阳、保定八市开展试点工作。试点工作以积累对不同地区和行业分类指导的工作经验为目的，是推动落实我国控制温室气体排放行动目标的重要抓手。试点区域主要承担以下五方面任务：①编制低碳发展规划；②制定支持低碳绿色发展的配套政策；③加快建立以低碳排放为特征的产业体系；④建立温室气体排放数据统计和管理体系；⑤积极倡导低碳绿色生活方式和消费模式。

2011 年，中国明确提出到 2015 年全国单位 GDP 碳排放比 2010 年下降 17% 的目标，围绕大力开展节能降耗，优化能源结构，努力增加碳汇，加快形成以低碳为特征的产业体系和生活方式。国务院颁布的《"十二五"控制温室气体排放工作方案》明确提出，通过低碳试验试点，形成一批各具特色的低碳省区和城市，建成一批具有典型示范意义的低碳园区和低碳社区，推广一批具有良好减排效果的低碳技术和产品，控制温室气体排放能力得到全面提升。对低碳试点建设制定较为详细的支持政策，对各省下达明确的减排指标。

根据该工作方案，国家发改委甄选出以下省市或地区作为第二批低碳城市试点，具体包括北京市、上海市、海南省和石家庄市、秦皇岛市、晋城市、呼伦贝尔市、吉林市、大兴安岭地区、苏州市、淮安市、镇江市、宁波市、温州市、池州市、南平市、景德镇市、赣州市、青岛市、济源市、武汉市、广州市、桂林市、广元市、遵义市、昆明市、延安市、金昌市、乌鲁木齐市。覆盖了全国除西藏外所有省份，相较于第一批试点城市，覆盖范围更广，可执行、可推广、可复制性进一步加强。对于第二批试点城市提出以下具体任务：一是明确工作方向和原则要求；二是编制低碳发展规划；三是建立以低碳、绿色、环保、循环为特征的低碳产业体系；四是建立温室气体排放数据统计和管理体系；五是建立控制温室气体排放目标责任制；六是积极倡导低碳绿色生活方式和消费模式。对低碳试点工作提出三条要求：第一，低碳试点工作涉及经济社会、资源环境等多个领域，关系经济社会发展全局；第二，试点工作要按照十八大要求，贯彻落实科学发展观，牢固树立生态文明理念，大胆探索、务求实效、扎实推进，注重积累成功经验，坚决杜绝概念炒作和搞形象工程；第三，国家发改委将与试点省市发展改革部门建立联系机制，加强沟通、交流，定期对试点开展情况进行评估，指导试点省市开展相关国际合作，加强能力建设，做好引导服务。对于试点省市的成功经验和做法将及时总结，并加以示范推广。

2.1.2 环境保护与生态建设相关政策

1999 年 12 月，国家环境保护总局公布了《全国生态示范区建设试点暂行规定》，满足规定要求的授予国家级生态示范区。先后确定了七批试点城市，覆盖了全国除西藏外所有省市总计 528 个市县区。

住房和城乡建设部于 2007 年 6 月研究确定青岛市、南京市、杭州市、威海市、扬州市、苏州市、绍兴市、桂林市、常熟市、昆山市、张家港市为国家生态园林城市试点城市。

环境保护部、商务部、科学技术部自 2007 年开始开展国家生态工业示范园区建设（《关于开展国家生态工业示范园区建设工作的通知》（环发〔2007〕51号）、《国家生态工业示范园区管理办法（试行）》（环发〔2007〕188号））。2011 年，三部委又联合下达了《关于加强国家生态工业示范园区建设的指导意见》。截至 2012 年 5 月，共有 15 个工业园区通过验收，批准命名为国家生态工业示范园区（表 2.1）。

表 2.1　通过验收批准命名的国家生态工业示范园区

序号	名称	批准时间
1	苏州工业园区国家生态工业示范园区	2008 年 3 月 31 日
2	苏州高新技术产业开发区国家生态工业示范园区	2008 年 3 月 31 日
3	天津经济技术开发区国家生态工业示范园区	2008 年 3 月 31 日
4	无锡新区国家生态工业示范园区	2010 年 4 月 1 日
5	烟台经济技术开发区国家生态工业示范园区	2010 年 4 月 1 日
6	山东潍坊滨海经济开发区国家生态工业示范园区	2010 年 4 月 1 日
7	上海市莘庄工业区国家生态工业示范园区	2010 年 8 月 26 日
8	日照经济技术开发区国家生态工业示范园区	2010 年 8 月 26 日
9	昆山经济技术开发区国家生态工业示范园区	2010 年 11 月 29 日
10	张家港保税区暨扬子江国际化学工业园国家生态工业示范园区	2010 年 11 月 29 日
11	扬州经济技术开发区国家生态工业示范园区	2010 年 11 月 29 日
12	上海金桥出口加工区国家生态工业示范园区	2011 年 4 月 2 日
13	北京经济技术开发区国家生态工业示范园区	2011 年 4 月 25 日
14	广州开发区国家生态工业示范园区	2011 年 12 月 5 日
15	南京经济技术开发区生态工业示范园区	2012 年 3 月 19 日

2008 年，环境保护部制定发布了《关于推进生态文明建设的指导意见》，明确生态文明建设的指导思想、基本原则，要求建设符合生态文明要求的产业体系、环境安全、文化道德和体制机制。随后几年，环境保护部批准了 6 批共 107 个全国生

态文明建设试点。

2010 年，环境保护部组织制订了《国家环境保护模范城市创建与管理工作办法》，自 2011 年 1 月 27 日发布之日起施行。原国家环境保护总局办公厅《关于印发〈"十一五"国家环境保护模范城市考核指标及其实施细则〉和〈国家环境保护模范城市创建与管理工作规定〉的通知》（环办〔2006〕40 号）同时废止。截至 2012 年 4 月，全国环保模范城市总计 89 个，主要分布在我国东部地区。

2011 年 8 月，国家发改委、财政部、国家林业局联合制定了《关于开展西部地区生态文明示范工程试点的实施意见》，优先在西部限制开发区域中人口资源环境条件较好、产业结构比较合理、转变经济发展方式和优化消费模式具备一定基础的市、县实施。区分重点开发区域、优化开发区域和限制开发区域，制定具体的试点市、县选择指标体系和目标要求，探索不同区域建设生态文明的有效途径。试点期限为 2011 年至 2015 年。试点市、县总数控制在 50 个左右，取得试点经验后逐步扩大实施范围。

2012 年 6 月，为进一步做好农业综合开发林业项目与资金管理工作，确保项目资金安全运行和有效使用，按照《国家农业综合开发部门项目管理办法》（国农发〔2011〕169 号）要求，国家林业局制定了《国家农业综合开发林业生态示范和名优经济林等示范项目管理实施细则》。

住房和城乡建设部立足自身职责范围，以大力推广绿色低碳建筑为切入点，落实低碳城市发展战略，制定了绿色建筑评价标准与奖励机制，指导地方进行低碳规划与建设，组织国际合作。

2.1.3 低碳生产和循环经济相关政策

2004 年 10 月，财政部颁布《中央补助地方清洁生产专项资金使用管理办法》规范中央补助地方清洁生产专项资金的使用管理，鼓励地方面向清洁生产进行的投资和技术改造。2011 年 10 月，国家发改委为落实"十二五"规划关于逐步建立国内碳排放交易市场的要求，推动运用市场机制以较低成本实现 2020 年我国控制温室气体排放行动目标，批准在北京市、天津市、上海市、重庆市、湖北省、广东省及深圳市开展碳排放权交易试点。

自 2009 年起，工业和信息化部在全国组织开展了国家新型工业化产业示范基地（以下简称示范基地）创建工作。自 2010 年 1 月起，先后公布了三批试点基地（表2.2 ~ 表 2.4）。

表 2.2　国家新型工业化产业示范基地（第一批）公示名单（2010 年 1 月 18 日公布）

序号	上报单位	公示名称
1	北京市经济和信息化委员会	电子信息·北京中关村科技园区
2	北京市经济和信息化委员会	石油化工（石化新材料）·北京房山区
3	北京市经济和信息化委员会	汽车产业·北京顺义区
4	天津市经济和信息化委员会	汽车产业·天津经济技术开发区
5	河北省工业和信息化厅	医药产业·河北石家庄高新技术产业开发区
6	河北省工业和信息化厅	装备制造（能源装备）·河北保定高新技术产业开发区
7	山西省经济和信息化委员会	装备制造（能源装备）·山西太原经济技术开发区
8	山西省经济和信息化委员会	钢铁（特殊钢）·山西太原市
9	内蒙古自治区经济和信息化委员会	有色金属（稀土新材料）·内蒙古包头稀土高新技术产业开发区
10	辽宁省经济和信息化委员会	装备制造·辽宁沈阳经济技术开发区
11	辽宁省经济和信息化委员会	石油化工·辽宁辽阳市
12	辽宁省经济和信息化委员会	装备制造·辽宁大连市大连湾临海装备制造业聚集区
13	吉林省工业和信息化厅	汽车产业·吉林长春市
14	吉林省工业和信息化厅	医药产业·吉林通化市
15	黑龙江省工业和信息化委员会	装备制造·黑龙江齐齐哈尔市
16	黑龙江省工业和信息化委员会	石油化工·黑龙江大庆高新技术产业开发区
17	黑龙江省工业和信息化委员会	食品产业·黑龙江哈尔滨市
18	上海市经济和信息化委员会	装备制造·上海临港装备产业区
19	上海市经济和信息化委员会	航空产业·上海市
20	上海市经济和信息化委员会	石油化工·上海化学工业园区
21	上海市经济和信息化委员会	船舶与海洋工程装备·上海长兴岛
22	江苏省经济和信息化委员会	电子信息（传感网）·江苏无锡高新技术产业开发区
23	江苏省经济和信息化委员会	电子信息·江苏苏州工业园区
24	江苏省经济和信息化委员会	电子信息（光电显示）·江苏昆山经济技术开发区
25	江苏省经济和信息化委员会	装备制造（工程机械）·江苏徐州市
26	浙江省经济和信息化委员会	石油化工·浙江宁波市镇海区
27	浙江省经济和信息化委员会	纺织（印染）·浙江绍兴县
28	浙江省经济和信息化委员会	纺织（产业用纺织品）·浙江海宁市
29	安徽省经济和信息化委员会	汽车产业·安徽芜湖经济技术开发区

序号	上报单位	公示名称
30	安徽省经济和信息化委员会	家电产业·安徽合肥经济技术开发区
31	福建省经济贸易委员会	电子信息（光电显示）·福建厦门火炬高技术产业开发区
32	福建省经济贸易委员会	电子信息（显示器）·福建福清融侨经济技术开发区
33	江西省工业和信息化委员会	有色金属（铜及铜材加工）·江西鹰潭市
34	山东省经济和信息化委员会	家电及电子信息·山东青岛市
35	山东省经济和信息化委员会	电子信息（通信设备）·山东烟台经济技术开发区
36	山东省经济和信息化委员会	生物产业·山东德州市
37	河南省工业和信息化厅	装备制造（节能环保装备）·河南洛阳高新技术产业开发区
38	河南省工业和信息化厅	食品产业·河南汤阴县
39	湖北省经济和信息化委员会	汽车产业·湖北武汉经济技术开发区
40	湖北省经济和信息化委员会	电子信息（光电子）·湖北武汉东湖新技术开发区
41	湖南省经济和信息化委员会	装备制造（工程机械）·湖南长沙经济技术开发区
42	湖南省经济和信息化委员会	装备制造（轨道交通装备）·湖南株洲高新技术产业开发区
43	广东省经济和信息化委员会	工业设计·广东广州经济技术开发区
44	广东省经济和信息化委员会	电子信息·广东深圳高新技术产业开发区
45	广东省经济和信息化委员会	电子信息（光电显示）·广东佛山市
46	广西壮族自治区工业和信息化厅	汽车产业·广西柳州市
47	海南省工业和信息化厅	石油化工·海南洋浦经济开发区
48	重庆市经济和信息化委员会	摩托车产业·重庆九龙区
49	四川省经济委员会	装备制造·四川德阳市
50	四川省经济委员会	电子信息（数字视听）·四川绵阳高新技术产业开发区
51	四川省经济委员会	钢铁（钒钛）·四川攀枝花市
52	四川省经济委员会	电子信息·四川成都高新技术产业开发区
53	贵州省经济和信息化委员会	化工（磷化工）·贵州福泉市
54	云南省工业和信息化委员会	化工（磷化工）·云南安宁市
55	陕西省工业和信息化厅	汽车产业·陕西西安经济技术开发区
56	陕西省工业和信息化厅	军民融合（航天）·陕西西安市

序号	上报单位	公示名称
57	陕西省工业和信息化厅	航空产业·陕西西安市阎良区
58	甘肃省工业和信息化委员会	金属新材料·甘肃金昌市
59	青海省经济委员会	盐湖化工及金属新材料·青海海西蒙古族藏族自治州
60	宁夏回族自治区经济和信息化委员会	纺织（羊绒制品）·宁夏灵武市
61	宁夏回族自治区经济和信息化委员会	金属新材料·宁夏石嘴山市
62	新疆维吾尔自治区经济和信息化委员会	装备制造（能源装备）·新疆乌鲁木齐经济技术开发区

表2.3　国家新型工业化产业示范基地（第二批）公示名单（2010年12月14日公布）

序号	上报单位	示范基地名称
1	北京市经济和信息化委员会	装备制造（轨道交通装备）·北京丰台区
2	天津市经济和信息化委员会	石油化工·天津滨海新区
3	天津市经济和信息化委员会	航空产业·天津空港工业园区
4	天津市经济和信息化委员会	电子信息·天津经济技术开发区
5	河北省工业和信息化厅	电子信息（太阳能光伏）·河北邢台经济开发区
6	河北省工业和信息化厅	钢材深加工·河北盐山
7	山西省经济和信息化委员会	煤焦化深加工·山西洪洞
8	内蒙古自治区经济和信息化委员会	农产品深加工·内蒙古通辽科尔沁区
9	内蒙古自治区经济和信息化委员会	军民结合·内蒙古包头青山区
10	辽宁省经济和信息化委员会	电子信息·大连经济技术开发区
11	吉林省工业和信息化厅	石油化工·吉林市龙潭区
12	吉林省工业和信息化厅	生物产业·长春经济技术开发区
13	黑龙江省工业和信息化委员会	装备制造·哈尔滨经济技术开发区
14	上海市经济和信息化委员会	汽车产业·上海嘉定汽车产业园区
15	上海市经济和信息化委员会	生物医药·上海张江高科技园区
16	上海市经济和信息化委员会	电子信息·上海漕河泾新兴技术开发区
17	江苏省经济和信息化委员会	船舶与海洋工程装备·江苏南通
18	江苏省经济和信息化委员会	环保装备·江苏宜兴
19	江苏省经济和信息化委员会	电子信息·南京江宁经济开发区
20	浙江省经济和信息化委员会	装备制造·杭州萧山经济技术开发区

序号	上报单位	示范基地名称
21	浙江省经济和信息化委员会	装备制造（电工电气）·浙江乐清
22	浙江省经济和信息化委员会	家电产业·浙江余姚
23	安徽省经济和信息化委员会	铜及铜材加工·安徽铜陵经济开发区
24	福建省经济贸易委员会	装备制造·厦门集美台商投资区
25	福建省经济贸易委员会	纺织服装·福建泉州经济开发区
26	江西省工业和信息化委员会	有色金属（稀土新材料）·江西赣州经济开发区
27	江西省工业和信息化委员会	电子信息（太阳能光伏）·江西新余高新技术产业园区
28	山东省经济和信息化委员会	新材料·山东淄博高新技术产业开发区
29	山东省经济和信息化委员会	汽车产业·山东明水经济开发区
30	山东省经济和信息化委员会	船舶与海洋工程装备·青岛经济技术开发区
31	山东省经济和信息化委员会	太阳能光热应用装备·山东德州经济开发区
32	河南省工业和信息化厅	食品·河南漯河经济开发区
33	河南省工业和信息化厅	装备制造·郑州经济技术开发区
34	河南省工业和信息化厅	装备制造（起重机械）·河南长垣
35	湖北省经济和信息化委员会	汽车产业·湖北襄樊高新技术产业开发区
36	湖北省经济和信息化委员会	铜及铜材加工·湖北黄石经济开发区
37	湖北省经济和信息化委员会湖北省国防科技工业办公室	军民结合·湖北襄阳樊城区
38	湖北省经济和信息化委员会湖北省国防科技工业办公室	军民结合·湖北孝感经济开发区
39	湖南省经济和信息化委员会	钢铁（精品薄板）·湖南娄底经济开发区
40	湖南省经济和信息化委员会	化工新材料·湖南岳阳云溪工业园区
41	湖南省经济和信息化委员会	钢铁（无缝钢管）·湖南衡阳高新技术产业园区
42	湖南省经济和信息化委员会湖南省国防科技工业局	军民结合·湖南株洲
43	广东省经济和信息化委员会	工业设计·广东佛山顺德区
44	广东省经济和信息化委员会	汽车产业·广州花都区
45	广东省经济和信息化委员会	装备制造（模具制造）·广东揭东经济开发区
46	广东省经济和信息化委员会	航空产业·广东珠海航空产业园
47	广西壮族自治区工业和信息化厅	装备制造（内燃机）·广西玉林玉州区

序号	上报单位	示范基地名称
48	广西壮族自治区工业和信息化厅	有色金属（铝）·广西百色工业园区
49	重庆市经济和信息化委员会	有色金属（铝）·重庆西彭工业园区
50	重庆市经济和信息化委员会	装备制造·重庆江津工业园区
51	重庆市经济和信息化委员会	电子信息（物联网）·重庆南岸区
52	四川省经济和信息化委员会	食品（国优名酒）·四川宜宾
53	四川省经济和信息化委员会	汽车产业·成都经济技术开发区
54	四川省经济和信息化委员会四川省国防科技工业办公室	军民结合·四川绵阳科技城
55	四川省经济和信息化委员会四川省国防科技工业办公室	军民结合·四川广元
56	贵州省经济和信息化委员会	食品（国优名酒）·贵州仁怀
57	贵州省经济和信息化委员会	军民结合·贵阳经济技术开发区
58	云南省工业和信息化委员会	有色金属（锡）·云南个旧
59	西藏自治区工业和信息化厅	高原绿色食品·拉萨经济技术开发区
60	陕西省工业和信息化厅	农产品深加工·陕西杨凌农业高新技术产业示范区
61	陕西省工业和信息化厅	电子信息·西安高新技术产业开发区
62	甘肃省工业和信息化委员会	钢铁（特种钢材）·甘肃嘉峪关工业园区
63	甘肃省工业和信息化委员会	新材料·甘肃白银高新技术产业园区
64	宁夏回族自治区经济和信息化委员会	食品（清真）·宁夏吴忠金积工业园区
65	新疆维吾尔自治区经济和信息化委员会	化工·新疆石河子经济技术开发区
66	新疆维吾尔自治区经济和信息化委员会	电子信息（太阳能光伏）·乌鲁木齐高新技术产业开发区

表 2.4　国家新型工业化产业示范基地（第三批）公示名单（2012 年 1 月 11 日公布）

序号	所在省市	申报单位	拟公示名称
1	北京	中关村科技园区海淀园	软件和信息服务
2	北京	北京大兴区	军民结合
3	天津	天津子牙循环经济产业区	资源综合利用
4	河北	河北沙河市经济技术开发区	建材（玻璃制造及深加工）

续表

序号	所在省市	申报单位	拟公示名称
5	河北	河北邯郸经济开发区	军民结合
6	内蒙古	内蒙古呼和浩特	食品（乳制品）
7	辽宁	辽宁大连高新技术产业园区	软件和信息服务
8	辽宁	辽宁盘锦辽滨沿海经济区	石油化工
9	辽宁	辽宁沈阳高新技术产业开发区	电子信息
10	辽宁	辽宁鞍山经济开发区	钢铁（钢材精深加工）
11	吉林	吉林长春绿园经济开发区	装备制造（轨道交通装备）
12	黑龙江	黑龙江哈尔滨经济技术开发区	军民结合
13	黑龙江	黑龙江穆棱经济开发区	轻工（林木产品制造）
14	上海	上海金桥开发区	电子信息
15	上海	上海国家民用航天产业基地	军民结合
16	江苏	江苏泰州医药高新技术产业开发园区	医药
17	江苏	江苏吴江经济技术开发区	电子信息（光电子）
18	江苏	江苏南京雨花软件园	软件和信息服务
19	江苏	江苏江阴临港经济开发区	装备制造
20	浙江	浙江舟山船舶产业集聚区	船舶及海洋工程装备
21	浙江	浙江杭州高新区（滨江）	电子信息（物联网）
22	浙江	浙江宁波鄞州区	军民结合
23	浙江	浙江新昌高新技术产业园区	装备制造
24	安徽	安徽合肥高新技术产业开发区	军民结合
25	安徽	安徽合肥新站综合开发试验区	电子信息（新型平板显示）
26	安徽	安徽芜湖高新技术产业开发区	军民结合
27	福建	福建福州软件园	软件和信息服务
28	福建	福建泉州丰泽高新产业园区	电子信息（专用通信设备）
29	江西	江西景德镇直升机研发生产基地	军民结合
30	江西	江西景德镇	轻工（陶瓷）
31	山东	山东济宁高新技术产业开发区	装备制造（工程机械）
32	山东	山东龙口市	有色金属（铝精深加工）
33	山东	山东齐鲁软件园	软件和信息服务
34	山东	山东青岛软件园	软件和信息服务

序号	所在省市	申报单位	拟公示名称
35	河南	河南平顶山高新技术产业集聚区	化工
36	河南	河南巩义市产业集聚区	有色金属（铝精深加工）
37	湖北	湖北宜昌经济技术开发区猇亭园区	化工（磷化工）
38	湖南	湖南长沙雨花工业园区	汽车产业
39	湖南	湖南湘潭高新技术产业开发区	装备制造（能源装备）
40	湖南	湖南平江工业园区	军民结合
41	广东	广东广州天河软件园	软件和信息服务
42	广东	广东深圳软件园	软件和信息服务
43	广东	广东中山市古镇	轻工（灯饰）
44	广东	广东珠海国家高新区三灶科技工业园区	医药
45	重庆	重庆涪陵工业园区	食品
46	四川	四川自贡高新技术产业开发区	装备制造（节能环保装备）
47	四川	四川泸州酒业集中发展区	食品（名优白酒）
48	贵州	贵州贵阳国家高新技术产业开发区	新材料
49	云南	云南昆明高新技术产业开发区	新材料（稀贵金属）
50	云南	云南昆明经济技术开发区	军民结合
51	陕西	陕西蔡家坡经济技术开发区	汽车产业（专用车及零部件）
52	陕西	陕西宝鸡高新技术产业开发区	有色金属（钛材及深加工）
53	甘肃	甘肃兰州经济技术开发区	军民结合
54	宁夏	宁夏银川经济技术开发区	装备制造
55	新疆	新疆昌吉高新技术产业园区	装备制造（能源装备）
56	新疆	新疆奎屯–独山子经济技术开发区	石油化工
57	新疆	新疆克拉玛依石油化工工业园区	石油化工

　　2010 年 12 月，工业和信息化部、财政部、科学技术部联合提出创建资源节约型、环境友好型企业试点，旨在推动工业企业走节约发展、清洁发展之路，加快工业发展方式转变，公布的第一批企业名单如表 2.5 所示。

表 2.5 "两型"企业创建试点企业名单（第一批）

钢铁	首钢京唐钢铁联合有限责任公司、天津钢管集团股份有限公司、唐山钢铁集团有限责任公司、宝山钢铁股份有限公司、山东钢铁集团有限公司、湖南省华菱湘潭钢铁有限公司、安阳钢铁股份有限公司、江苏沙钢集团有限公司、马鞍山钢铁股份有限公司、江阴兴澄特钢有限公司、酒泉钢铁（集团）公司、太原钢铁（集团）有限公司、武汉钢铁股份有限公司、鞍钢股份有限公司
有色金属	阳谷祥光铜业有限公司、江西铜业集团公司、宁波金田铜业（集团）股份有限公司、中国铝业股份有限公司广西分公司、云南铝业股份有限公司、信发集团有限公司、怡球金属资源再生（中国）股份有限公司、株洲冶炼集团股份有限公司、四川宏达股份有限公司、云南驰宏锌锗股份有限公司、金川集团有限公司、宝钛集团有限公司、厦门钨业股份有限公司、江苏中能硅业科技发展有限公司、内蒙古电力冶金有限责任公司、青海百通高纯材料开发有限公司
化工石化	中国石油独山子石化分公司、中国石油天然气股份有限公司抚顺石化分公司、中海石油化学股份有限公司、中海沥青股份有限公司、中国石化海南炼油化工有限公司、新疆天业（集团）公司、内蒙古亿利资源集团、宁夏英力特化工有限公司、宁夏大地化工有限公司、云南云天化股份有限公司、内蒙古伊东煤炭集团、翁福（集团）有限责任公司、宜昌兴发集团有限责任公司、甘肃刘化（集团）有限责任公司、金昌化工集团公司、浙江皇马化工集团有限公司、上海焦化有限公司、山西焦化集团有限公司、烟台万华聚氨酯股份有限公司、新疆华泰重化工有限责任公司、华勤橡胶工业集团、软控股份有限公司、福建环科集团三明市高科橡胶有限公司、青岛天盾橡胶有限公司、江苏安邦电化有限公司
建材	北京新北水水泥有限责任公司、北新集团建材股份有限公司、上海市建筑材料集团水泥有限公司、铜陵海螺水泥股份有限责任公司、江西亚东水泥有限公司、四川峨胜水泥股份有限公司、华新水泥（宜昌）有限公司、徐州中联水泥有限公司、吉林亚泰集团建材投资有限公司、新疆天山水泥股份有限公司、巨石集团有限公司、瑞泰科技股份有限公司、广东蒙娜丽莎有限公司、唐山惠达陶瓷（集团）股份有限公司、江苏华尔润集团有限公司、泰山石膏股份有限公司、天津国环页岩制品有限公司
轻工	北京燕京啤酒股份有限公司、青岛啤酒第五有限公司、广州珠江啤酒股份有限公司、四平金士百啤酒股份有限公司、华泰集团有限公司、湖南泰格林纸有限责任公司、浙江景兴纸业股份有限公司、金东纸业（江苏）股份有限公司、牡丹江恒丰纸业集团有限责任公司、新疆博湖苇业股份有限公司、贵州茅台酒股份有限公司、安徽古井贡酒股份有限公司、广西湘桂糖业集团有限公司、福建福人木业有限公司、黄山永新股份有限公司、成都蓉生药业有限责任公司、广西金源生物化工实业有限公司、宁夏伊品生物科技股份有限公司、重庆市涪陵榨菜集团股份有限公司、安徽丰原生物化学股份有限公司、中粮生化能源（榆树）有限公司、深圳市美盈森环保科技股份有限公司
纺织	江苏恒力化纤有限公司、鲁泰纺织股份有限公司、青岛即发集团股份有限公司、四川宜宾惠美线业有限责任公司、新乡白鹭化纤集团有限公司、浙江华峰氨纶股份有限公司

电子信息通信	中国移动通信集团公司、上海贝尔股份有限公司、艾默生网络能源有限公司、深南电路有限公司、深圳长城开发科技股份有限公司
汽车	一汽解放有限公司、东风汽车有限公司、重庆长安汽车股份有限公司、广汽丰田汽车有限公司、郑州日产汽车有限公司、陕西法士特汽车传动集团公司
机械装备	山西太重集团公司、上海外高桥造船有限公司、青岛北海船舶重工有限责任公司、新疆金风科技股份有限公司、陕西陕鼓动力股份有限公司、中国一拖集团公司、中国第二重型机械集团公司、长春轨道客车股份有限责任公司、保定天威保变电气有限公司、宁夏长城须崎铸造有限公司

　　工业和信息化部于 2011 年启动工业固体废弃物综合利用基地建设试点，借鉴三大矿产资源综合利用基地建设的经验，根据国务院有关精神，选择山西省朔州市、内蒙古自治区鄂尔多斯市、四川省攀枝花市、甘肃省金昌市等 12 个工业固体废物产生、堆存集中，有一定工业固体废物综合利用基础的地区，开展工业固体废物综合利用基地建设。12 个试点地区主要针对粉煤灰、煤矸石、尾矿和冶炼渣等工业固体废弃物的全部或大部分进行综合利用，其综合利用后的产品为建筑材料、环保材料及建筑工程回填物等。

　　2012 年 6 月，国家发改委、教育部、财政部、国家旅游局决定组织开展国家循环经济教育示范基地建设工作，力争在全国建设一批技术先进、管理规范、循环经济特征明显、教育示范作用强的循环经济教育示范基地。首批示范基地包括德青源农业科技股份有限公司（北京）、天津子牙循环经济产业区、伟翔环保科技发展（上海）有限公司、扬州经济技术开发区、中国重汽集团济南复强动力有限公司、河南天冠企业集团有限公司、荆门市格林美新材料有限公司、新疆天业（集团）有限公司、青岛啤酒股份有限公司青岛啤酒二厂。2012 年 7 月，国家发改委联合财政部颁布了《循环经济发展专项资金管理暂行办法》规范循环经济发展专项资金管理，提高财政资金使用效益。

　　环境保护部主要针对城市中的碳排放大户——燃煤电厂、高耗能企业，制定更为严格的排放标准。以燃煤电厂为例，至 2014 年全国所有燃煤机组均需安装脱硝装置，氮氧化物排放量降低至 100ppm[①] 以下。

---

　　①　1ppm = 1×10^{-6}。

2.1.4 低碳能源相关政策

为进一步缓解能源供应压力，促进可再生能源的开发利用，中央财政设立了可再生能源发展专项资金。2006 年 5 月，财政部颁布《可再生能源发展专项资金管理暂行办法》，规范专项资金的管理与使用。2008 年 8 月，进一步颁布了《风力发电设备产业化专项资金管理暂行办法》，从而起到加快我国风电装备制造业技术进步、促进风电发展的作用。2009 年 7 月，财政部、科学技术部、国家能源局联合启动了"金太阳示范工程"，该工程旨在促进光伏发电产业技术进步和规模化发展，培育战略性新兴产业。通过中央财政从可再生能源专项资金中安排一定资金，支持光伏发电技术在各类领域的示范应用及关键技术产业化（以下简称金太阳示范工程）。2011 年 11 月，财政部通过出台《生物能源和生物化工非粮引导奖励资金管理暂行办法》，鼓励非粮生物能源放大生产示范或优化工艺。

2007 年 10 月，财政部为贯彻落实《国务院关于印发节能减排综合性工作方案的通知》（国发〔2007〕15 号）精神，切实推进国家机关办公建筑和大型公共建筑节能工作，制定了《国家机关办公建筑和大型公共建筑节能专项资金管理暂行办法》。

2011 年 6 月，为加快推广先进节能技术，提高能源利用效率，实现"十二五"期间单位 GDP 能耗降低 16% 的约束性指标，根据《节约能源法》和《国民经济和社会发展第十二个五年规划纲要》，中央财政继续安排专项资金，采取"以奖代补"方式，对企业实施节能技术改造给予适当支持和奖励。为加强财政资金管理，国家发改委联合财政部制定了《节能技术改造财政奖励资金管理办法》，交通运输部与财政部制定了《交通运输节能减排专项资金管理暂行办法》，旨在支持公路水路交通运输节能减排。

2009 年 5 月，国家发改委、工业和信息化部、财政部联合启动"节能产品惠民工程"。通过财政补贴方式对能效等级 1 级或 2 级以上的十大类高效节能产品进行推广应用，包括已经实施的高效照明产品、节能与新能源汽车。2012 年 9 月 9 日，财政部、国家发改委、工业和信息化部决定将高效节能台式计算机、风机、变压器等6 类节能产品纳入财政补贴推广范围。财政部、国家发改委还同时发布了《高效节能房间空调器推广实施细则》，对能效等级为 1 级或 2 级房间空调器按制冷量分四档给予补助，其中，1.5 匹每台分别补助 550 元、350 元，并设定了推广上限价格，使高效节能空调符合经济适用原则，让广大消费者得到更多实惠。

2009 年，科学技术部、国家发改委、工业和信息化部、财政部四部委联合启动

"十城千辆"战略，开展节能与新能源汽车示范推广试点工作，确定北京、上海、重庆、长春、大连、杭州、济南、武汉、深圳、合肥、长沙、昆明、南昌等 13 个城市作为国家首批试点城市。2010 年年初，示范推广进一步扩大，增加天津、海口、郑州、厦门、苏州、唐山、广州等 7 个试点城市。2011 年，新增沈阳、成都、南通、襄樊、呼和浩特等 5 个城市。根据《汽车与新能源汽车产业发展规划》（2011 ~ 2020 年），十年将投资近 1000 亿元支持新能源汽车产业发展。其中，500 亿元作为节能与新能源汽车产业发展专项资金，重点支持企业节能与新能源汽车关键技术研发和产业化；200 亿元用于支持新能源汽车示范推广；100 亿元支持以混合动力汽车为重点的节能汽车推广；另有 50 亿元用于支持试点城市的基础设施建设；最后有 100 亿元用于支持试点城市新能源车零部件体系的发展。

2010 年 4 月，国务院颁布《关于加快推行合同能源管理促进节能服务产业发展的意见》，明确指出了发展合同能源管理的重要意义，即运用市场手段为用户提供节能诊断、融资、改造等服务，并以节能效益分享方式回收投资和获得合理利润，可以大大降低用能单位节能改造的资金和技术风险，充分调动用能单位节能改造的积极性，明确了行业发展指导思想、基本原则和发展目标。意见要求相关部门完善促进节能服务产业发展的政策措施，加强对节能服务产业发展的指导和服务。根据该意见，2010 年 6 月，国家发改委、财政部联合下达了《合同能源管理项目财政奖励资金管理暂行办法》，通过中央财政安排奖励资金，支持推行合同能源管理，促进节能服务产业发展。

2012 年 6 月，国家发改委、财政部、住房和城乡建设部、国家能源局四部委联合下达了《首批国家天然气分布式能源示范项目的通知》，选择华电集团泰州医药城楼宇型分布式能源站工程（江苏，4000kW）、中海油天津研发产业基地分布式能源项目（天津，4358kW）、北京燃气中国石油科技创新基地（A-29）能源中心项目（北京，13312kW）、华电集团湖北武汉创意天地分布式能源站项目（湖北，19160kW）作为首批示范项目。

2012 年 7 月，国家发改委与财政部为加强我国电力需求侧管理工作，保障电力供需总体平衡，制定了《电力需求侧管理城市综合试点工作中央财政奖励资金管理暂行办法》。该年 10 月，国家发改委经济运行调节局与财政部经济建设司根据专家组意见，经研究确定首批电力需求侧管理综合试点城市，即北京市、江苏省苏州市、河北省唐山市、广东省佛山市。

2.2 各省市的低碳建设举措

国家发改委于 2010 年 7 月 19 日颁布《关于开展低碳省区和低碳城市试点工作的通知》，即发改气候〔2010〕1587 号，在国内推出第一批低碳试点区域，包括广东、辽宁、湖北、陕西、云南五省和天津、重庆、深圳、厦门、杭州、南昌、贵阳、保定八市。为推动绿色低碳发展的总体要求，落实"十二五"规划纲要关于开展低碳试点的任务部署，加快经济发展方式转变和经济结构调整，确保实现我国 2020 年控制温室气体排放行动目标，根据国务院印发的《"十二五"控制温室气体排放工作方案》（国发〔2011〕41 号），国家发改委确定了第二批国家低碳省区和城市试点：北京市、上海市、海南省和石家庄市、秦皇岛市、晋城市、呼伦贝尔市、吉林市、大兴安岭地区、苏州市、淮安市、镇江市、宁波市、温州市、池州市、南平市、景德镇市、赣州市、青岛市、济源市、武汉市、广州市、桂林市、广元市、遵义市、昆明市、延安市、金昌市、乌鲁木齐市。以下简述具有代表性的城市所采取的低碳策略。

2.2.1 华北地区——京津冀城市圈

1. 北京

北京市是中国的高科技研发中心与国际交流中心，借助"绿色奥运"之机选择了绿色发展、低碳城建之路。通过构建生产、消费与环境三大绿色系统，重点围绕能源、建筑、交通、大气、固废物、水、生态等领域实施九大绿色工程。开展低碳经济试点，建设宜居的绿色北京。

2008 年以来，北京市陆续实现了首钢压产搬迁，关停了北京焦化厂、北京有机化工厂、北京化二股份有限公司等一批高耗能、高污染企业，逐步实现低碳产业的结构调整，坚持走高端、高效、节能环保的低碳产业发展之路；2009 年，北京市"十二五"重点规划项目——石景山五里坨生态社区与 CBD 东扩低碳规划项目先后启动；2010 年，北京市政府改革并完善了城市功能评价体系，将环境保护、交通节能等指标纳入节能减排的目标，全面开展建设低碳北京的十大工程。

在以碳金融市场建设为核心的低碳金融发展方面，北京已经开始成为全球重要的碳资产聚集中心。北京环境交易所是国内碳交易市场和低碳金融发展领域的主要探索者和领导者，不但完成了全国第一笔企业自愿减排交易，还与纽约证券交易所集团子公司 BLUENEXT 交易所联合开发了中国第一个自愿碳减排标准——熊猫标准；2010 年 6 月，北京环境交易所与清洁技术投资基金在北京共同推出了首个中国低碳指数，对完善中国低碳产业定价机制起到了积极作用。

2. 天津

天津市着力构筑高端产业、自主创新、生态宜居三个"高地"，加快推进产业结构优化升级，大力发展战略性新兴产业和低耗能产业等举措，逐步形成了航空航天、新能源、新材料、生物技术和现代医药等优势支柱产业，能耗"摊薄效应"明显；同时，加快推进产业聚集，形成了一批千亿级产业聚集区，完善了循环经济产业链，这些聚集区、示范园区产业关联度高、物流成本低，资源、能源"集约效应"、"节约效应"明显，为天津市构建低碳城市奠定了坚实的产业基础。

天津市拥有国家间合作开发建设的生态城市——中新天津生态城（图 2.1），通过借鉴新加坡等先进国家和地区的成功经验，围绕生态环境健康、社会和谐进步、经济蓬勃高效和区域协调融合等四个方面，确定了 22 项城市低碳控制性指标和 4 项引导性指标。区内推行绿色建筑标准体系，通过制定绿色建筑的设计标准，鼓励节能环保型新技术、新材料、新工艺、新设备的应用以减少建筑热损失，其绿色建筑比例接近 100%；通过实行分质供水，建立城市直饮水系统，中水回用、雨水收集、海水淡化所占的比例超过 50%。预计到 2020 年，中新天津生态城将实现百万美元 GDP 碳排放强度低于 150t、可再生能源利用率不低于 20%、生活垃圾无害化处理率接近 100%、绿色出行比例达到 90% 等多个低碳城市控制性指标。

3. 保定

保定市是 WWF 中国低碳城市发展项目首批两个试点城市之一，拥有国家新能源与能源设备产业化基地、国家太阳能综合应用科技示范城市、国家可再生能源产业化基地、国家新能源高科技产业基地等多个国家级低碳能源研发基地，良好的政策、资源与技术优势为保定市建设低碳城市奠定了坚实的基础。

保定市发展低碳产业作为建设低碳城市的切入点。建立了风电产业园、光伏产业园、储电产业园、节电产业园及电力自动化产业园等五大产业园区和光电、风电、节电、储电、输变电与电力自动化设备制造等六大产业集群。依托保定天威保变电气股份有限公司等低碳高新技术企业（图 2.2），保定市实施了"太阳能之城"建设工程、城市生态环境建设工程、办公大厦低碳化运行示范工程、低碳化社区示范工程、低碳化城市交通体系整合工程等五大低碳工程，全面保障其低碳城市规划的有效实施。

图 2.1　中新天津生态城规划图

2010 年，保定市万元 GDP 碳排放量与 2005 年相比下降 25%，人均碳排放量在 3.5t 以内，新能源产业增加值占规模以上工业增长值的比重达到 18%。预计到 2020 年，万元 GDP 碳排放量比 2010 年将下降 35% 以上，新能源产业增加值占规模以上工业增加值的比重达到 25%。

河北省于 2010 年 9 月与住房和城乡建设部签署了合作备忘录，共同推进该省 "4+1" 生态示范城建设，包括唐山湾新城、正定新区、北戴河新区、沧州黄骅新城

图 2.2　风电与光伏发电装备已经成为保定支柱产业

等四个生态示范城及涿州生态示范基地，为我国北方省份城市转型提供示范。为推进生态示范城建设，河北省与住房和城乡建设部优先将最新的低碳生态技术标准和政策用在四个示范区，引导绿色交通、绿色市政、绿色建筑、可再生能源等专项示范项目优先在四个示范区建设。

2013 年 5 月，河北省出台《关于开展绿色建筑行动创建建筑节能省的实施意见》，指出到 2015 年，全省建筑节能政策法规、技术标准、科技创新、产业支撑、市场监管等体系基本建立，新建建筑能效水平、既有居住建筑节能改造规模、供热计量收费比例、可再生能源建筑应用占比、公共建筑节能改造面积等指标基本达到国内先进水平，创建建筑节能省任务基本完成。

4. 山东省

山东省提出为推动城镇可持续发展将大力推进节能减排，加快生态低碳城市建设步伐，积极参与国家低碳生态城镇建设试点，强化生态环境保护，加快城乡污水处理厂和配套管网改造建设。2013 年年底前，彻底解决城市建成区污水直排问题。深入开展城乡环境综合整治，继续开展旧城区、背街小巷整治和城中村、城郊村、城边村改造，规模化发展绿色建筑，建设绿色生态城区。积极创建园林城市、园林城镇，大力开展村容村貌整治，不断改善城乡人居环境。山东省于 2013 年 3 月开始实施《山东省民用建筑节能条例》，以绿色、循环、低碳理念指导城乡规划、建设、管理全过程，积极推进绿色建筑行动，加快实现城乡发展模式转变。

2.2.2 华东地区——长三角城市圈

1. 上海

作为 WWF 中国低碳城市发展项目的另一个试点城市，上海市以工业、交通、建筑、可再生能源、碳汇等五个领域为重点发展方向，借助"低碳世博"的历史发展机遇，发挥其后续效应，注重相关低碳技术、低碳设备、低碳理念的利用、推广和传播，推进低碳城市建设。"十二五"期间，上海市将建成崇明生态岛、临港新城和虹桥商务区等三个低碳示范区，通过加大对以服务经济为特色的低碳实践区建设的推广和支持力度，强化科技、人才、资金、政策等各项资源支撑，形成上海低碳城市的发展特色：崇明生态岛进行了低碳社区建设，将低碳技术运用到建筑、交通、能源、资源循环等领域；临港新城以太阳能发电为发展特色，通过低碳产业园区的建设，大力发展高端制造业、港口服务业等低碳产业，促进低碳技术的集成应用；虹桥商务区作为上海首个低碳商务区，其核心区内全部为国家标准一星级以上绿色建筑，其中，二星级绿色建筑超过50%以上，三星级绿色建筑达6座以上（图2.3）。

2. 无锡

无锡重点关注低碳政策、低碳产业、碳汇吸收与利用、低碳交通与物流、低碳建筑、低碳消费、碳交易市场等方面的低碳城市建设。预计到2015年，全市单位GDP碳排放比2010年下降35%，森林覆盖率达到27%，城市建成区绿化覆盖率大于45%。全面推进可再生能源建筑应用示范城市建设，并编制《无锡市绿色建筑专项规划》。

3. 杭州

杭州市提出以建设低碳经济、低碳建筑、低碳交通、低碳生活、低碳环境、低碳社会"六位一体"的低碳城市作为发展目标。

4. 镇江

镇江市作为全国第二批低碳试点城市之一，以低碳管理云平台作为低碳城市建设的重要基础，从城市、区域、行业、重点企业、项目等五个层次对碳排放进行管理，结合镇江市碳峰值研究，指导城市产业结构和能源结构优化，倒逼企业加快转

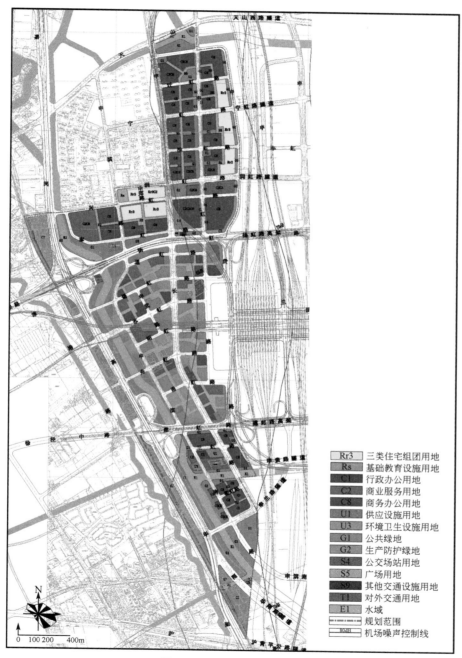

Rr3	三类住宅组团用地
Rs	基础教育设施用地
C1	行政办公用地
C2	商业服务用地
C8	商务办公用地
U1	供应设施用地
U3	环境卫生设施用地
G1	公共绿地
G2	生产防护绿地
S4	公交场站用地
S5	广场用地
S9	其他交通设施用地
T1	对外交通用地
E1	水域
	规划范围
80dB	机场噪声控制线

图 2.3　虹桥商务区规划图

33

型升级，以碳排放强度和碳排放总量为考核机制，从辖市区角度控制碳排放量，以碳评估为手段，从项目角度控制全市碳排放增量，全面推进低碳城市建设。

2.2.3 华南地区——珠三角城市圈

2013年8月，广东省提出与住房和城乡建设部签订合作协议框架，以推进广东省低碳城市建设等方面工作的希望，姜伟新部长表示支持，住房和城乡建设部将尽力配合做好相关工作。

1. 深圳

深圳市位于珠三角经济圈腹地，是华南商贸中心、中国高新技术产业重要基地与信息中心。作为中国唯一拥有海陆空口岸的城市，深圳市的低碳城市建设状况为中国在世界上传递"低碳中国"的国家形象起到了重要作用。深圳市高度重视建设国家新能源产业基地和低碳经济先锋城市，深圳光明生态城是深圳市创新性高新产业基地和低碳生态旅游区，区内规划建立了一套涉及经济繁荣、社会和谐、环境优美、资源节约、区域协调发展等五方面的目标指标系统，预计2020年将实现公交分担率70%、污水回用率50%、绿色建筑示范区内绿色建筑比例80%等目标。

自2009年起，深圳市政府每年集中投入5亿元支持新能源产业发展，预计到2015年，新能源产业将成为深圳市的新兴支柱产业；到2020年，新能源汽车产业产值预计超过800亿元，太阳能产业产值预计超过400亿元，储能产业产值预计超过560亿元。

2. 珠海

珠海市以横琴低碳示范区建设为重点，确定碳减排重点领域和减排目标，探索珠海低碳城市建设，围绕工业、建筑和交通三大城市碳排放领域，规划碳排放计划与减排策略。

2.2.4 华中地区——武汉城市圈

湖北省武汉市提出研究制订公共建筑、居住建筑、商用建筑节能设计和施工能耗限额标准，推进可再生能源建筑应用。到2015年，武汉市中心城区新建居住建筑将全面施行节能65%的低能耗居住建筑节能标准。"十二五"末，完成1000万 m^2 的绿色建筑试点示范，建设4~5个绿色建筑集中示范区，绿色建筑占新建建筑比重超过20%。

2.2.5　西南地区

1. 重庆

重庆市提出通过发展低碳经济与产业结构调整、城市规划、科技创新相结合，提升节能环保等新兴产业的比重，努力建设宜居重庆、森林重庆。

2. 成都

成都市通过建设低碳经济发展试验区、零碳农业产业示范园、零碳旅游产业示范园及公益生态林补偿机制、单位 GDP 能耗补偿和奖励机制等工程，全面建设低碳城市。

3. 攀枝花

攀枝花市加速转变以资源利用加工为工业基础的发展方式，打造"国家级应用示范基地"，在全市生产生活各个领域基本实现太阳能综合利用，并通过启动攀枝花生物柴油发展城项目，全面构建低碳城市。

近年来，四川省先后遭受了"5·12 汶川地震"与"4·20 芦山地震"两场灾难，在灾后重建编制规划过程中，提出要落实生态文明理念，保护河流、水系、林地和大地植被等自然生态要素，保护优秀的历史遗存和文化传统，体现绿色、低碳和生态特色。

2.3　存在问题与建议

建设低碳城市是我国在推进城市化进程中符合资源承载能力的必然战略选择，但目前建设低碳城市在我国仍处于探索阶段。我国各主要城市群与区域性大城市纷纷开展低碳城市试点，尽管在其中遇到很多困难和阻力。结合目前已经开展的实践，低碳城市在我国进一步发展主要存在以下问题：

（1）重产业低碳、轻城市低碳，产业与交通、基础设施、市民生活等领域难以统筹协调。城市的减排不仅涵盖了产业的减排，还包括了交通、基础设施、市民生活等领域的减排行动。我国现阶段的减排行动主要由国家发改委系统推动，基本围绕产业减排进行，尚缺少对城市层面减排的关注。目前，没有区域层面、城市群层面和大、中、小城市层面的减排体系架构，无法系统指导地方的低碳建设，也没有完备的低碳用能政策体系。因此，各地的城市低碳建设形成了各自为政的格局，不利于成功经验的示范和推广。此外，缺乏以区域性甚至全国城市低碳能源供应为核心的多能源协同战略规划。天然气、风能、光伏、核电等清洁能源各自独立规划，高碳能源替代规划也未形成，跨区域清洁能源输送规划严重滞后，没有形成优势互补、供需协同、高效利用的低碳能源供应结构和体系，制约了低碳城市建设。

（2）低碳城市缺乏评价标准和激励约束机制，实施效果难以客观评价。我国现阶段的低碳城市建设尚缺乏统一的评价标准和约束机制，使得低碳建设的实施效果缺乏相应的衡量和考核机制。首先，缺乏低碳规划的评估机制，这就造成了许多城市的低碳建设只停留在口号阶段，既没有提出城市减排的总量目标，也没有任何约束机制，使得低碳发展难以落实。其次，缺乏低碳示范区建设的评估机制，缺乏必要的实施评估手段来总结经验和教训，使得示范的意义大大减弱。再次，缺乏低碳城市的经济社会效益评估机制，对于各地的低碳城市建设还缺乏必要的经济社会效益评估，无法杜绝一些没有显著效益但却投资巨大的所谓"低碳示范工程"，无法评价实施效果。

（3）低碳建设不考虑市情、地情，政策拉动大于市场推动。低碳城市的建设不仅需要在前期进行大量的投入，还需要保证后期运行的持续投入，这就要求政府需要有强大的财政作为保障。而我国地方政府的财政情况分化较严重，因此，在建设低碳城市的战略布局上要重视我国发达地区和不发达地区的区别，要根据当地的实际情况因地制宜地发展低碳城市建设，考虑不同的地情、市情。同时，现阶段我国低碳城市的建设大多属于政府行为，缺少市场力量的推动，使得低碳建设无法保持长期的可持续性。由于我国在国际社会中承担了巨大的减排任务，使得中央政府对低碳建设抱有一定的决心，出台大量政策推动国内节能减排，但由于缺乏市场力量的参与，地方在低碳城市的建设过程中往往投入巨大，且无法在短期内实现效益的平衡，这就导致了低碳建设成为短期行为和面子工程，无法形成长效机制。

（4）低碳城市建设缺乏公众基础，政府大包大揽。现阶段我国的低碳城市建设主要源于政府的推动，且大多集中在基础设施更新和改造中，缺乏广泛的公众基础。由于缺乏低碳理念的宣传和普及，使得普通市民既不关心低碳城市的建设，也不知如何参与其中。没有广泛公众基础的低碳城市建设，往往无法全面实现低碳发展的初衷，政府的努力往往事倍功半，在城市的建设上实现了低碳，但在市民的实际使用中却又回归粗放和浪费。

参 考 文 献

曹海霞，张复明．2010．低碳经济国内外研究进展．生产力研究，（3）：1~5．

陈飞，诸大建，许琨 . 2009. 城市低碳交通发展模型、现状问题及目标策略 . 城市规划学刊，（6）：39～46.

顾朝林，谭纵波，等 . 2009. 气候变化、碳排放与低碳城市规划研究进展 . 城市规划学刊，（3）：38～45.

联合国 . 2009-03-01. 世界水资源开发报告 3：变化世界中的水资源 . http：//unesdoc. unesco. org/images/0018/001819/181993e. pdf.

刘兰翠 . 2009. 世界主要国家应对气候变化政策分析与启示 . 中外能源，（9）：1～8.

刘琰 . 2010. 低碳生态城市——全球气候变化影响下未来城市可持续发展的战略选择 . 城市发展研究，（5）：35～39.

潘海啸，汤杨，吴锦瑜，等 . 2008. 中国"低碳城市"的空间规划策略 . 城市规划学刊，（6）：57～63.

仇保兴 . 2009. 我国低碳生态城市发展的总体思路 . 建设科技，（15）：12～17.

仇保兴 . 2010. 生态城改造分级关键技术 . 城市规划学刊，（3）：1～13.

沈清基，安超，刘昌寿 . 2010. 低碳生态城市的内涵、特征及规划建设的基本原理探讨 . 城市规划学刊，（5）：48～57.

新华网 . 2012-06-05. 环保部：去年全国地表水水质总体轻度污染 . http：//news. xinhuanet. com/politics/2012-06/05/c_112124132. htm.

徐建刚，宗跃光，王振波 . 2008. 城市生态规划关键技术与方法体系初探//2008 城市发展与规划国际论坛论，厦门 .

杨保军，董珂 . 2008. 生态城市规划的理念与实践——以中新天津生态城总体规划为例 . 城市规划，（8）：10～15.

杨珂 . 2009. 哈马碧滨水新城——可持续发展社区的典范 . 环境教育，（9）：47～50.

殷广涛，盛志前 . 2011. 低碳交通模式：中国低碳生态城市发展报告 2010. 北京：中国建设工业出版社 .

袁男优 . 2010. 低碳经济的概念内涵 . 城市环境与城市生态，（1）：28～29.

中国城市科学研究会 . 2010. 中国低碳生态城市发展报告 . 北京：中国建筑工业出版社：57～67.

中国环境保护部 . 2011. 2010 年中国环境状况公报 .

第 3 章

国际低碳城市建设情况

3.1 全球各国低碳政策与举措

进入 21 世纪，人类生产和生活造成的能源短缺和全球变暖问题引起了全球的广泛关注，降低人类活动造成碳排放的"低碳"发展模式在世界范围内得到推广，国际组织、各国政府纷纷出台各种政策文件和行动法案来促进"低碳"模式的发展，英国、美国、日本等发达国家走在了前列。

3.1.1 英国的低碳政策与举措

英国是低碳城市建设的先行者。2003 年，英国政府发表了《能源白皮书》，题为"我们未来的能源：创建低碳经济"，首次提出了低碳经济概念，引起了国际社会的广泛关注。《能源白皮书》指出，低碳经济是通过更少的自然资源消耗和环境污染获得更多的经济产出，创造实现更高的生活标准和更好的生活质量的途径和机会，并为发展、应用和输出先进技术创造新的商机和更多的就业机会。英国政府为低碳经济发展设立了一个清晰的目标：2010 年 CO_2 排放量在 1990 年水平上减少20%，到 2050 年减少60%，从根本上把英国变成一个低碳经济的国家。为此，英国制定了一系列的行动计划，包括：①在城市里开展一系列能够取得明显经济效益的碳减排项目（如政府集中项目采购、进行社会住房的翻修工程、全市范围的低碳交通规划、垃圾处理战略及低碳意识的提升等）；②在每一个城市进行全市范围的低碳住房规划（这包括对既有房屋的翻修、通过规划和商业能源服务影响新开发的项目等）；③开发关于低碳实践的交流和宣传策略；④协调在进行中的活动（确保城市层面在进行中的活动与气候变化战略合拍，并有助于设定削减目标的实现）。同时，英国着力于发展、应用和输出先进技术，引领世界各国经济朝着有益环境的、可持续的、可靠的和有竞争性的方向发展。

为了推动英国尽快向低碳经济转型，英国政府于 2001 年设立碳信托基金会，碳信托基金会与能源节约基金会（EST）联合推动了英国的低碳城市项目（LCCP）。英国的低碳城市项目认为，项目成功的关键是将主要的公共部门主体（地方政府、大学等）及其他城市碳排放的主要影响者（如住房协会、大的商业和中等消费者、社区及信仰和志愿部分）等整合起来，此外，区域性治理主体及能源供应者也应当纳入到低碳城市建设的考虑范围之内。英国在其首批三个示范城市（布里斯托尔、利兹和曼彻斯特）全市范围实施碳减排，重点在建筑、交通两个领域推广可再生能源应用，提高能效和控制能源需求，促进城市总的碳排放降低。同时，各种措施的制定、实施和评估都以碳排放减少量为标准，同时强调技术、政策和公共治理手段相结合。英国低碳城市建设制定了详细的行动计划，要求所有参加低碳城市建设项目的城市开发出一个实现其目标的行动计划。

3.1.2　日本的低碳政策与举措

自从英国提出"低碳经济"概念以来，向低碳经济转型已经成为世界经济发展的大趋势。作为《京都议定书》的发起和倡导国，日本提出打造低碳社会的构想并制定相应的行动计划。日本环境大臣咨询机构——中央环境审议会提出，低碳社会的基本理念是争取将温室气体排放量控制在能被自然吸收的范围之内，为此需要摆脱以往大量生产、大量消费又大量废弃的社会经济运行模式。早在 2004 年 4 月，日本环境省设立的全球环境研究基金就成立了"面向 2050 年的日本低碳社会情景"研究计划，该计划提出了到 2050 年日本碳减排的削减目标，确定应该采取的减排措施，从经济影响和技术可能性的角度提出日本 2050 年低碳社会建设的路线图，确定低碳社会建设对环境问题的影响、低碳社会的愿景对政策评估指标的影响等。为了实现这些目标，日本对低碳社会做出了详细的规划，并且提出了实现低碳社会的 12个具体措施。日本低碳社会的规划由原则、目标及为实现低碳社会所采取的战略等方面内容构成。2007 年 2 月，日本政府与学者颁布了《日本低碳社会模式及其可行性研究》，提出了可供选择的低碳社会模式，并在 2008 年 5 月进一步提出《低碳社会规划行动方案》，依靠技术创新、观念更新，全面地推进低碳社会建设。日本低碳社会遵循三个基本原则，即在所有部门减少碳排放；提倡节俭精神，通过更简单的生活方式达到高质量的生活，从高消费社会向高质量社会转变；与大自然和谐生存，保持和维护自然环境成为人类社会的本质追求。

2008 年 6 月 9 日，日本首相福田康夫在日本记者俱乐部发表了题为"为实现低碳社会的日本而努力"的讲话，这一讲话集中阐述了日本在温室气体减排问题上的立场和观点，因此，被人们称为构建低碳社会的"福田蓝图"。该蓝图包括如下内容：①从依赖石化燃料的工业社会转向一个走向可持续未来的低碳社会；②满怀信心地走向低碳社会将会带来的新契机，日本传统智慧为与自然和谐相处提供了营养；③设立一个长期的目标，在现有水平上，到 2050 年将 CO_2 的排放量削减 60% ~ 80%，鼓励实现"凉爽地球 50"，到 2050 年实现温室气体排放削减 50% 的目标；④将排放水平的峰值控制在接下来的 10 ~ 20 年，然后为实现长期的目标做准备；⑤实施如下四个行动：开发技术创新并推广现有的技术；设立诸如排放交易等方面的制度，进行税收改革以便改变社会和经济的结构，以适应低碳社会的要求；地方政府要采取地方性的生产和消费方面的措施；行为改变。福田康夫提出了这个低碳社会蓝图，认为这将是一场革命，并且预料这将会使得日本的经济更强并复苏。

3.1.3　美国的低碳政策与举措

作为碳排放大国的美国，虽然没有签订《京都议定书》，但还是在为减碳行动做出一定的努力。国际金融危机爆发以来，美国选择以开发新能源、发展低碳经济作为应对危机、重新振兴美国经济的战略取向，短期目标是促进就业、推动经济复苏，长期目标是摆脱对外国石油的依赖，促进美国经济的战略转型。

美国主张通过技术途径解决气候变化问题。2007 年 11 月，美国进步中心发布《抓住能源机遇，创建低碳经济》报告，承认美国已经丧失在环境和能源领域关键绿色技术优势，提出创建低碳经济的十步计划。2007 年 7 月，美国参议院提出了《低碳经济法案》，表明低碳经济的发展道路有望成为美国未来的重要战略选择。2009 年 1 月，奥巴马宣布了"美国复兴和再投资计划"，以发展新能源作为投资重点，计划投入 1500 亿美元，用 3 年时间使美国新能源产量增加 1 倍，到 2012 年将新能源发电占总能源发电的比例提高到 10%，2025 年，将这一比例增至 25%。

2009 年 2 月，美国正式出台了《美国复苏与再投资法案》，投资总额达到 7870 亿美元，到 2012 年，保证美国人所用电能的 10% 来自可再生能源，到 2025 年这个比例将达到 25%；到 2025 年，联邦政府将投资 900 亿美元提高能源使用效率并推动可再生能源发展。《美国复苏与再投资法案》将发展新能源作为重要内容，包括发展高效电池、智能电网、碳储存和碳捕获、可再生能源（如风能和太阳能）等。此外，为应对气候变暖，美国力求通过一系列节能环保措施大力发展低碳经济。在金融危机带来经济结构重组及奥巴马政府策略的影响下，低碳、减排已成为美国大部分州政府的重要发展战略之一。美国的低碳发展政策发源于地方各州，通过区域合作提升影响力，才能进入联邦政府提案，逐渐扩展到联邦范围。当前的低碳发展区域政策主要分为东北、西部、中西三个范围。

3.1.4　德国的低碳政策与举措

德国充分认识到经济政策对低碳产业的调节作用，通过税收制度改革、提高能源使用效率和大力发展可再生能源等措施，德国的低碳经济发展一直走在世界的前列。1999 年，德国第一次开始对汽车燃料、燃烧用轻质油、天然气和电征税；此后，德国政府还提出了实施气候保护的高技术战略，先后出台了五期能源研究计划，以能源效率和可再生能源为重点，并为其提供资金支持；2007 年，德国联邦教育与研究部又在"高技术战略"框架下制订了气候保护技术战略，该战略确定了未来研究的四个重点领域，即气候预测和气候保护的基础研究、气候变化后果、适应气候变化的方法和气候保护的政策措施研究，同时通过立法和约束性较强的执行机制制订气候保护与节能减排的具体目标和时间表。《节约能源法》规定新建建筑能耗必须满足节能标准才允许开工，德国的弗莱堡市专门为建筑业制定了《低能耗住宅标准》；制定《可再生能源法》保证可再生能源的地位；制定《可再生能源供暖法》促进可再生能源用于供暖；《热联产法》则用以积极推广热电联产技术。近年来，德国还同许多国家尤其是发展中国家开展了气候保护领域的国际合作，带动和引导了发展中国家低碳经济发展模式的转变。

3.1.5　意大利的低碳政策与举措

由于意大利的能源 80% 以上都依靠进口，因此，意大利更加注重可再生能源和新能源的开发和利用，并重视落实《京都议定书》的义务，其采取的政策措施也十分丰富而有效，由此意大利也成为国际上低碳经济发展模式的样板。在具体落实上，意大利主要通过节能减排的政策措施、鼓励和引导新能源技术开发等措施来促进低碳经济的发展。意大利政府为支持可再生能源的发展，从 1992 年开始实施 CIP6 机制，以保证购买价格的方式支持可再生能源发电厂的建设；1999 年后，通过立法的形式开始实行"绿色证书"制度，通过绿色证书限制高碳能源的使用，进而激励可再生能源的发展；2005 年 1 月起，意大利又对能耗效率管理采取了"白色证书"制度，它也是一种对企业提高能源效率的认证制度。2007 年年初推行能源一揽子计划，出台了许多推动节能和可再生能源发展的财政措施。

3.1.6 澳大利亚的低碳政策与举措

气候变化在 2006 年成为澳大利亚环境争论的焦点，澳大利亚在 2007 年新政府成立之后，批准了《京都议定书》，并提出削减国家温室气体排放量的近期目标和远期目标。2008 年，澳大利亚发布了《减少碳污染计划绿皮书》，提出了减碳计划的三大目标：减少温室气体排放，立即采取措施适应不可避免的气候变化，推动全球实施减排措施。同时建立了气候变化政策部，并整合相关部门资源，促进政府与产业互动，全方位建设一个低碳经济环境。2008 年 9 月实施"全球碳捕集与储存计划"，使澳大利亚对清洁煤技术的投资处于世界领先地位。此外，澳大利亚正在建立世界上最全面、最强健的温室气体排放贸易机制。这个机制将覆盖澳大利亚温室气体排放量的 75%，并将在实施之初拍卖一大部分许可，它将为整个经济创造降低温室气体排放的动力，刺激可持续、低排放增长，从而奠定澳大利亚未来繁荣的基础。通过推行减少碳污染计划，提高可再生能源在能源消费结构中的比重，实行可再生能源电力，强制上网电价制度，在财政上支持低碳技术的研发与使用，鼓励商业机构和家庭更明智用能等手段的综合运用。澳大利亚政府承诺，到 2020 年温室气体的排放量将在 2000 年的排放基础上削减 5% ~ 15%，到 2050 年温室气体的排放量将在 2000 年的排放量基础上削减 60%。

3.1.7 欧盟的低碳政策与举措

欧盟所需能源一半依赖进口，其经济发展使能源消耗和资源紧张逐渐成为制约欧盟经济持续性增长的重大问题。自《京都议定书》签署以来，欧盟一直主导着减排的前进步伐，不但缓解了就业压力，赢得了在新一轮经济竞争中的初步优势，更深刻影响全球工业产品的竞争格局，掀起了一场绿色工业革命。欧盟利用在低碳经济领域的优势地位，一方面在气候谈判中向其他国家施加压力，提高温室气体减排幅度，借机向外输出"绿色技术"；另一方面不断提高进入欧盟市场产品的环保标准，设置贸易"绿色壁垒"。

　　欧盟在 2004 年 3 月已完成主要的应对气候变化的法律制定工作，制订了排放权交易计划。2006 年，"欧洲委员会行动计划——实现能效潜力"推出，该计划推出 70 多种行动，在欧盟内推行 6 年，估计到 2020 年将实现降低能耗 20%；在平衡与协调各成员国的基础上，2007 年 3 月，欧盟委员会通过了"战略能源技术计划"，其目的在于促进新的低碳技术研究与开发，以达成欧盟确定的气候变化目标，从而带动欧盟经济向高能效、低排放转型，并引领全球进入"后工业革命"时代；2007 年 10 月，欧盟委员会建议欧盟在未来 10 年内增加 500 亿欧元发展低碳技术，还联合企业界和研究人员制订了欧盟发展低碳技术路线图，计划在风能、太阳能等六个领域发展低碳技术；2008 年 12 月，欧盟最终就欧盟能源气候一揽子计划达成一致，批准的一揽子计划包括欧盟排放权交易机制修正案、可再生能源指令等六项内容。计划中制订的具体措施可使欧盟实现其承诺的"3 个 20%"，并根据各成员国的具体情况为其设定具有法律约束力的可再生能源发展目标。

　　以上各国低碳行动的共同特点是均有完善的法律法规作为保障，来指导和规范低碳发展，值得我国借鉴（表 3.1）。

表 3.1　各国低碳发展方面的法规文件具体情况归纳总结表

国家	文件法案
英国	1990 年《非化石燃料公约》；1999 年《可再生能源义务令》；2000 年"气候变化计划"；2003 年《能源白皮书》；2004 年《能源法》；2006 年《能源回顾》；2007 年《能源白皮书》、《气候变化法草案》等
日本	2004 年《面向 2050 年的日本低碳社会》；2008 年"面向低碳社会的 12 大行动"、"福田蓝图"；2009 年《绿色经济与社会变革》政策草案等
美国	1997 年"碳封存研究计划"；2003 年"碳封存研发计划路线图"；2005 年《能源政策法》；2006 年总统《国情咨文》"先进能源计划"；2007 年参议院《低碳经济法案》；2009 年美国加利福尼亚州"低碳燃料"标准、奥巴马的新能源政策、"总量控制和碳排放交易计划"等
德国	2000 年《可再生能源法》；2002 年《环境相容性监测法》；2004 年修订《可再生能源法》；2009 年"二氧化碳捕捉和封存"的法规等
意大利	1999 年绿色认证；2005 年白色认证；2007 年"能源效率行动计划"，2015 年《工业法案》等
澳大利亚	2008 年《减少碳污染计划绿皮书》等
欧盟	2007 年"欧盟能源技术战略计划"；2009《关于促进和利用来自可再生供给源的能源条例草案》、欧盟关于禁止用白炽灯和其他高耗能照明设备的法规等

3.2 典型国家的低碳城市建设

低碳城市，指以低碳经济为发展模式及方向，市民以低碳生活为理念和行为特征，城市管理以低碳社会为建设标本和蓝图的城市。近年来，随着"低碳"理念的发展，国外许多城市都已开展了以低碳社会和低碳消费理念为基本目标的实践活动。现阶段，国际上进行低碳城市建设可借鉴的案例城市主要为 C40 成员，其成立于2005 年，旨在加强国际城市协作，以共同应对气候变化、加快环境友好型科技和低碳城市的发展，这些城市已进入低碳城市建设目标的实施阶段，包括伦敦、纽约、哥本哈根、东京、多伦多、波特兰、阿姆斯特丹、奥斯汀、芝加哥、斯德哥尔摩、西雅图等。

3.2.1 英国伦敦

伦敦市出台了世界上第一个城市范围内的"碳预算"，在低碳城市建设方面起到了领跑者的作用，其低碳城市立法更是起到了城市建设的灵魂作用。在生产方面，发展清洁能源技术市场，鼓励可再生电冷联供系统、小型可再生能源装置等措施，代替部分油损耗；在生活消费方面，建设节能建筑，处理固体垃圾；在交通与城市建设方面，制定氢动力交通计划，规定城市规划的修订必须融入可持续发展和气候变化的内容。

伦敦地区政府在修订《伦敦规划》时，将可持续发展、气候变化等因素整合到发展规划当中。2007 年，伦敦政府颁布了《伦敦气候变化行动纲要》，设定了减碳目标和具体实施计划，主要集中在《伦敦规划》所未覆盖的三个重要方面，包括现有房屋贮备、能源运输与废物处理、交通。2007 年，伦敦市长肯·利文斯顿发表"今天行动，守护将来"计划，提出了在 2025 年使 CO_2 排放量相比 1990 年水平减少60% 的目标。"伦敦气候变化行动计划"在其不同的行动与方案中制订了许多具体措施和目标，其专门指出，存量住宅是伦敦最主要的碳排放部门，占全市碳排放的40% ，通过绿色家庭计划——顶楼与墙面绝缘改造补贴、家庭节能与循环利用咨询和社会住宅节能改造，计划截至 2025 年达到减碳 770 万 t 的总目标；占全市碳排放的 33% 的存量商业与公共建筑领域，通过绿色机构计划——建筑改造伙伴计划、绿色建筑标识体系，计划截至 2025 年达到减碳 700 万 t 的总目标；修正伦敦城市规划对新开发项目的要求，特别是采用分布式能源供应系统，强化对节能的要求和节能建筑开发项目的示范，计划截至 2025 年达到减碳 100 万 t 的总目标；能源供应领域向分布式、可持续的能源供应转型，鼓励垃圾发电及其应用，本地化可再生能源，建设大型可再生能源发电站，通过新的规划和政策激励可再生能源发电，鼓励碳储存，计划截至 2025 年达到减碳 720 万 t 的总目标。

3.2.2　日本东京

东京政府于 2007 年发表《东京气候变化战略——低碳东京十年计划的基本政策》，详细介绍了东京对气候变化问题的开发和政策，定下 2020 年相比 2000 年减少温室气体排放 25%的目标。其基于政府设施节能、减少交通 CO_2 排放等方面，着重调整一次能源结构，以商业碳减排和家庭碳减排为重点，提高新建建筑节能标准，引入能效标签制度提高家电产品的节能效率，推广低能耗汽车使用，高效进行水资源管理，防止水资源流热用于为家庭提供热水。主要策略为：①协助私人企业采取措施减少 CO_2 排放，推行限额贸易系统，为企业提供减排工具，成立基金资助中小企业采用节能技术；②在家庭部门实现 CO_2 减排，采取能效标签制度、白炽灯更换和能源诊断员制度，以低碳生活方式减少照明及燃料开支，大力提倡使用节能灯照明，要求居民放弃浪费电力的钨丝灯泡，与家装公司合作，提醒客户在翻新住房时采取节能措施，如加装隔热窗户；③减少由城市发展产生的 CO_2 排放，新建政府设施需符合节能规定，要求新建建筑物的节能表现必须高于目前的法定标准；④减少由交通产生的 CO_2 排放，城市规划主张紧凑格局，制定有利于推广使用省油汽车的规则，智能交通车辆投入使用；⑤积极推动低碳能源研发和废弃物循环利用，使用低碳能源生产技术；⑥对大型商业机构采取《强制碳减排与排放交易制度》。

3.2.3　美国西雅图

西雅图市是美国低碳城市的典范，是气体减排标准城市。1990～2008 年，西雅图市碳排放量减少 8%，低碳行动是成功的关键。西雅图之所以能够在美国这样一个工业文明高度发达的地区取得低碳城市建设的成功，关键在于地方政府的立法规划保障。西雅图市政府建立了由政府部门的代表和气候领袖组成的气候保护绿丝带委员会。委员会于 2006 年提出 18 项政策建议，为西雅图市在 2006～2012 年如何减少温室气体排放献计献策，最终形成了西雅图应对气候变化行动方案。该方案分别为政府部门和全市范围都设立了明确的目标和监督的方式方法，有效推动了该城市的低碳化步伐。

西雅图市的低碳城市行动主要包括以下几个方面：①公众参与。将低碳理念推广深入市民的日常生活中。②家庭能源审计。以较低的审计成本来计算家庭及企业办公室的碳排放，通过家庭能源审计达到三个目标：给众多失业的年轻人提供培训，让他们从事审计工作，从而创造一些新的就业岗位；通过家庭能源审计帮助家庭降低能源方面的支出；通过家庭的节约用电，关闭一些火电厂和燃油电厂。③阻止城市继续向外无限扩大，把重心重新放回中心城市建设，建立紧凑的社区为步行提供可能性，改善因市民上班距离远造成的碳排放增加的现象。④改善建筑物的能源效率，规定所有新建的建筑面积大于5000ft²① 的建筑必须符合绿色建筑标准 LEED 并设定相应奖励制度；改善公交系统的效率，推广电动汽车使用，推广 BRT，建立更完善的公共交通系统，建设自行车专用道，控制公共交通的碳排放。⑤积极改善电力供应结构。利用融雪等水利设施进行发电，积极投资发展风电。⑥邀请第三方评估减排结果。政府每三年请第三方机构对减排结果进行评估，查看是否达到了减排7%的目标。西雅图在低碳城市建设中促进了一些新兴产业的诞生和发展，从而带动就业。首先是倡导绿色建筑，这为设计师、工程师、建筑工人等提供了大量就业空间，他们的专长、经验知识也可以与其他城市分享，从而给他们广阔的发展机会；其次是利用太阳能、地热、风能和潮汐能等可再生能源进行发电，替代以前的火电和燃油发电，这方面也可以创造很多新的就业机会；第三是新材料、新技术的研发和应用，如波音公司正在研制一种生物燃料来替代航油，这样可以大大降低整个民航业的碳排放，同时研发这些新技术及应用也可以创造更多的就业。

3.2.4　丹麦哥本哈根

以"绿色能源的领先者"著称的丹麦哥本哈根在 2008 年被英国生活杂志 *Monocle* 选为世界 20 个最佳城市榜首。哥本哈根能得到如此殊荣，正是由于其对减碳的大力行动。2009 年，丹麦哥本哈根宣布到 2025 年有望成为世界上第一个碳中性城市。

哥本哈根市城市技术和环境管理市政厅制定，哥本哈根市到 2015 年将全市 CO_2 排放在 2005 年基础上减少 20%，第二阶段是到 2025 年将排放量降为零。其推出 50 项措施建设低碳城市，涉及大力推行风能和生物质能发电，电力供应大部分依靠零碳模式，建立世界第二大近海风能发电工程，实行热电联产；推行高税的能源使用政策，推广节能建筑；发展城市绿色交通，推广电动车和氢能汽车，鼓励居民自行

----

① 1ft²（平方英尺）= $9.290×10^{-2}$ m²。

车出行；鼓励市民垃圾回收利用，仅有 3% 的废物进入废物填埋场；依靠科技开发新能源新技术等方面。主要措施包括：①推行"自行车代步"，市内所有交通信号灯变化的频率都是按照自行车的平均速度设置的，反映出城市对自行车的重视程度。②到 2015 年，全市有 85% 的机动车为电动或氢气动力汽车。③规定市内所有新建筑都必须符合节能标准，政府建立能源基金用于资助现有建筑进行升级或改造，对房屋出租者、建筑工人等利益相关者进行减排知识的培训，政府网站提供温室气体排放源的路线图，积极发展太阳能建筑。④注重公众低碳意识的培养。市政府通过提供信息、咨询和培训来提高公众的低碳意识，改变人们的思维方式，其中，培养新一代的"气候公民"被列为灯塔计划的重要内容。儿童和青年是家庭中最大的能源消耗者，直接影响着家庭的生活习惯和对气候的认识，也是未来气候问题的解决者，对新一代"气候公民"的培养因而被视为整个气候政策中最具决定性的环节。⑤颁布具体七条政策来转变现有能源结构，包括将燃煤发电转化为生物燃料或木屑发电、建立新能源发电和供热站、增加风力发电站、增加地热供热基础设施建设、引进烟道气压缩冷凝机、改进垃圾焚烧场的热能效率、完善区域供热体系等。

3.2.5　瑞典马尔默

瑞典马尔默市是从工业城市成功转型为生态城市的典范，是世界闻名的低碳城市，该市的西海港区是著名的生态区。马尔默市最大的特点是 100% 使用可再生能源，包括太阳能、风能、垃圾发电。该市建筑耗能有严格的标准，对建筑物每平方米年耗能有具体规定。

马尔默市汉姆恩海滨西区的第一阶段改造工作与 2001 年在马尔默举办的 Bo01 欧洲住宅博览会同步进行，该区拥有独立住房、联排住房和 600 套公寓房，还有办公楼、商店和其他服务设施。未来几年该区将继续发展，目标是在人口稠密的城区树立与环境和谐发展的典范。新区将全部使用可再生能源，而且是该区或临近地区生产的能源；供暖所需热力大多由海洋或基岩层地下水转换而得，也有部分取自太阳能电池板；电力来自风能和太阳能电池；该区生活垃圾产生的生物气可用于住宅供暖，也可用作车辆燃料。应尽可能少用车；便捷的公交出行将引起人们的兴趣，会很自然地成为居民的选择；承诺高标准建设人行道和自行车专用道网络，鼓励居民步行或骑车。同时，该区会欣然接纳各种生物，为此会划定各种自然栖息地，以利于各类动植物物种生长繁衍，为了增加绿地面积，还将在屋顶和墙上培育植物。

马尔默市还将威斯特拉汉能地区建设为一个新的碳中和居民区，有 1000 个家庭的能源供应来自可再生能源。100% 的可再生能源方程是基于一个年度周期，也就是说在一年中的某些时候，城市辖区用能来自于城市供能系统，在其他时间，威斯特拉汉能地区用其能源盈余反向供应城市能源系统。这一概念的重要组成部分是较低的建筑能耗、城市密度和可持续的交通。

3.2.6 瑞典哈默比

哈默比规划总面积为 $200hm^2$，位于瑞典首都斯德哥尔摩市区东南部哈默比湖畔，对这一老工业码头更新改造的想法来自当时瑞典政府及大众所持有的"提高内城生活质量"的希望。从1990年开始，市政事件大大推动了哈默比的生态城市建设进程。经过十多年的策划、规划，哈默比生态城计划到2015年将建成1.1万套住宅，能供3.5万人在此居住和生活。哈默比生态城被定位为迈向生态和环境友好型的新城建设，以及推动人口密集地区可持续发展的全国性和国际性的示范模式。

在哈默比生态城项目中存在一个由政府驱动、享誉国际的生态环境规划，包括土地净化、工业污染地利用、公共交通系统、降低能源消耗、水和垃圾的循环使用等。在整个规划与实施阶段，哈默比拥有自己独立的环境质量计划，其总体目标比普通标准高出1倍。

哈默比成功实现减碳目标的技术核心在于其设计并实践了"哈默比模型"。"哈默比模型"是由斯德哥尔摩水公司、佛顿能源公司和斯德哥尔摩垃圾处理署共同制定的一系列规划和操作流程，科学解释了污水排放、废弃物处理和能源、资源利用之间的互动关系，使环境效益最大化。该模型分为垃圾分类收集与再利用系统、环境友好型能源系统和雨水收集、污水处理与再利用系统。在垃圾分类收集与再利用系统内，哈默比生活垃圾的投放分为两大类：一类是有害垃圾和可回收垃圾，在每幢住宅楼内均设有相应的收集房或收集箱，由专门的环保公司定期回收处理；另一类是有机垃圾和易燃垃圾，被要求投放到室外的垃圾站，这些以街区为单元设置的垃圾站与地下管道和一个地下中央收集站相连，通过真空抽吸被输送到2km以外的垃圾收集站，再输送到大的集装箱中，其中，有机垃圾被送至堆肥厂，易燃垃圾则被送到附近的一家热电厂。在环境友好型能源系统内，首先确保从城市电网输入的是水力、风力、太阳能等环境友好型电能；其次，哈默比堆肥厂制成的生物燃料及易燃垃圾在热电厂、热力站作为重要的补充燃料，其生产的热能和电能被返送回来，为哈默比及周边地区提供区级的供热和电能；除提供热和电外，哈默比热力站还设有区级"免费制冷"系统，将冷的海水在区域中输送与分配，同样是一种对环境友好的制冷方式；在雨水收集、污水处理与再利用系统内，来自屋顶、街道或花园的雨水被收集到两个封闭的蓄水池，经自然沉淀净化处理后，或直接渗入地下，或与湖城景观系统结合，最终再导入哈默比湖中。污水处理厂的有机污泥经处理后被制成两种副产品：一种是生物固体，被送至堆肥工厂作为生物肥料；另一种是生物燃气，经过提炼被制成能源产品，作为公共汽车燃料或为哈默比的餐馆及公寓提供灶气。除此之外，污水处理厂尾水所蕴含的热能也被充分利用，热力站购买尾水并用这些热水作为区级供热的一部分，从而在污水处理厂和热力站之间形成了共生体的联系，最后，低温的清洁水被送回哈默比湖。

哈默比的街区模式采用 19 世纪沿街围合式布局，并混合小商业等功能于其中，增加街区活力，最终形成的 U 形街区模式最大程度满足了住户享有湖水景观的需求。同时为了避免带来的采光问题，建筑高度大多控制在 5 层以下，街区宽度控制在 18m 以上。

哈默比的交通规划鼓励可持续发展的交通方式，规划到 2010 年公共交通、自行车和步行占整个新城交通出行的 80%。公共交通系统由一条轻轨线、两条巴士线和一条轮渡线构成，沿着城内主要林荫大道设有四座轻轨和巴士车站，林荫大道优先考虑公共交通的通行，中间是公交专用道，两侧才是供小汽车通行的单行道，还有一条轮渡线路可直达市内码头，用以加强步行及自行车道与市中心的联系。为限制小汽车的使用，哈默比在规划时设置汽车共享的租车系统，并只提供了少量沿机动车车道布置的小汽车停车位。统计数据显示，哈默比地区的车辆拥有率从 2005 年的 66% 降至 2007 年的 62%。截至目前，约 79% 的居民出行采用非小汽车的方式。另外，为鼓励人们采用非机动交通出行方式，哈默比还规划大量适宜步行和自行车骑行的人行道、绿地和公园，公共开放空间均采用与机动交通分离、保障安全的措施。

3.2.7　德国弗莱堡

弗莱堡地处德国南部，与瑞士、法国接壤，人口近 20 万，这个德国最著名的"大学城"因其环保革命为弗莱堡带来了德国"环保首都"的美誉。20 世纪 80 年代，学生和市民发起的反核能运动使太阳能应用广泛。由于居民的环保意识和政府在发展可再生能源上推出的优惠政策，使弗莱堡的很多建筑成为了小型的太阳能发电厂，这些小型发电厂的电不仅能进入电网，而且还能得到政府的补贴，使安装太阳能发电设备成为不赔本的绿色投资。

除了安装太阳能发电装置，推广使用节能灯，使用保暖材料，设立自然公园，让市民和儿童多到户外活动，在亲近自然的同时减少室内能耗。弗莱堡的低碳建设完全融入到市民生活的细节当中，使低碳不再是口号。

弗莱堡在城市交通规划上也把重点放在城市公共交通系统的建设上，城市有轨电车、公交车可以使市民很方便地出行，而自行车专用道的建设使骑自行车出行成为弗莱堡市民出行的首选。此外，弗莱堡还在环保技术研发上发挥优势，使弗莱堡逐渐成为欧洲环保技术研发的中心。德国弗劳恩霍夫太阳能系统研究所、生物能源研究中心都落户在弗莱堡，而弗莱堡展览会又能把这些技术和市场相结合，使低碳产业成为弗莱堡经济发展的最大动力。

弗莱堡积极建设低碳样板区——沃邦。首先，沃邦的建筑已经把太阳能发电装置完美地结合到了建筑中，这个样板区的建设理念就是要将这里的建筑建设成为能源剩余型房屋（surplus-energy house），在装上光伏发电板之后，所产生的电能进入公共电网，业主根据德国《可再生能源法》得到相应的补贴和收入。在沃邦，甚至出现了可随着太阳角度转动而转动的光伏发电板和建筑，最大可能地把阳光转化成为能源。而建筑周围的花园和绿色植物不仅装点了人们的生活，而且恰到好处地起到了使建筑冬天保暖、夏天避暑的功效，不让空调和暖气消耗大量能源。而沃邦还发挥地处黑森林的得天独厚的优势，部分使用木材作为建材，使住户在冰冷的玻璃和水泥墙中多了一丝生活的气息。

沃邦还是弗莱堡在交通规划上设立的一块试验台，整个沃邦区域由有轨电车和弗莱堡中心城区相连接，而众多自行车专用道和人行专用道保证了人行和自行车的安全。在小区内对机动车行驶进行限速，30km/h 的速度限制使这里的住户更倾向于骑车或步行至公交车站，而把汽车都停在车库或停车场里，不过高昂的车库使用费使这里的住户更宁愿乘公共交通出行，并且即使住户因为特殊情况需要驾车出行时，还可以考虑到租车行租一辆车，不至于使有特殊需求的住户感到不方便。

3.2.8 阿联酋马斯达尔

马斯达尔是 WWF"一个地球生活"行动计划与阿布扎比政府合作的一项可持续发展战略的产物，它是第一个以碳氢化合物生产型为经济发展模式的城市，其位于沙漠地区，占地达 6.4km²，已于 2008 年 2 月动工兴建，将于 2016 年建成完工。马斯达尔意在摆脱阿联酋严重依赖为其带来巨大财富的石油等天然资源的形象，转型为以教育为城镇发展导向，城市规模逐渐发展到 1500 家商业组织、40000 名居民和 50000 名通勤人员，成为可持续能源和可替代能源领域的国际公司及顶尖人才的聚集地和技术中心，以有效平衡其在不断变化的世界能源市场上的强势地位。马斯达尔将通过推动可再生能源技术、碳管理和水资源保护技术的商业化，使得阿联酋能够实现从一个技术消费者过渡成为技术制造者。

马斯达尔生态城建设的目标之一是加强对"碳"的管理。马斯达尔生态城的碳管理机构以开发温室气体减排项目为主要方向，通过联合国领导的"清洁发展机制"条款，实现温室气体减排的货币化。马斯达尔生态城建设的目标之二是发展新能源技术和产业。虽然地处热带，其却将完全弃用化石燃料，100% 由再生能源提供，主要依靠光电能、风能、太阳能、由有机废物组成的生物燃料等替代能源，城市周边的沙漠中布满大量太阳能光电板和反光镜，城中大部分建筑的屋顶也装有收集太阳能的设备，可以把沙漠上丰富的太阳能转化为电能，电能又将用于制冷系统驱动和海水淡化加工厂运转。整个城市实现垃圾零填埋，所有的垃圾经地下真空管道系统收集与分类，其中 50% 将会被回收利用，33% 用于垃圾发电，剩余 17% 的生物垃圾将采取生物降解的方式处置，最终实现零废弃物。

马斯达尔生态城与周边地区（包括阿布达比市中心和机场）的交通将通过轻轨连接，城市规划和设计主要以步行为主，所有来访者可以把汽车停放在城外，整个城市将建设一个全自动的、以电力为动力的个人捷运系统，以取代私人小汽车作为出行工具。城市内狭窄的、有树荫的小道将公共广场与住宅、餐馆、戏院和商店全部连接起来，根据总体规划，一个人的步行出行距离在 200m 以内就能够抵达基本的设施。马斯达尔城将用 12m 高的城墙围起来，城内有约 3m 宽的运河环绕，运河将向北连通波斯湾，除了是环保的运输通道，还能把清凉的海风引入城内。为充分利用环境的降温潜能，全城将以坐东北朝西南的走向兴建，以获得最佳采光及蔽荫效果。所有建筑物高度控制在五层楼以下，并采用了可循环使用的环保材料，最大限度地减少能量消耗。城市内部的建筑都是以高密度的形式排列，相对近的距离意味着夏天高温时更可能节省降温所需要的能源。此外，街道限制在 3m 宽、70m 长，以维持微气候稳定并促进空气流通。城市内，将通过大量的植栽、水景设施及风塔将凉风引入城内以达到降温目的。

为占领能源技术的制高点，马斯达尔专门成立了自己的科学技术研究院，并与麻省理工学院开展合作，从全世界最具声望的学术机构中引进了 14 名教职员工，提供全日制两年硕士课程，项目涵盖工程学、信息技术学、材料科学、机械工程学、水文科学和环境学，2009 年 9 月，开始面向全球优秀学子敞开大门，目前已接收了 24 名学生。

马斯达尔生态城的发展不仅仅是建设一座碳零排放和零废弃物的城市，更重要的是通过投资各种不同的新能源技术、建立研究院和成立碳管理单位，以及其他的创新活动为可持续的新产业发展奠定基础。

除此之外，国外还有很多案例城市通过其政府机构出台相关法令或标准、制定相关措施等多种方式来实施低碳城市规划策略。例如，纽约针对政府、工商业、家庭、新建建筑及电器用品五大领域制定节能政策，增加清洁能源的供应，构建更严格的标准推进建筑节能，推行 BRT 试行交通巅峰时段进入曼哈顿区车辆收费计划；首尔促进低碳发展，发展新能源及相关产业，提倡"变废为宝"活动，建设"能源环境城"，发展绿色公交和绿色铁路；布里斯托尔发展可持续发展价值评估，加强"碳中和生态村"，建设节能型住宅区；波特兰从建筑与能源、土地利用和可移动性、消费与固体废物、城市森林、食品与农业、社区管理等方面设定不同的目标和行动计划，将节能减排作为一项法律推行，在市区建设供步行和自行车行驶的绿道，优化交通信号系统以降低汽车能耗，运用 LED 交通信号灯等；多伦多设立气候变化专项基金为低碳城市建设的大型项目提供财政援助；伯克利出台《居住建筑能源节约法令》，规定所有居住建筑在出售或转让时均需符合其节水节能标准；弗莱堡制定《低能耗住宅建设标准》，该标准在弗班区和里瑟菲尔德新区取得良好效果并使之成为欧洲低碳社区建设的典范；斯德哥尔摩大力推行城市机动车使用生物质能，城市车辆全部使用清洁能源，向进入市中心交通拥堵区的车辆征收费用，制定绿色建筑标准促进建筑节能，建设自行车专用道鼓励自行车出行。

综上可以发现，国外低碳城市实践要点主要集中在能源、建筑、交通三大领域，且注重综合型低碳城市建设，并大都根据其自身资源禀赋及其社会发展和城市化阶段制定了较为有效的低碳发展模式和策略。在能源方面，能源低碳化是降低碳排放的主要途径之一，发达国家主要是利用环保税制的杠杆作用来促进节能减排。在建筑方面，来自建筑的碳排放是城市温室气体的主要缔造者之一，推行节能建筑是当前发达国家低碳城市建设的一大亮点，通过对建筑的改造，开发和推荐新能源技术来尽量降低新建筑物的能耗。在交通方面，西方发达国家的城市多通过发展新能源汽车及轨道交通体系的建设来实现交通低碳化。除此之外，虽然不同国家、不同城市采取的模式不尽相同，但国外低碳城市的建设仍然有一些共同的特点：首先，低碳城市建设在减碳的量化指标上树立有明确的目标。有效的温室气体减排战略需要清晰明确的目标为其指明方向。制定科学合理的低碳目标，必须在规划城市低碳化发展之前，首先分析本城市区域低碳的源头，以低碳理念贯穿整个规划体系，制定细化的策略和刚性的标准，有所侧重地进行低碳城市建设。西方各个国家低碳城市建设过程中减排的目标都很明确，均列出了具体减排的量化指标。这为更好地开展低碳城市建设指明了努力的方向，同时促进了城市各个部门对减碳行动的努力。例如，伦敦市在 2007～2025 年计划将其整体的 CO_2 排放量相比 1990 年水平减少 60%；加拿大的新斯科舍省在 1990～2020 年的 30 年间计划将其温室气体排放量至少削减 10%；哥本哈根第一阶段目标是到 2015 年将全市 CO_2 排放在 2005 年基础上减少 20%，第二阶段是到 2025 年将排放量降为零。其次，除了对能源、建筑和交通方面的关注，还需注重在低碳城市建设过程中多种政策工具的综合使用。在低碳城市建设过程中，发展低碳城市既不是简单的市场行为，也不可能是完全的政府行为。通过制度和政策设计调动相关的政府机构、企业单位、社会公众等的积极性，政府制定发展低碳城市的战略规划，起统筹低碳经济发展的领导与管理功能，通过财政补贴、税收及搭建碳交易平台等一系列政策营造有利于低碳发展的环境；企业是低碳产业和低碳产品的开发主体，关系着低碳技术的创新与应用；公众则是低碳消费和低碳生活的主体，对于建设低碳城市起着不可或缺的作用。在低碳政策制定和实施过程中，需要由政府进行主导，企业积极配合，公众广泛参与，各部门通力合作，才能实现建设低碳城市的目标。最后，通过立法和引入专门标准、设立专项基金等手段来保障低碳城市建设。西方国家在低碳城市建设过程中特别注重从法制、规则的角度将低碳城市建设目标、过程等进行详细的规范，并且借助于立法、标准形成对低碳城市建设过程中各方面行动者的约束和激励机制。用立法规范各方行动者的行为，用制度规则调节各方面行动者在低碳城市建设过程中的权利义务关系，用专项基金促进低碳城市的建设。

3.3　对我国的启示与建议

随着全球变暖的进一步加剧及生态环境保护的日益严峻，低碳城市发展理念在世界范围内不断升温，各项低碳技术和低碳城市规划理论也快速发展，低碳城市建设成为当今经济全球化背景下的必然趋势。我国作为发展中的大国，改革开放以来，城镇化、工业化快速推进，经济社会发展取得了巨大成就，但同时伴随的是环境恶化、资源能源短缺等问题，经济社会的发展越来越受到可持续发展的挑战。从 20 世纪 90 年代开始，国家开始重视经济、社会与环境协调发展的问题。2003 年，十六届三中全会提出以人为本，全面、协调、可持续的科学发展观；2006 年，党的十六届六中全会提出 "构建和谐社会，建设资源节约型和环境友好型社会" 的战略主张；2007 年，党的十七大报告强调，必须 "加强能源资源节约和生态环境保护，增强可持续发展能力"；2012 年，党的十八大把生态文明建设放在突出地位，融入经济建设、政治建设、文化建设、社会建设各方面和全过程，努力建设美丽中国，实现中华民族永续发展。

抓住发展低碳城市的机遇，可以同步提升国家竞争力，学习英国、日本等发达国家建设低碳城市的先进经验，促进国家发展。当前，我国低碳城市建设正处于探索阶段，尚未形成系统的低碳城市发展框架，往往是将低碳城市建设简单等同于新能源开发利用、循环经济、节能减排等内容。从 2007 年开始，我国多个城市开始尝试开展低碳城市的建设，已有保定、上海、贵阳等多个城市提出了建设低碳城市的构想。由于城市的资源、产业基础与所在地区的发展战略不同，不同的城市也选择了各式各样的低碳发展模式，主要分为低碳园区示范、低碳产业选择和新能源开发利用等方式。珠海目标设定为低碳经济区，主要推动液化天然气公交车和出租车的使用；日照目标设定为"气候中和"网络城市成员，普及居民太阳能热水器，公共照明设备使用太阳能光伏发电技术，在农村推广太阳能保湿大棚、太阳能灶；无锡目标设定为低碳城市，鼓励太阳能光伏设备生产企业的发展，进行公共照明和高速公路的太阳能照明工程；杭州目标设定为低碳产业、低碳城市，在国内率先启动了公共自行车交通系统，有 61 个服务点、2800 辆自行车，免费向市民和游客出租公共自行车，提倡低碳出行；保定提出建设"中国电谷"的概念，依托保定国家高新区新能源和能源设备产业基础，打造光伏、风电、输变电设备、高效节能、电力自动化等七大产业园区，"中国电谷·低碳保定"已成为保定产业发展与城市建设的新亮点与新品牌；上海目标设定为低碳社区、低碳商业区、低碳产业区，主要为世博会低碳建筑、临海新城太阳能光伏发电示范项目和节能灯泡进家庭计划，崇明岛的上海市东滩地区正着手打造东滩生态城，该生态城有望成为世界上第一个碳中和区域，在新城中，热能和电力将通过风能、生物质能、垃圾发电和城市建筑物上的太阳能光伏发电直接获得，同时为满足燃料电池的需求，将建立全国第一个氢能电网，建筑物也均采用环保技术，步行、自行车、燃料电池公交车等将是人们的出行方式；贵阳制定了生态城市战略规划，主要推进 LED 节能照明试点项目和城市轻轨体系建设；昆明目标设定为低碳产业，兴建了光伏发电站，发展了生物质能经济等。

西方发达国家建设低碳城市的经验固然需要我们好好去学习，但由于我国国情的特殊，中国的低碳城市建设不是后工业化的低碳发展，产业结构升级、行业能源效率的提高等应该作为中国低碳城市发展的重要组成部分，需要在发达国家先进经验和国内低碳城市建设典型案例的基础上探索适合中国的低碳城市发展模式，在经济增长和碳减排之间寻找平衡点。

3.3.1 促进产业结构转型，调整现行能源结构

低碳城市的建设需要以低碳经济为载体，目前作为发展中国家，我国成为了"世界工厂"，工业生产比重较大，第三产业比重过低，现代服务业和文化产业相对滞后，第二产业中新型工业和高科技产业仍显不足。中国需要探索一条工业化进程中的低碳发展之路，不可能以牺牲经济发展为代价，而低碳城市定位也不可能以温室气体排放的绝对量减排为目标，发展优先是中国低碳城市发展的现实途径。我国

工业生产部门是城市重要的能源使用者与碳排放者，是我国城市进行碳减排的重点工作对象，所以，调整一、二、三产之间的结构和工业结构中轻、重工业的比重至关重要，并需要不断优化经济结构，在低碳转型过程中探索新的经济增长点。因此，在进行低碳城市规划、建设时，建议各生产部门的减碳方式采取以下四种：第一，产业结构调整。在产业结构中加大碳强度低的产业的比例，逐步减少甚至取代高碳强度产业所占的比例；优先发展第三产业，积极利用信息化、流程外包加快金融资本市场发展，充分依托城镇化尽快形成物流、信息、研发、设计、创意、软件业、商务服务和文化等辐射集聚效应较强的服务产业群体，促进产业结构的整体升级转型；力争在产业升级的同时实现经济增长、碳强度降低的目标。第二，节能技术在各产业中的应用。对于城市的基础支撑产业（如电力、热力供应产业）、城市经济支撑产业及具有集聚优势的非传统产业，需要通过节能技术的创新、普及和应用减小产业对于电力能源的需求程度，从而间接达到减少碳排放的目标。对于这类产业，进行低碳化改造成为降碳的重要路径。第三，能源结构调整。加大新能源和可再生能源在电力生产中的应用比例，严格控制燃煤电厂的建设，改造高污染电厂，降低火力发电在电力结构中所占的比例，积极增加新能源、可再生能源等清洁能源在电力结构中的比例，改变社会供电中碳元素的比例，从能源使用源头实现降碳目标。城市生产和消费所使用的能源品种和质量决定了城市碳排放的数量，降低化石能源在城市能源结构中的比例是城市降碳的重要环节，也是城市乃至国家最终减少碳排放的根本所在。另外，要在农村大力倡导沼气、太阳能和秸秆燃料等可再生能源的应用，推广节能灶、节能建筑等适用技术。切实防止农村能源利用方式的城市化、商品化，积极推行农村荒地绿化计划，大规模建造碳吸收林。第四，寻找新的经济增长点。推动低碳产业的发展有利于促进城市经济的低碳转型，并带来新的经济增长。发展低碳产业各城市也各有侧重，不同城市依据自身发展特征和比较优势的不同，具有独特资源或产业优势的地区可以依据自身禀赋和发展特征选取低碳产业，如发展教育产业、建设知识城市、发展高新技术产业、发展低碳旅游业等，最终形成产业结构相对单一但能够低碳发展的城市状态。

3.3.2　强调低碳技术创新，加强国际交流与合作

低碳技术是低碳经济发展的动力和核心，低碳技术的创新能力在很大程度上决定了我国是否能顺利实现低碳经济发展。低碳技术，也称为清洁能源技术，主要是指提高能源效率来稳定或减少能源需求，同时减少对煤炭等化石燃料依赖程度的主导技术，是涉及电力、交通、建筑、冶金、化工、石化等部门，以及在可

再生能源及新能源、煤的清洁高效利用、油气资源和煤层气的勘探开发、CO_2捕获与埋存等领域开发的、能有效控制温室气体排放的新技术。低碳技术创新是摒弃国家高碳发展路线和高碳技术模式的重要途径。中国作为能源消费和温室气体排放大国，要通过自主研发，通过原始创新和集成创新，积极开展低碳经济的研究和技术推广工作，高度重视研发工作，加快应用低成本的固碳发电技术、高效冷热电联产、分散式终端电源等，重点着眼于中长期战略技术的储备，制订长远的发展规划；整合市场现有的低碳技术，加快推广和应用；鼓励企业优先开发新型、高效的低碳技术，积极投入低碳技术开发、设备制造和低碳能源的生产；加强国际间交流与合作，通过清洁发展机制引进发达国家的成熟技术，促进发达国家对中国的技术转让；积极参与国际气候体制谈判和低碳规则制定，为我国的工业化进程争取更大的发展空间。

3.3.3　健全公共交通体系，创建低碳交通模式

目前，随着经济水平的快速提高，我国正处于机动化的高速发展阶段，私家车拥有量以每年20%以上的速度递增，目前，我国已成为全球第三大汽车需求国，交通能耗和汽车尾气的排放量大大增加。建设低碳城市，必须重视低碳交通的发展方向，创建低碳城市交通模式。低碳交通就是在日常出行中选择低能耗、低排放、低污染的交通方式，这是城市可持续交通发展的大势所趋，也是建设低碳城市的内在要求。低碳时代的城市交通系统要实行公交优先战略，健全公共交通体系，机动交通与慢行交通相互协调，建立公共服务设施齐全、服务质量高的集约型交通网络。其次，要健全自行车和步行专用道系统，提供安全、舒适、高效的通行环境。便利的公共服务点的设立和优化的公交系统可以大大减少居民开私家车的选择，为城市交通降碳开辟途径。

1. 健全公共交通体系

大力发展包括地铁等城市轨道交通、快速交通、公交专用道、普通公交等，构建以轨道交通为骨干的城市交通体系，以便捷、快速、准时、舒适的优点吸引城市居民，减少市民私家车出行的次数，努力实现地铁、公交车、出租车、"免费单车"、"水上巴士"等公共交通工具的零换乘，减少交通的碳排放和城市空气污染。与常规地面公共交通相比，城市轨道交通体现了明显的低碳经济特征，即运量大、效率高、能耗低、无污染、用地省、噪声低、优化城市布局、带动产业发展等特点，在大城市大力发展城市轨道交通将有效满足低碳城市建设对城市交通的要求。第一，

发展城市轨道交通将大幅降低城市排放强度。这一减排作用主要通过城市轨道交通对其他交通方式的替代得以实现。由于城市轨道交通相比其他交通方式污染很小，甚至达到了零排放，因而随着城市轨道交通在城市交通中骨干作用的确立，以及对高排放交通工具的替代，城市交通部门的排放水平将大幅降低。第二，发展城市轨道交通将有效提升城市交通效率。随着科技发展和劳动生产率提高，城市范围内集中的大量人员流动要求配置便捷、可达性强的客运交通工具。城市化进程加快及城市经济的飞速发展，要求城市交通具有强大的运输能力，以适应城市客流分布特征，提供公交化运输服务，使高峰时段出行需求得到满足。只有大力发展城市轨道交通，采用城市轨道交通作为公共交通的骨干网络，才能有效满足城市日益增长的客运任务和正在转型的城市发展要求。在城市的交通发展战略上，应使经济和行政手段相结合，限制和减少小汽车的使用率。

2. 完善自行车和步行专用道系统

自行车和步行不仅不产生污染，而且可以锻炼身体，保留和扩展自行车道和步行道，提倡自行车出行和步行出行，将自行车道和人行道赋予人性化设计。在主要公交站点都应有自行车免费停放站点，提供价廉或免费的自行车租借服务，其站点设计和功能应该比汽车停放站点更适宜人们的寄存。

3. 使用清洁能源降低碳排放

城市交通应该倡导发展混合燃料汽车、电动汽车、氢气动力车、生物乙醇燃料汽车、太阳能汽车等低碳排放的交通工具，减轻交通运输对环境的压力，减少原有汽油燃料对环境的污染，以实现城市运行的低碳化目标。

3.3.4　倡导绿色建筑和生态城市，制定低碳城市规划

当前，中国正处于城镇化的高速发展期，根据城镇化发展曲线的趋势判断，我国还有三、四十年的城镇化高速发展期，在此期间，预计全国每年有 1500 万 ~2000 万名农民进城，每年新建建筑约为 20 亿 m^2，每个城市建成区面积平均每年增长 5% 左右，同时中国又面临着巨大的土地压力，生态环境正逐渐恶化。相较于已经基本定型的发达国家，中国的城市空间结构具有较强的可塑性，合理的城市规划是低碳城市建设的基础和关键。因此，研究适应中国的低碳型城市空间结构模式，探讨其在城市外延扩张和内涵增长过程中的平衡，是当前面临的重要课题。中国城市规划学会常务理事顾朝林认为，低碳城市规划理论研究重点在于构建适合中国国情的低

碳城市规划框架，揭示中国低碳城市规划建设、低碳城市生活方式、低碳城市运行系统之间的耦合关系，并提出：①在区域规划层面，应注重运用高速公路、高速铁路和电信电缆的"流动空间"构建"巨型城市"；设计多中心、紧凑型城市的大都市空间结构；用新的功能性劳动分工来组织功能性城市区域；避免重复的城市空间功能分区。②在总体规划层面，应综合考虑城市整体的形态构成、土地利用模式、综合交通体系模式、基础设施建设及固碳措施。③在详细规划与城市设计层面，应根据总体规划确定的城市形态、土地利用、交通系统，对城市中功能相对集中的地区进行有针对性的研究，并提出具体的减少碳排放的规划对策。

结合顾朝林教授的观点可以发现，低碳空间的建构主要在紧凑型区域空间发展格局，多中心、组团型的城市结构和土地的混合使用上。紧凑型区域空间发展格局最终体现在综合式土地利用、倡导公共交通和减少对小汽车的依赖上。在城市总体规划的引导下，构建低碳的城市空间结构首先应注意城市密度的问题，越来越多的研究已证明，通过密度控制可以实现城市的紧凑发展，从而减少出行，达到"低碳发展"的目的。低碳时代的规划要鼓励区域内交通区位条件较好的网络节点的开发，限制未经许可的零散发展，结合轨道交通或区域公共交通形成走廊式发展模式，实现有控制的紧凑型疏散。建立多中心、组团型的城市结构是因为各种功能高度集聚的单中心结构容易造成中心区的交通拥堵，车速下降，能耗增加，低碳规划正是要摒弃这种单中心的高度集聚，形成用地布局与公共交通的良好相接、各中心与组团间的协调发展。土地需要混合使用是由于高密度、小街坊的规划有利于非机动化的交通出行，通过土地的混合使用可以保持较高的非机动化出行的比例，对减少 CO_2 的排放具有十分重要的意义。要以缩短出行距离为目标，强调居住、商业、办公、生产等功能的混合布局和统筹安排，平衡居住与就业、生活与休闲的发展比例，避免大量的交通通勤，努力发挥社区在节能减排方面的先锋作用，采取以低碳化节能示范性项目为先导进行社区节能实践。在专项规划上，推行绿色城市基础设施，在交通、供水、供热、污水和垃圾处理诸方面采用节能减排新技术和经济激励政策，促进企业采用节能新技术。加强城市的绿化建设，提高城市森林覆盖率，植物是我们地球的"肺"，具有很多的净化作用，它们可以通过光合作用吸收大量 CO_2，从而放出我们所需要的氧气，对 CO_2 的稳定起着重要作用，实现碳的吸收。

除了在城市空间方面的规划，推广低碳建筑也是一项重要的举措。低碳建筑需要既能最大限度地节约资源、保护环境和减少污染，又能为人们提供健康、适用、高效的工作和生活空间。节能建筑是从建筑采暖、制冷、电力等方面的能源使用来讲，侧重物理学的角度；低碳建筑是这一概念的延伸，指建筑本身和周围的生态环境相融合，如屋顶、墙体、周围有植被，更加接近自然，对自然的侵扰更少，侧重于生态层面；低碳建筑对采用新技术的要求很高，目前从国际范围来看仍然只处于初期发展阶段，国内则只是一个概念和实验阶段，纯粹理论意义上的低碳建筑可以说少之又少。现阶段，已经有不少建筑开始部分地采用新技术，随着经济的发展，低碳建筑必将在房地产业引发一场很大的"产业革命"，这场新的产业革命要求将低碳理念引入设计规范，合理规划城市功能区布局。在建筑物的建设中，推广利用太阳能，尽可能利用自然通风采光，选用节能型取暖和制冷系统；选用保温材料，倡导适宜装饰，杜绝毛坯房；在家庭推广使用节能灯和节能电器，在不影响生活质量的同时有效降低日常生活中的碳排放量。

3.3.5　普及低碳教育，促进城市生活减碳

城市生活耗能减碳亦是低碳城市建设的重要环节，低碳涉及我们生活的各个方面，低碳商品在我们的日常消费中处处可见。普及低碳经济宣传教育，增强全民低碳意识，面向社会各阶层开展低碳生活方面的知识和技术的宣传和教育对减碳行为有重要的现实意义。结合实际，开展多种形式的主题宣传活动，积极组织各类新闻媒体将低碳教育纳入宣传报道计划。加强低碳公益宣传，在各个社区设立低碳公益广告牌、宣传栏，普及低碳知识，介绍居民在照明、用水、用电、餐饮、取暖、出行等日常生活中如何低碳生活的知识、技巧。加强对社会大众的教育，创新载体，丰富低碳教育形式。发挥社会各方面的积极性，号召全民参与，鼓励大家自愿自觉地采取低碳生活方式，积极影响和引导公众行为，倡导生态化的绿色消费方式和生活方式，推动全社会的节能减排行动。加强低碳先进典型宣传，对在低碳方面做出贡献的先进单位、个人给予表彰和奖励。大力弘扬全社会的创新精神，以全球的眼光、全人类的安危，及时把握机遇，促进社会消费模式、文化、习惯转型的创新。创建低碳社会意味着所有公民都应彻底摒弃传统封建社会的工业文明中固有的炫耀式、奢侈浪费的方式和一次性消费模式。推广"合约使用"，通过回收、翻新、再造、循环使用来保证资源的循环利用。

推广应用节能产品，鼓励节约用能，倡导环保。英国设立的低碳产业发展资助基金就是采用政府采购、居民贷款等方式推动低碳产品市场的形成和技术的相应创新。培育低碳市场，延长低碳产品供应链。制定低碳市场的有关标准、规范和管理办法。美国、英国等十多个国家已出台"碳标签"标示政策，要求今后上市的产品上需有"碳标签"，即标明产品在生产、包装和销售过程中产生的 CO_2 排放量。美国的沃尔玛、英国的 TESCO、瑞典的宜家等世界知名零售企业均已要求各自的供应商完成碳足迹验证，在产品包装上贴上不同颜色的碳标签。

低碳消费行为贯穿家庭、单位和机构的每个人，政府通过采购行为、开支节俭、能源节约行为及办事效率诸方面引领家庭建立现代生活与工作行为方式，使政府机构和先进群体成为低碳消费行为的带头者和榜样。充分利用广播电视、报纸杂志、广告和互联网等多种媒体，大力宣传低碳消费，使消费者不断增强自我保护意识，形成低碳消费时尚。

3.3.6 充分发挥政府主导功能，加大对节能行为的激励

政府的主导作用在低碳城市的建设中有关键作用，建立并实施科学、统一的节能减排统计指标体系、监测评估体系和信息发布制度；将地方完成节能减排任务情况与中央对地方的财政支持进行挂钩。加强城市层面的碳排放监控体系，并同省级和国家级的碳监控体系接轨，做到测得准、查得清，并且将相关信息向社会进行公示，由公众参与监督，结合科学的管理体系，完善碳的监控体系。

政府要在节能和新能源技术的发明应用方面发挥积极的引导和激励作用，加强低碳经济扶持政策，提供有利于低碳经济发展的税收优惠、财政补贴等政策。例如，对生产高效低碳低污染产品实施企业所得税优惠政策；实施绿色信贷和绿色保险政策；研究针对企业和公众的环境补贴政策等。政府应加快建立以低碳农业、低碳工业、低碳服务业为核心的新型经济体系，企业应建立低碳社会生产方式，开发温室气体排放量少的商品。

参 考 文 献

顾朝林，谭纵波，刘宛 . 2009. 低碳城市规划：寻求低碳化发展 . 建筑科技，（15）：40~41.

刘奇志，何梅，汪云 . 2009. 面向"两型社会"建设的武汉城乡规划思考与实践 . 城市规划学刊，（02）：31~37.

潘海啸 . 2010. 面向低碳的城市空间结构——城市交通与土地使用的新模式 . 城市发展研究，（01）：40~45.

仇保兴 . 2009. 我国城市发展模式转型趋势——低碳生态城市 . 城市发展研究，（8）：1~6.

吴建国，张小全，徐德应 . 2003. 土地利用变化对生态系统碳汇功能影响的综合评价 . 中国工程科学，（09）：65~71.

肖荣波，艾勇军，刘云亚，等 . 2009. 欧洲城市低碳发展的节能规划与启示 . 现代城市研究，（11）：27~31.

叶祖达 . 2009. 城市规划管理体制如何应对全球气候变化 . 城市规划，（9）：31~37.

Dagoumas A S, Barker T S. 2010. Pathways to a low-carbon economy for the UK with them acro-econometric E3MG model. Energy Policy, 38 (6): 3067~3077.

Middlemiss L, Parrish B D. 2007. Building capacity for low- carbon communities: The role of grassroots initiatives. Energy Policy, 38 (12): 7559 ~ 7566.

Shimada K, Tanaka Y, Gomc K, et al. 2007. Developing a long- term local society design methodology towards a low- carbon economy: An application to Shiga prefecture in Japan. Energy Policy, 35 (9): 4688 ~ 4703.

第 4 章

中外低碳城市的对标分析

为了更有针对性地对比中外低碳城市，本报告分别从国家、大都市地区、典型城市、低碳社区等四个层面开展由宏观到微观的对标分析，以便直接了解和分析中外低碳城市建设的差异，并获得对我国建设低碳城市有直接意义的相关经验。

4.1 不同城镇化率国家低碳建设水平

通过对比中国与不同城镇化率国家的主要低碳建设指标及低碳发展政策，可从国家层面借鉴别国的经验，发现中国自身的不足之处。本研究根据 Northam（1979）的理论将城镇化率分为三个等级，即 30% 以下、30%～70%、70% 以上。根据不同的城镇化率，选择相应的国家与中国进行对比。

在低碳建设指标选取上，主要选择基于能源消耗的碳排放相关指标，包括碳排放总量、单位能源碳排放量、人均碳排放量、单位 GDP 碳排放。

4.1.1 中国与高城镇化率国家对比

在高城镇化率的对比国家选择上，分别选取经济合作与发展组织（Organization for Economic Co-operation and Development，OECD）中不同大洲的 8 个成员国（美国、英国、德国、瑞典、澳大利亚、日本、韩国、墨西哥），以及金砖国家中的俄罗斯和巴西。

1. 主要低碳建设指标对比

1）碳排放总量

从我国与几个高城镇化率国家在 2011 年能源消耗中碳排放总量来看（图 4.1），我国碳排放总量是美国以外其他国家的数倍之多，比美国也要高出 2600 多百万 t，属于高碳排放国家。其中，巴西、墨西哥作为发展中国家，虽然城镇化率较高，但其碳排放总量明显低于我国。

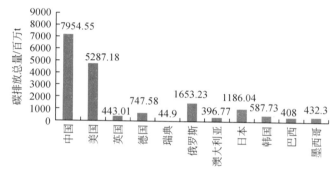

图 4.1　中国与高城镇化率国家碳排放总量比较

注：CO_2 排放量为能源消耗中的排放量，为 2011 年数据

资料来源：根据 IEA（http：//www.iea.org/.）数据绘制

2）人均碳排放量

从人均碳排放量来看，由于我国人口基数较大，人均碳排放量反而较低，在 11 个样本国家中处于第 8 位（图 4.2）。但是，同样是发展中国家的巴西、墨西哥，其人均碳排放量仍低于我国。

3）单位能源碳排放量

从单位能源碳排放量来看，11 个样本国家中我国位于第 2 位（图 4.3），说明我国能源使用效率较低。同样，与巴西、墨西哥相比，我国单位能源碳排放量高于这两个高城镇化率的发展中国家。

4）单位 GDP 碳排放

从单位 GDP 碳排放来看，我国和俄罗斯明显高于其他几个样本国家，并且我国处于首位（图 4.4）。与巴西、墨西哥相比，我国单位 GDP 碳排放也明显高出数倍。这说明我国创造经济产值过程中，单位产值所产生的碳排放仍然较大，这一点也反

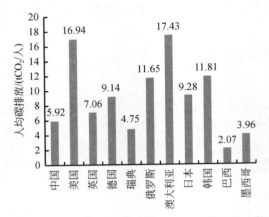

图 4.2　中国与高城镇化率国家人均碳排放量比较

注：CO_2 排放量为能源消耗中的排放量，为 2011 年数据

资料来源：根据 IEA（http：//www.iea.org/.）数据绘制

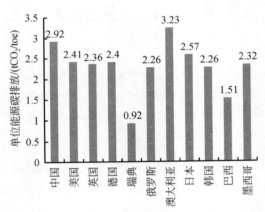

图 4.3　中国与高城镇化率国家单位能源碳排放量比较

注：CO_2 排放量为能源消耗中的排放量，为 2011 年数据；toe 为吨油当量，1toe＝41.868GJ

资料来源：根据 IEA（http：//www.iea.org/.）数据绘制

映出我国产业结构中存在较大规模的高碳排产业。

5）化石能源消耗比重

由于碳排放主要是通过能源消耗所产生，在能源类型中，煤炭、石油、天然气都属于化石能源，消耗过程中会产生一定的碳排放（表 4.1）。由表 4.1 可以看出，煤炭燃烧产生的碳排放最高，其次是石油和天然气。

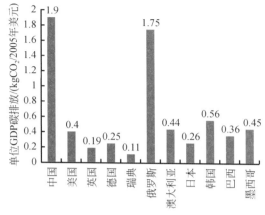

图 4.4 中国与高城镇化率国家单位 GDP 碳排放比较

注：CO₂ 排放量为能源消耗中的排放量，为 2011 年数据

资料来源：根据 IEA（http：//www.iea.org/.）数据绘制

表 4.1 化石能源燃烧的碳排放系数（单位：t 碳/t 标准煤）

数据来源	煤炭	石油	天然气
美国能源部/美国能源信息署	0.7020	0.4780	0.3890
日本能源经济研究所	0.7560	0.5860	0.4490
国家科委气候变化项目	0.7260	0.5830	0.4090
国家发改委能源研究所	0.7476	0.5825	0.4435
平均值	0.7329	0.5574	0.4226

与其他几个国家对比可以看出，虽然我国化石能源消耗所占能源比例不是很高，略高于俄罗斯和巴西，明显低于欧美、澳大利亚、日本和韩国（图 4.5）。但是，我国化石能源消耗总量却非常大，只略小于美国，是其他几个对比国家消耗量的数倍之多（图 4.6）。这也说明，我国很有必要持续降低化石能源消耗总量，尽可能使用非化石能源和可再生能源，从而逐步降低化石能源所占能源比例。

从化石能源的不同类型对比来看，我国能源消耗中煤炭所占比例非常大，达到 33.70%，而其他对比国家中，最高的是日本，其比例是 8.42%（图 4.7）。由于煤炭燃烧的碳排放系数高于石油和天然气，过高的煤炭所占能源比例会阻碍我国降低碳排放。因此，我国在降低化石能源消耗总量的同时，还需要不断降低煤炭所占比例，尽可能提高天然气所占比例。

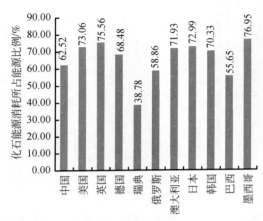

图 4.5 中国与高城镇化率国家的化石能源消耗所占能源比例
资料来源：根据 IEA（http：//www.iea.org/.）数据绘制

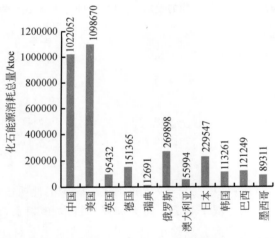

图 4.6 中国与高城镇化率国家的化石能源消耗总量
资料来源：根据 IEA（http：//www.iea.org/.）数据绘制

6）变化趋势对比

碳排放还与国家经济、社会的发展紧密相关。将我国与多个高城镇化率国家1990～2011 年的碳排放总量、人均碳排放量、单位 GDP 碳排放量进行对比，可以看出不同国家发展过程中碳排放情况。

从碳排放总量来看，在对比国家中，我国碳排放总量增长得最快，并且在 1999

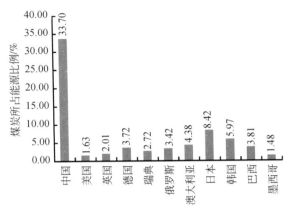

图 4.7　中国与高城镇化率国家的煤炭所占能源比例

资料来源：根据 IEA（http：//www.iea.org/.）数据绘制

年以后增幅更加明显（图 4.8），这一变化趋势与其他多个国家形成了鲜明的对比。其他国家中，虽然美国、日本也表现出了碳排放总量的增长，但增幅较小，并且在 2008 年以后都有一定降低。这说明我国在降低碳排放总量方面，任务十分艰巨，遏制碳排放快速增长的趋势才能够切实实现低碳发展；同时我国势必要承受其他国家要求我国减排的压力，这对我国的国际形象将有一定的影响。

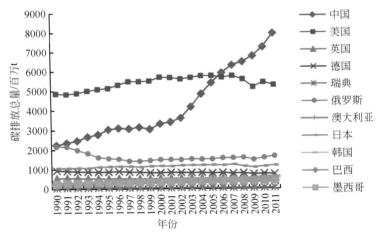

图 4.8　1990～2011 年中国与高城镇化率国家碳排放总量变化图

资料来源：根据 IEA（http：//www.iea.org/.）数据绘制

从人均碳排放量趋势来看，我国人均碳排放绝对值是相对较低的，这也与我国人口数量较大有关。从变化趋势上来看，我国和韩国、澳大利亚都表现出明显上升的趋势，但我国在 2002 年后，人均碳排放量的增幅明显加大（图 4.9）。从人均碳排放量的对比可以看出，虽然我国人均碳排放量较低，但由于我国人口总量巨大，人均数值增加一点就会带来总量的大幅增加，因此，我国应当将人均碳排放长期保持在较低水平，在城镇化发展过程中，不能完全参考高城镇化率国家的人均碳排放量。

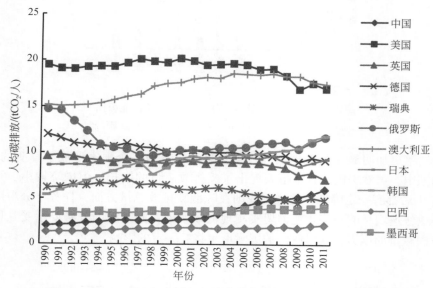

图 4.9　1990～2011 年中国与高城镇化率国家人均碳排放量变化图
资料来源：根据 IEA（http：//www.iea.org/.）数据绘制

从单位 GDP 碳排放量趋势来看，在对比国家中，整体都呈下降趋势。其中，我国与俄罗斯的下降趋势较为明显，但单位数值仍然处于绝对高位（图 4.10）。

2. 城镇化碳排放指数对比

为了反映城镇化发展的碳排放情况，研究中采用城镇化碳排放指数作为主要对比指标。城镇化碳排放指数是指人均碳排放量与城镇化率的比值，可以显示出城镇化程度与碳排放之间的关系，指数越高，说明在城镇化过程中碳排放量越大，反之则亦然。

从图 4.11 可以看出，2011 年的数据对比中，我国城镇化碳排放指数居中。其中，私人机动化程度较高的美国、澳大利亚的城镇化碳排放指数最高；欧洲国家的指数相对较低，尤其是瑞典更加明显；而与巴西、墨西哥相比，我国城镇化碳排放

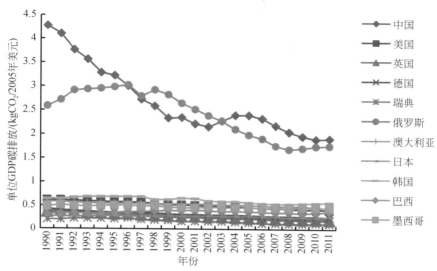

图 4.10　1990～2011 年中国与高城镇化率国家单位 GDP 碳排放量变化图

注：各国 GDP 转换为 2005 年美元

资料来源：根据 IEA（http：//www.iea.org/.）数据绘制

指数还是比较高的。

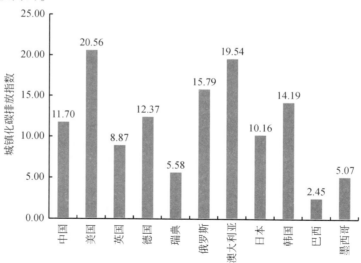

图 4.11　中国与高城镇化率国家的城镇化碳排放指数对比

资料来源：根据 IEA（http：//www.iea.org/.）及联合国经济和社会事务部人口司（United Nations，Department of Economic and Social Affairs，Population Division）相关数据绘制

　　从城镇化碳排放指数的变化趋势来看，美国、德国、日本、英国、瑞典等5个国家的指数呈下降趋势，对于这些城镇化率稳定的国家而言，指数下降说明碳排放总量的下降；澳大利亚、俄罗斯、韩国、中国、墨西哥、巴西等6个国家的指数呈整体上升的趋势，说明碳排放总量在这些国家还处于上升阶段。在城镇化碳排放指数上升的国家中，我国与俄罗斯、韩国都呈现出明显上升的趋势，尤其我国在2000年以后上升幅度明显；而巴西、墨西哥的指数维持在一个较低水平，呈缓慢上升的变化（图4.12）。由此可以看出，我国随着城镇化的推进，碳排放明显上升，可以认为我国近年来的高排放有很大原因是城镇化进程所带来的。因此，未来我国应该在城镇化推进过程中尽量使碳排放与城镇化脱钩，实现城镇化碳排放指数的逐年下降。

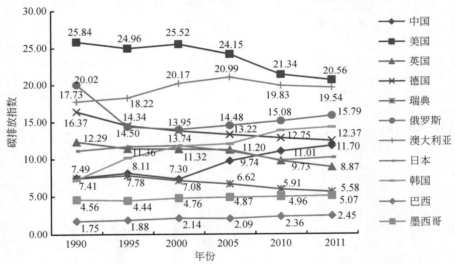

图4.12　1990～2011年中国与高城镇化率国家城镇化碳排放指数变化图
资料来源：根据IEA（http：//www.iea.org/.）及联合国经济和社会事务部人口司（United Nations, Department of Economic and Social Affairs, Population Division）相关数据绘制

　　从城镇化率与城镇化碳排放指数的相关程度分析来看（表4.2），各国并非呈现一致的相关性。在高城镇化率国家中，只有韩国、巴西、墨西哥表现出较强的正相关性，说明这些国家的城镇化进程与碳排放增加有显著的相关性；而欧美及日本等发达国家大部分表现出较强的负相关性，说明城镇化进程与碳排放并无直接关联。这显示出在高城镇化率（或者城镇化率稳定）的国家中，经济发展水平较高的发达国家城镇化基本都与碳排放脱钩，排放不会随着城镇化的提高而提高。而我国表现

出城镇化率与城镇化碳排放指数的高度相关性体现出了随着城镇化的推进，碳排放的总量在持续增加，这与我国倡导的生态文明战略和"新型城镇化"模式是背离的。

表 4.2　城镇化率与城镇化碳排放指数的 Pearson 相关系数（与高城镇化率国家比较）

国家	中国	美国	英国	德国	瑞典	俄罗斯
Pearson 相关系数	0.926 **	−0.830 *	−0.846 *	−0.674	−0.819 *	0.039
国家	澳大利亚	日本	韩国	巴西	墨西哥	
Pearson 相关系数	0.722	−0.889 *	0.996 **	0.966 **	0.915 *	

** 表示在 0.01 水平（双侧）上显著相关；* 表示在 0.05 水平（双侧）上显著相关

3. 中外低碳发展政策对比

1）我国低碳发展的相关政策

随着我国经济社会发展对大气环境及气候影响的逐步显现，近年来我国将低碳发展作为国家发展中的主导战略之一。其中，主要政策包括 2011 年 11 月发布的《中国应对气候变化的政策与行动（2011）》白皮书和 2012 年 10 月发布的《中国的能源政策（2012）》白皮书。我国颁布的相关政策主要针对气候变化、温室气体减排、能源使用等方面。

基于《中国应对气候变化的政策与行动（2011）》白皮书，我国于 12 月 1 日发布了《"十二五"控制温室气体排放工作方案》，提出了到 2015 年单位 GDP 碳排放比 2010 年下降 17% 的目标要求，首次把温室气体排放控制写入我国的经济社会发展规划。其中，从产业结构、节能降耗、低碳能源、碳汇、非能源活动、产品生产等六方面提出了具体的控制措施。同时，对低碳发展试验试点、温室气体排放统计核算、碳排放交易市场、全社会低碳行动、国际合作、科技与人才支撑、保障落实等方面提出了工作方案。尤其为了保障减排目标的落实，对各个省市提出了"十二五"单位 GDP 碳排放下降指标。

2012 年 10 月 24 日，国务院发布了《中国的能源政策（2012）》白皮书，从能源发展的角度对降低碳排放提出了政策限制。其中，在能源发展目标方面，除了达到《"十二五"控制温室气体排放工作方案》中的目标之外，还承诺到 2020 年非化石能源占一次能源消费比重将达到 15% 左右，单位 GDP 碳排放比 2005 年下降 40%~45%。

同时，从全面推进能源节约、大力发展新能源和可再生能源、推动化石能源清洁发展、提高能源普遍服务水平、加快推进能源科技进步、深化能源体制改革、加强能源国际合作等七大方面提出具体措施。

2）英国低碳发展的相关政策

英国是欧洲最早提倡低碳建设的国家之一，其于 2003 年 2 月和 2007 年 5 月分别颁布了两份能源白皮书，其中，2003 年的是《我们的能源未来——创建低碳经济》，2007 年的是《迎接能源挑战》。这两份能源白皮书的颁布分别提出了英国低碳发展的政策目标和主要措施。

与 2003 年能源白皮书相比，英国 2007 年能源白皮书把节能减排的重要性提到了一个新的高度。在具体政策目标上，2007 年延续 2003 年提出的减排目标，并进一步明确 2020 年的减排目标，提出创造良好经济环境，来促进国内低碳经济、低碳技术及相关投资等方面的发展。同时，除了提出国内的自身发展目标，进一步强调国际间的协调合作、各国统一行动及相关框架条约的重要性。

在降低碳排放的措施方面，英国 2007 年的政策更加注重调整能源结构、促进能源清洁化、提高能源效率；同时，从企业、家庭、交通、公共领域实施节能措施。同时，在碳减排目标下，既关注能源供给安全、促进国际能源市场开放、注重国际协作，又关注民生方面的基本能源保证。

3）瑞典低碳发展的相关政策

瑞典的低碳发展较好，各项碳排放指标都明显低于国际上其他一些主要国家。在瑞典的低碳发展方面，主要针对气候变化制定相关政策。1998 年，瑞典出台了首个气候政策目标，由于瑞典的发展已经比较低碳，首个气候政策目标仅仅要求碳排放稳定在"现今的水平"（1998 年水平）。到 2002 年，瑞典颁布了《瑞典气候战略》，作为应对碳排放和气候变化的主要政策措施。

在碳减排政策目标上，2002 年颁布的《瑞典气候战略》明确了 2008～2012 年瑞典温室气体的平均排放量至少比 1990 年降低 4%，并从大气、能源、交通、产品生产、家庭能源、废物利用、税收、企业、环境审计等多个方面制定了主要措施。2006 年进一步制定了更长远的碳减排目标，到 2020 年温室气体的排放量至少比 1990 年降低 25%。

在碳减排主要措施方面，除了在能源、交通、生产、废物利用等方面提出具体措施之外，更加在碳排放税收、碳排放审计、碳排放立法、低碳技术咨询等方面提出一定措施。可以看出，瑞典不仅注重能源使用和循环利用，还注重相关法律制度的建设，并通过税收实现经济上的调控；同时，还通过低碳技术服务促进服务经济发展。

4）美国低碳发展的相关政策

美国主要通过颁布一系列法案来促进国家的低碳建设，主要包括 2005 年《能源政策法》、2007 年《能源独立安全保障法》、《美国清洁能源安全法案》等。其中，

《能源独立安全保障法》主要目的是保障能源安全，在降低碳排放方面并未制定相关政策。因此，影响美国碳排放的法案主要以《能源政策法》和《美国清洁能源安全法案》为主。

然而，由于美国在能源消耗上的巨大需求，上述法案对美国的碳排放限定影响甚微。首先，美国于 2001 年正式宣布退出《京都议定书》，因此《能源政策法》的"气候变化"篇并没有对温室气体排放规定任何限额，而是主要针对在美国国内和在发展中国家部署气候变化技术等方面的问题加以了规定。

其次，虽然《美国清洁能源安全法案》于 2009 年 6 月获得众议院通过，并对碳排放目标、能源利用、能源结构、碳排放交易及碳关税等方面都提出了具体内容，但在 2009 年秋的参议院投票中搁置，该法案一直未能通过。

虽然《美国清洁能源安全法案》一直未获美国参议院通过，但仍然可以看出美国在通过能源使用来降低碳排放的主要措施，包括清洁能源比例、能源效率、碳减排补贴惩罚制度、碳交易市场、出口清洁能源技术、生态补偿机制等方面。还可以看出，除了能源结构和能源效率等与能源利用直接相关的措施之外，同时，还从财税制度、补偿机制、技术服务等体制机制方面采取相关措施。

5）日本低碳发展的相关政策

日本为推动减碳行动与低碳社会的建立，政府提出了多项相关法律、法规及行动计划，并针对低碳社会的建设开展了多方面的研究，2007 年发布了"面向 2050 年的日本低碳社会情景"研究计划。在相关法规和行动计划中，1998 年制定、2008 年修订的《地球温暖化对策促进法》及 2008 年 6 月通过的"低碳社会行动计划"对日本的低碳建设影响最大。

从"低碳社会行动计划"可以看出，日本从社会发展的多个方面制定了政策目标和主要措施，包括了清洁能源的利用、能源效率的提高、碳捕捉及封存等具体技术要求，同时从社会发展的经济环境、政策机制、社会活动、国际合作等方面提出了具体措施。日本的"低碳社会行动计划"基于降低碳排放的核心目标，更加注重社会发展中的具体方面，从而能够更加有效地在社会生活中执行减排措施，从而达到减排目标。

6）巴西低碳发展的相关政策

巴西早在 1992 年联合国环境发展会议上就已对采取应对气候变化的行动做出了承诺。目前，巴西仍然坚定地对减少温室气体排放做出承诺，并致力于采取相应举措。巴西在 2008 年启动了应对气候变化的国家计划，并在 2009 年通过一项《国家气候变化法案》。同时，2009 年提出温室气体自愿减排目标为：到 2020 年达到按目前正常水平发展下的 36.1% ~ 38.9% 的 CO_2 减排目标。

基于碳减排目标，巴西的"国家气候变化行动计划"主要从能源效率、能源供给、交通能源、生态退化、森林覆盖率、多方交流、相关技术与监测等七方面提出各方面的目标和主要措施。这些方面除了针对能源方面的相关措施，还专门针对巴西特定的生态环境提出了主要措施，如防治亚马孙河流域的生态退化、提高森林覆盖率。同时，由于巴西农业的发展，特别针对农业物质循环利用、生物质能、林业等方面提出了主要措施。

4.1.2 中国与中等城镇化率国家对比

在中等城镇化率的对比国家选择上，主要选取南非和印度尼西亚进行对比，这两个国家同属发展中国家。其中，南非属于金砖五国之一，与我国关系较为密切；印度尼西亚与我国同在亚洲，在经济、贸易等方面都有广泛的交流。在城镇化率上，根据联合国 2011 年数据，我国城镇化率是 50.6%，南非是 58.9%，印度尼西亚是 50.7%。

1. 主要低碳建设指标对比

1）碳排放总量

在碳排放总量的对比上，虽然我国和南非、印度尼西亚的城镇化率相差不多，但我国碳排放总量明显高于这两个国家，约是南非和印度尼西亚两国碳排放总量之和的 10 倍（图 4.13）。

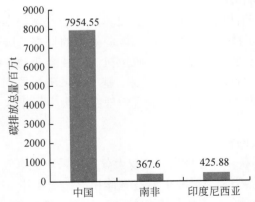

图 4.13 中国与南非、印度尼西亚碳排放总量对比

资料来源：根据 IEA（http://www.iea.org/.）数据绘制

2）人均碳排放量

在人均碳排放量的对比上，由于我国的人口基数较大，在人均指标上我国低于南非，但比印度尼西亚仍然高出很多（图4.14）。

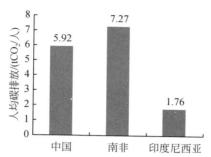

图 4.14　中国与南非、印度尼西亚人均碳排放量对比

资料来源：根据 IEA（http：//www.iea.org/.）数据绘制

3）单位能源碳排放量

在单位能源碳排放量对比上，我国高于南非和印度尼西亚（图 4.15），我国是 2.92t CO_2/toe，南非是 2.6t CO_2/toe，印度尼西亚是 2.04t CO_2/toe。这说明与其他两个国家相比，我国的能源使用效率已然偏低，仍然需要重视清洁能源的使用。

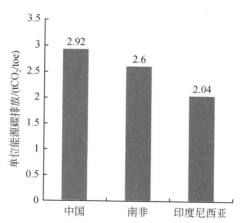

图 4.15　中国与南非、印度尼西亚单位能源碳排放量对比

资料来源：根据 IEA（http：//www.iea.org/.）数据绘制

4）单位 GDP 碳排放

在单位 GDP 碳排放量对比上，我国是 1.9kg CO_2/2005 年美元，明显高于南非、

印度尼西亚的数值（图 4.16）。这说明在城镇化率相差不多的国家中，我国经济发展中的能源消耗相对更多，发展的方式更为粗放。

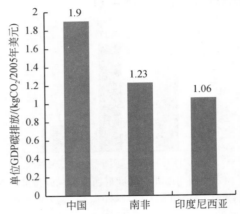

图 4.16　中国与南非、印度尼西亚单位 GDP 碳排放量对比

注：各国 GDP 转换为 2005 年美元

资料来源：根据 IEA（http：//www.iea.org/.）数据绘制

5）化石能源消耗情况

从化石能源消耗总量来看，我国的消耗量明显高出南非、印度尼西亚，是这两个国家消耗量之和的 7 倍之多（图 4.17）。但从化石能源消耗所占能源比例来看，

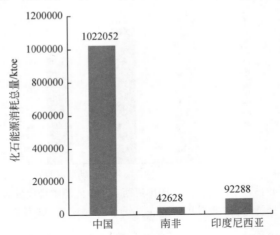

图 4.17　中国与南非、印度尼西亚的化石能源消耗总量

资料来源：根据 IEA（http：//www.iea.org/.）数据绘制

我国与南非、印度尼西亚差异不是很大，我国达到了 62.52%，南非和印度尼西亚分别为 59.93% 和 58.30%（图 4.18）。这说明我国与南非、印度尼西亚在城镇化发展阶段较为接近，在能源结构方面也存在一定的相似性。

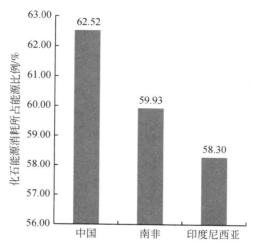

图 4.18　中国与南非、印度尼西亚的化石能源消耗所占能源比例
资料来源：根据 IEA（http：//www.iea.org/.）数据绘制

从不同化石能源所占能源比例来看，我国煤炭所占的能源比例较高，达到了 33.70%（图 4.19）。

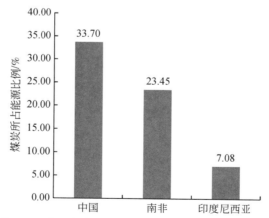

图 4.19　中国与南非、印度尼西亚煤炭所占能源比例
资料来源：根据 IEA（http：//www.iea.org/.）数据绘制

6）变化趋势对比

从碳排放总量的变化趋势来看，南非和印度尼西亚呈现非常缓慢增长的趋势，而我国碳排放总量在1999年之后呈快速增长的趋势（图4.20）。可以看出，虽然我国和南非、印度尼西亚城镇化率相差不多，基本都处于城镇化的中期阶段，但我国的碳排放增加速度却远远大于这两个国家，国家对于碳排放的控制显然没有到位。

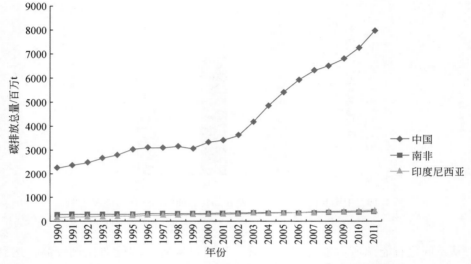

图4.20　1990～2011年中国与南非、印度尼西亚碳排放总量变化图
资料来源：根据 IEA（http：//www.iea.org/.）数据绘制

从人均碳排放量的变化趋势来看，三个国家整体都呈上升趋势，其中，南非呈波动上升的趋势，印度尼西亚呈缓慢上升的趋势，而我国在2002年以后呈快速上升趋势（图4.21）。在增幅上，我国的人均碳排放量增幅明显高于南非和印度尼西亚，这也与我国排放总量快速上升有直接的关系。

从单位GDP碳排放量的变化趋势来看，我国和南非都呈下降趋势，印度尼西亚则有所上升（图4.22）。在变化幅度上，我国的降幅最大，这也说明在与南非和印度尼西亚的对比中，我国能源在经济发展中的使用效率还是在逐年提高的。

2. 城镇化碳排放指数

由城镇化碳排放指数的对比可以看出（图4.23），我国略低于南非，但明显高于印度尼西亚。同时，由于南非和印度尼西亚城镇化率与我国接近，在城镇化对碳排放的影响上，我国与南非具有相似性，而与印度尼西亚存在明显差异。

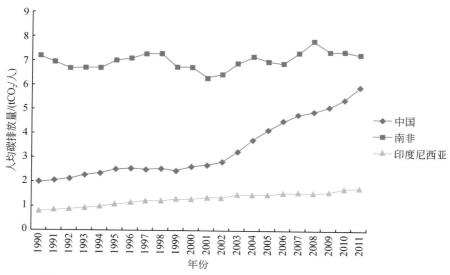

图 4.21　1990~2011 年中国与南非、印度尼西亚人均碳排放量变化图
资料来源：根据 IEA（http：//www.iea.org/.）数据绘制

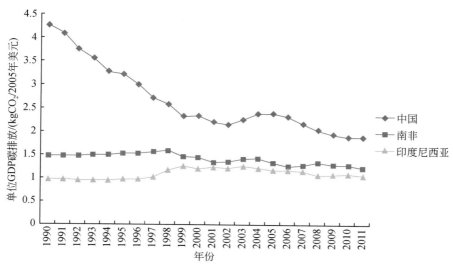

图 4.22　1990~2011 年中国与南非、印度尼西亚单位 GDP 碳排放量变化图
注：GDP 转换为 2005 年美元
资料来源：根据 IEA（http：//www.iea.org/.）数据绘制

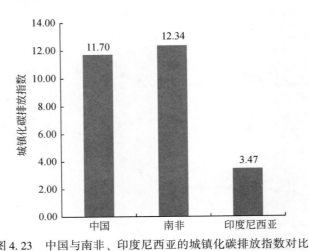

图 4.23 中国与南非、印度尼西亚的城镇化碳排放指数对比

资料来源：根据 IEA（http：//www. iea. org/.）及联合国经济和社会事务部人口司（United Nations, Department of Economic and Social Affairs, Population Division）相关数据绘制

从城镇化碳排放指数的变化来看（图 4.24），虽然我国与南非、印度尼西亚的城镇化率相差不多，但我国近十年的城镇化碳排放指数上升明显。相比之下，南非城镇化率从 1990 年的 52.04% 增长到 2011 年的 58.90%，而城镇化碳排放指数反而由 13.86 下降到 12.34；印度尼西亚城镇化率由 1990 年的 30.58% 上升到 2011 年的

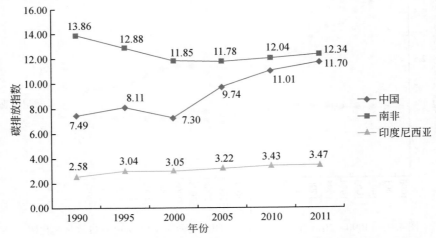

图 4.24 1990～2011 年中国与南非、印度尼西亚城镇化碳排放指数变化图

资料来源：根据 IEA（http：//www. iea. org/.）及联合国经济和社会事务部人口司（United Nations, Department of Economic and Social Affairs, Population Division）相关数据绘制

50.7%，而城镇化碳排放指数却上升缓慢。这说明我国城镇化过程对碳排放影响较大，而南非则逐年减少城镇化对碳排放的影响，印度尼西亚城镇化对碳排放影响则较小。由于我国城镇化仍将处于持续上升的区段，应进一步降低城镇化碳排放指数，减少城镇化对碳排放的提升作用。

在城镇化率与城镇化碳排放指数的相关程度的分析上（表4.3），我国与印度尼西亚均表现出了较强的正相关性，而南非则表现为较强的负相关性。这说明在相似的城镇化发展阶段，南非的城镇化发展表现出了与碳排放脱钩的发展趋势，而我国和印度尼西亚的城镇化发展仍然未与碳排放脱钩。另外，由于数值上我国明显高于印度尼西亚，我国的城镇化发展对碳排放量的增加影响更大。

表4.3　城镇化率与城镇化碳排放指数的 Pearson 相关系数（与中等城镇化率国家比较）

国家	中国	南非	印度尼西亚
Pearson 相关系数	0.926 **	−0.823 *	0.959 **

** 表示在 0.01 水平（双侧）上显著相关；* 表示在 0.05 水平（双侧）上显著相关

3. 低碳发展政策对比

1）南非

南非的低碳发展政策主要以 2004 年颁布的《国家气候变化响应白皮书》为主。该白皮书明确针对气候变化，南非政府制定相应碳减排目标和主要措施，并分短期、中期和长期三个时间阶段来实施。其中，短期指从政策公布起的 5 年；中期指从政策公布起的 20 年；长期展望到 2050 年。

在主要措施方面，该白皮书针对南非的现状和自身的发展阶段分别从水资源利用、农业和经济林地发展、促进国民健康、生物多样性和生态系统保护、城市和农村聚居地、沿海地区聚居地、灾害风险预警与管理等方面提出了应对气候变化、实现减碳目标的主要措施，并且分别从相关技术、社会意识、法规制度、合作管理机制等层面提出不同方面的措施。

从南非的《国家气候变化响应白皮书》可以看出，虽然提出了具体的碳减排目标，但在具体实施方面，并未针对影响碳排放的主要要素——能源提出相关措施，从而很可能影响具体碳减排目标的落实。另外，南非颁布的白皮书的另一个特点是注重不同聚居区域及国民减碳意识对低碳发展的影响。白皮书中专门针对城市聚居地、农村聚居地和沿海聚居地提出了低碳发展措施，体现了实施措施的区域差异性，并且在多个方面都专门提出提高国民意识作为主要措施，这也是在南非目前社会发展阶段推行低碳发展应当注重的方面。作者认为，由于我国地域广阔、地区之间在自然环境和社会发展上都存在较大差异，因此，制定不同地区的应对措施及对国民意识的改变等方面都值得我国借鉴。

2）印度尼西亚

印度尼西亚在低碳社会发展方面进行了一定的国际合作和研究，2010 年发布了《印度尼西亚 2050 年低碳社会情景（能源方面）》的研究报告。研究报告针对能源使用提出了不同发展情景下碳减排目标和主要措施。不同发展情景下的碳减排目标以常规发展情景为基础，以 2050 年为年限，分别提出碳减排目标。在主要措施方面，从清洁能源、低碳生活方式、低碳发电、低碳工业燃料、可持续交通等五方面制定相应措施。

可以看出，研究报告中针对印度尼西亚在能源方面的低碳发展的核心是在工业、商业、居住领域引入清洁能源、应用低碳节能技术、提高能源效率，通过能源结构改善和使用效率提高来降低 CO_2 排放。

4.1.3 中国与低城镇化率国家对比

在低城镇化率的对比国家选择上，主要选择与印度进行对比，根据联合国 2011 年数据，印度城镇化率是 31.3%。印度作为我国的邻国，在人口规模、经济发展阶段等方面与我国都较为接近，同时，印度也是金砖五国之一。与印度的比较可以看出同样作为人口大国目前低碳建设的基本情况。

1. 主要低碳建设指标对比

1）碳排放总量

从碳排放总量来看，虽然我国与印度的人口基数都较大，但我国碳排放总量还是高出印度很多，约是印度的 4.5 倍之多（图 4.25）。

2）人均碳排放量

从人均碳排放量来看，我国也明显高出印度的指标，约为印度的 4 倍之多（图 4.26）。

3）单位能源碳排放量

从单位能源碳排放量来看，我国是 2.92t CO_2/toe，高于印度的 2.33t CO_2/toe（图 4.27）。与印度相比，我国的能源利用效率处于较低水平。

4）单位 GDP 碳排放量

从单位 GDP 碳排放量来看，我国是 1.9kg CO_2/2005 年美元，印度仅为 1.23kg CO_2/2005 年美元，我国的单位 GDP 碳排放量是印度的 1.5 倍（图 4.28），表现出在经济建设过程中能源利用效率的低下。

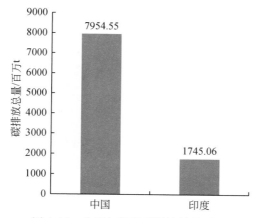

图 4.25 中国与印度碳排放总量对比

资料来源：根据 IEA（http：//www.iea.org/.）数据绘制

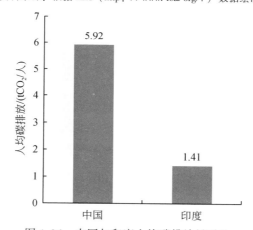

图 4.26 中国与印度人均碳排放量对比

资料来源：根据 IEA（http：//www.iea.org/.）数据绘制

5）化石能源消耗情况

从化石能源消耗情况来看，我国和印度的化石能源消耗所占能源比例都超过了50%，印度是51.47%，低于我国的62.52%（图4.29、图4.30）。化石能源都是两国的主要能源。在化石能源消耗总量上，我国的数值明显高于印度，约为印度的4倍。然而，与印度相比，我国煤炭所占的能源比例较高，接近印度的2倍（图4.31）。这也是我国与印度在能源结构上的明显差异。

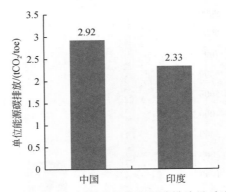

图 4.27　中国与印度单位能源碳排放量对比

资料来源：根据 IEA（http：//www. iea. org/.）数据绘制

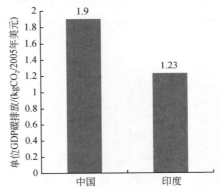

图 4.28　中国与印度单位 GDP 碳排放量对比

注：GDP 转换为 2005 年美元

资料来源：根据 IEA（http：//www. iea. org/.）数据绘制

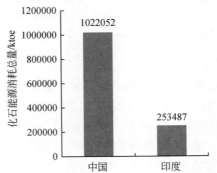

图 4.29　中国与印度的化石能源消耗总量

资料来源：根据 IEA（http：//www. iea. org/.）数据绘制

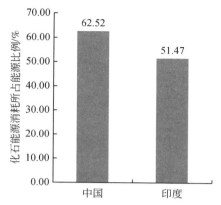

图 4.30　中国与印度的化石能源消耗所占能源比例
资料来源：根据 IEA（http：//www. iea. org/.）数据绘制

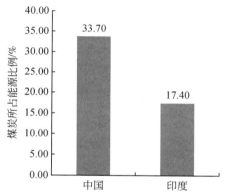

图 4.31　中国与印度煤炭消耗所占能源比例
资料来源：根据 IEA（http：//www. iea. org/.）数据绘制

6）变化趋势对比

将我国与印度 1990~2011 年的碳排放总量、人均碳排放量、单位 GDP 碳排放量进行对比，从变化趋势上对比一下两国的碳排放情况。

从碳排放总量的变化趋势来看，我国的碳排放增长明显快于印度，尤其在 1999 年以后，增速进一步加快（图 4.32）。这说明处于低城镇化阶段的印度，虽然经济发展也较为迫切，但碳排放增长较缓慢，而我国在快速城镇化和工业化过程中造成碳排放的快速增长。虽然我国多年前已经开始强调可持续发展，减少发展对环境的负面影响，然而，根据我国碳排放总量变化趋势来看，发展过程中产生的负面影响并未得到有效控制。

图 4.32 1990～2011 年中国与印度碳排放总量变化图

资料来源：根据 IEA（http：//www. iea. org/.）数据绘制

从人均碳排放量的变化趋势来看，虽然我国在与高城镇化率国家、中等城镇化率国家比较中并没有显现出较高的人均碳排放量，然而与印度相比，我国的人均碳排放量明显高于印度，并且在 2002 年以后增长迅速（图 4.33）。

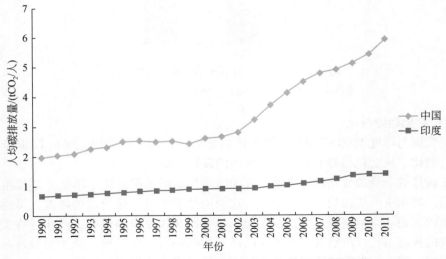

图 4.33 1990～2011 年中国与印度人均碳排放量变化图

资料来源：根据 IEA（http：//www. iea. org/.）数据绘制

　　从单位 GDP 碳排放量的变化趋势来看，我国与印度都呈下降的趋势，而且我国的降幅非常明显（图 4.34）。这说明我国在经济发展中逐步注重低碳化，并且随着我国经济结构的逐步改变，低能耗、低碳排的产业更加促进了经济发展低碳化。

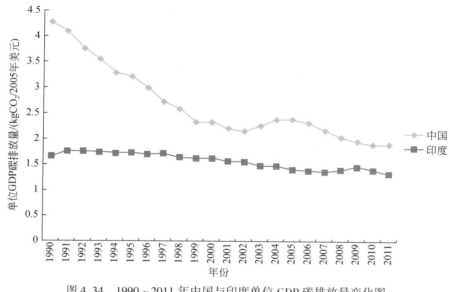

图 4.34　1990～2011 年中国与印度单位 GDP 碳排放量变化图

注：GDP 转换为 2005 年美元

资料来源：根据 IEA（http：//www.iea.org/）数据绘制

2. 城镇化碳排放指数对比

　　在城镇化碳排放指数的对比上（图 4.35），我国明显高于印度，这也表明我国城镇发展对碳排放量增加影响较大。当然，由于印度属于低城镇化率国家，且城镇化率增长较慢，因此，印度现阶段城镇化碳排放指数低于我国也是其发展阶段的实际反映。随着印度城镇化快速增长期的到来，如果不进行相关控制，其城镇化碳排放指数很可能快速上升。

　　从城镇化碳排放指数的变化来看（图 4.36），我国持续上升，且幅度高于印度，而印度在 2011 年出现下降。当然，这一指数的变化与两国城镇化发展阶段有关，我国处于城镇化快速发展时期，城镇中消耗的资源、能源则更多；而印度城镇化率较低，且增长较缓慢，城镇对资源和能源的消耗相对我国要少。

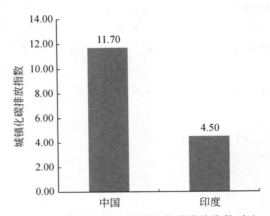

图 4.35　中国与印度的城镇化碳排放指数对比

资料来源：根据 IEA（http：//www. iea. org/.）及联合国经济和社会事务部人口司（United Nations，Department of Economic and Social Affairs，Population Division）相关数据绘制

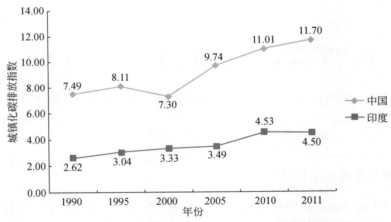

图 4.36　1990～2011 年中国与印度城镇化碳排放指数变化图

资料来源：根据 IEA（http：//www. iea. org/.）及联合国经济和社会事务部人口司（United Nations，Department of Economic and Social Affairs，Population Division）相关数据绘制

　　在城镇化率与城镇化碳排放指数的相关程度的分析上（表4.4），我国与印度均表现出较强的正相关性。我国处于城镇化中期，印度处于城镇化初期，两国未来城镇化都将进一步发展，需要有效控制城镇化对碳排放量增长的影响，才能够实现低碳发展。

表 4.4　城镇化率与城镇化碳排放指数的 **Pearson** 相关系数（与低城镇化率国家比较）

国家	中国	印度
Pearson 相关系数	0.926 **	0.990 **

** 表示在 0.01 水平（双侧）上显著相关

3. 低碳发展政策对比

　　印度针对低碳发展的相关政策主要涉及气候变化和能源使用方面，包括 "气候变化国家行动计划"、"2011～2017 年新能源和可再生能源战略计划"、《生物质能国家政策》等。2008 年 6 月 30 日，印度总理曼莫汉·辛格公布了印度的第一个 "针对气候变化的国家行动计划"（National Action Plan on Climate Change，NAPCC），阐述了已有和未来在减缓和适应气候变化方面的政策，并确定了到 2017 年的 8 个核心任务。然而，在这份行动计划中，并没有明确提出印度应对气候变化的具体政策目标（Prime Minister's Council Climate Change，2008）。

　　在针对低碳发展的研究中，主要有世界银行开展的《印度经济的能源密集行业：低碳发展之路》及由印度和日本联合开展的《印度 2050 年低碳社会展望》。其中，《印度经济的能源密集行业：低碳发展之路》主要针对能源利用从发电及输配电、家庭电力消耗、非居住建筑能耗、6 个高耗能行业的能源消耗、公路运输中的燃油使用等五方面提出发展措施；《印度 2050 年低碳社会展望》涉及的内容则较为广泛，包括在可持续交通、低碳电力、燃料转换、建筑设计、材料替代与循环利用、降低消耗和设备效率、城市规划、资源管理、治理、融资等方面提出行动措施。

4.1.4　小结

1. 低碳建设指标对比

　　将我国与不同城镇化率国家对比之后可以看出，尽管不同国家的城镇化率有所不同，但我国碳排放及能源利用方面都呈现出五大主要特征，即碳排放总量大、单位能源碳排放量较高、单位 GDP 碳排放量大、化石能源消耗量大、煤炭所占能源比例大（表 4.5）。

表 4.5　中国明显高于样本国家的指标比较

指标	中国指标数值	对比样本国家的平均水平					
		高城镇化率国家		中等城镇化率国家 (南非和印度尼西亚)		低城镇化率国家（印度）	
		指标数值	中国/ 平均值	指标数值	中国/ 平均值	指标数值	中国/ 平均值
碳排放总量/百万 t	7954.55	1118.67	7.1	396.74	20.0	1745.06	4.6
单位能源碳排放 /(t CO_2/toe)	2.92	2.22	1.25	2.32	1.3	2.33	1.25
单位 GDP 碳排放 /(kg CO_2/2005 年美元)	1.9	0.48	3.98	1.15	1.66	1.32	1.44
化石能源消耗 总量/ktoe	1022052	223741.80	4.57	67458	15.15	253487	4.00
煤炭所占能源 比例/%	33.70	3.76	8.96	15.26	2.21	17.40	1.94

资料来源：根据 IEA（http：//www.iea.org/.）数据计算所得

以上特征说明我国碳减排压力非常大。其中，人口规模巨大、煤炭占能源比例较大、清洁能源利用较少是碳排放总量大的主要原因；同时，经济发展中对能源的过度依赖也导致我国单位 GDP 碳排放量大。另外，需要注意的一点是，虽然我国人均碳排放量在对比国家中相对较低，仅高于印度、印度尼西亚、巴西、墨西哥、瑞典等五国，但由于我国人口基数大，仍然需要控制并降低人均碳排放量，否则人均数值的微小上升都将会导致我国碳排放总量的明显增加。

从 1990～2011 年的发展趋势变化来看，我国在碳排放总量和人均碳排放量上表现出明显的快速上升趋势，在碳排放总量上远远高出几个对比国家，反映出我国在快速工业化和城镇化过程中对大气环境产生的巨大影响。在单位 GDP 碳排放量上，我国呈现出快速下降的趋势，不过在 2002 年之后出现波动，下降速率有所放缓，反映出我国在经济发展过程中逐步重视对大气环境的影响，提高经济的低碳化水平。但是，我国的单位 GDP 碳排放量仍然高于所有对比国家，经济发展中的减碳任务仍然艰巨。

2. 城镇化碳排放指数对比

在城镇化碳排放指数方面，我国同样呈快速上升趋势，这说明我国城镇发展对碳排放增加的影响较大，城镇发展排放了更多的 CO_2，这一趋势与高城镇化率的欧洲国家、巴西、墨西哥及中等城镇化率的南非都明显不同。由于我国人口众多，城镇化仍处于快速发展阶段，我国应当减少城镇发展对碳排放的拉动，才能更好地实现低碳发展。

在城镇化率与城镇化碳排放指数的相关程度的分析上（表 4.6），我国表现出较强的正相关性。高城镇化率的发达国家基本表现出较强的负相关性或较弱的正相关性；高城镇化率的发展中国家则表现出较强的正相关性。印度尼西亚和印度分别作为中等城镇化率国家和低城镇化率国家的样本，都表现出了较强正相关性。南非与我国城镇化发展阶段类似，却表现出较强的负相关性，呈现城镇化与碳排放增长脱钩的趋势。由于未来我国城镇化仍将持续发展，且我国人口基数大，因此，有必要使城镇化发展与碳排放增长脱钩，才能有效地实现低碳发展。

表 4.6   城镇化率与城镇化碳排放指数的 Pearson 相关系数

国家	中国	美国	英国	德国	瑞典	俄罗斯	澳大利亚
Pearson 相关系数	0.926 **	−0.830 *	−0.846 *	−0.674	−0.819 *	0.039	0.722
国家	日本	韩国	巴西	墨西哥	印度	南非	印度尼西亚
Pearson 相关系数	−0.889 *	0.996 **	0.966 **	0.915 *	0.990 **	−0.823 *	0.959 **

** 表示在 0.01 水平（双侧）上显著相关；* 表示在 0.05 水平（双侧）上显著相关

3. 低碳发展政策对比

对比不同城镇化率国家的相关政策、行动计划、研究报告等内容可以看出，由于碳排放量涉及经济、社会发展的多个方面，各国碳减排目标的具体内容及基本年限不尽相同，有些国家甚至没有提出明确的碳减排目标，这些目标包括碳排放总量、单位 GDP 能耗、人均碳排放量、能源结构等多个方面。然而，由于碳排放量与国家所处的发展阶段相关，发达国家在经历了工业化阶段后，经济水平得到提高，环境保护也逐步受到重视；同时，随着全球化的发展发达国家逐步将污染大、环境成本高的产业转移到发展中国家，使发展中国家承担了相应的环境成本。因此，不同国家在相关政策及行动计划的制定中，一方面认同各国进行碳减排的共识；另一方面，基于本国的经济、社会等因素，在制定碳减排目标时，从本国利益出发，提出适宜本国实际情况的减排目标。可以说，碳减排目标的制定既是从国家发展角度对经济、社会发展制定的目标，同时也是各国在国际大环境下进行的发展权博弈。

对比各国碳减排的主要措施，主要包括以下几个方面：调整能源结构、提高能源效率、发展公共交通、从多个领域（工业、商业、家庭）降低碳排放、技术研发和国际合作等。对比 9 个国家中（包括中国），上述措施在相关政策中都有出现，因此，可以说是紧密围绕能源利用制定的减排措施。除此之外，根据不同国家的发展阶段，各国在其他方面分别有其他措施。发达国家则重视碳排放方面的财政补贴、税收、相关立法等制度设计及碳交易市场的建立；发展中国家，不论城镇化率的高低，都较少涉及相关法律法规的制度设计，更多针对本国实际情况，从农业林业发展、防止生态退化、提高森林覆盖率等方面提出主要措施（表4.7）。

表 4.7　各国行动计划（研究报告）的政策目标及主要措施

国家	城镇化率/%	行动计划（研究报告）/颁布年份	碳减排目标	主要措施
中国	50.6	"十二五"控制温室气体排放工作方案/2011	• 到 2015 年全国单位 GDP 碳排放比 2010 年下降 17% • 到 2015 年，单位 GDP 能耗比 2010 年下降 16% • 到 2015 年，非化石能源占一次能源消费比例达到 11.4% • "十二五"时期，新增森林面积 1250 万 hm^2，森林覆盖率提高到 21.66%，森林蓄积量增加 6 亿 m^3	• 加快调整产业结构 • 大力推进节能降耗 • 积极发展低碳能源 • 努力增加碳汇 • 控制非能源活动温室气体排放 • 加强高排放产品节约与替代
		中国的能源政策（2012）/2012	• 到 2020 年非化石能源占一次能源消费比重将达到 15% 左右，单位 GDP 碳排放比 2005 年下降 40%~45%	• 全面推进能源节约 • 大力发展新能源和可再生能源 • 推动化石能源清洁发展 • 提高能源普遍服务水平 • 加快推进能源科技进步 • 深化能源体制改革 • 加强能源国际合作
英国	79.6	我们的能源未来——创建低碳经济/2003	• 到 2050 年将英国的 CO_2 排放量减少 60%，并在 2020 年之前取得显著进展	• 企业、家庭、交通、公共领域的节能措施 • 加大清洁能源供给 • 促进国内和国际能源市场的竞争性，保证能源供给的安全 • 防止"燃料贫困"
		迎接能源挑战/2007		

国家	城镇化率/%	行动计划（研究报告）/颁布年份	碳减排目标	主要措施
瑞典	85.2	瑞典气候战略/2002	• 2008～2012 年瑞典温室气体的平均排放量至少比 1990 年降低 4% • 到 2050 年瑞典每年温室气体排放强度应低于 4.5t/人	• 征收 CO_2 排放税的大气政策 • 能源供给、能源技术、可再生能源利用、能源补贴等政策 • 交通减排政策 • 环境导向的产品政策 • 居住区能源使用政策 • 废物利用政策 • 减少除 CO_2 以外的其他温室气体排放 • 能源税收政策 • 国内和国际的低碳技术的咨询服务 • 通过立法保护环境，改善能源使用 • 建立环境审计和比较指标
美国	82.4	美国清洁能源安全法案/2009（未获参议院通过）	• 到 2020 年比 2005 年减排 17%，2050 年的排放量比 2005 年减少 83%。2020 年前，所有年供能超过 40 亿度的电力供应商所提供的电力，20% 以上必须来自风能、太阳能、地热能等可再生能源	• 提升清洁能源比例 • 提高能源效率 • 抑制全球变暖 • 打造清洁能源经济 • 建立补偿机制对农业和林业进行相应的补偿
日本	91.3	"面向 2050 年的日本低碳社会情景"研究计划/2007	• 在满足到 2050 年日本社会经济发展所需能源需求的同时实现比 1990 年水平减排 70% 的目标	
		低碳社会行动计划/2008	• 从 2009 年起将就碳捕捉及封存技术开始大规模验证实验，争取 2020 年前使这些技术实用化。到 21 世纪 20 年代使处理 1t CO_2 的成本下降到 1000 多日元（1 美元约合 107 日元） • 太阳能发电量到 2020 年要达到目前的 10 倍，到 2030 年要提高到目前的 40 倍	• 依靠政府主导 • 发展创新科技 • 实行制度革新 • 重视示范试点 • 加强国际合作

国家	城镇化率/%	行动计划（研究报告）/颁布年份	碳减排目标	主要措施
巴西	84.6	国家气候变化行动计划/2008	• 到2020年达到按目前正常水平发展下的36.1%～38.9%的CO_2减排目标（2009年确定）	• 在经济领域提高能源效率 • 保持可再生能源发电的较高份额 • 交通领域鼓励生物质能应用，并构建国际市场 • 减少退化率，达到零非法退化 • 2015年消除森林覆盖率的净损失 • 加强文化、社会、教育、经济等多个层面的相互行动 • 鼓励寻求战略的科学研究
南非	58.9	国家气候变化响应白皮书/2004	• 2020～2050年间南非温室气体排放量峰值下限为3.98亿tCO_2当量；2020年上限为5.83亿tCO_2当量，2025年上限为6.14亿tCO_2当量 • 南非温室气体排放量稳定在3.98亿～6.14亿tCO_2当量，持续十年 • 从2036年起，温室气体排放将进入绝对下降期间，至2050年下限为2.12亿tCO_2当量，上限为4.28亿tCO_2当量	• 水资源利用与保护 • 农业和经济林地 • 健康方面 • 生物多样性和生态系统方面 • 城乡聚居地方面 • 沿海聚居地方面 • 灾害风险降低和管理方面
印度尼西亚	50.7	印度尼西亚2050年低碳社会情景（能源方面）/2010	• 对策情景1：到2050年CO_2排放量变为6.17亿t，或者低于常规情景的48% • 对策情景2：尽管较大的经济规模，到2050年CO_2排放量变为1.83亿t	• 居住和商业的低碳能源利用和技术应用 • 居住和商业方面的低碳生活方式 • 低碳发电 • 低碳工业燃料 • 交通的能源改善及可持续交通发展

国家	城镇化率/%	行动计划（研究报告）/颁布年份	碳减排目标	主要措施
印度	31.3	针对气候变化的国家行动计划/2008	• 未提及 CO_2 减排目标	• 太阳能技术与应用 • 提升能源效率 • 发展可持续人居 • 加强水资源管理 • 防范喜马拉雅生态系统退化 • 提高森林覆盖率 • 发展可持续农业 • 加强气候变化的研究和国际合作
		印度 2050 年低碳社会展望/2009	• 在常规情景下，CO_2 排放量从 2005 年的 12.92 亿 t 到 2050 的 72.41 亿 t • 在低碳情景下，CO_2 排放量到 2050 年的 31.14 亿 t	• 可持续交通 • 低碳电力 • 燃料转换 • 建筑设计 • 材料替代与循环利用 • 降低消耗和设备效率 • 城市规划 • 资源管理 • 治理 • 融资
		印度经济的能源密集行业：低碳发展之路/2011	• 未提及 CO_2 减排目标	• 发电及输配电 • 家庭电力消耗 • 非居住建筑能耗 • 6 个高耗能行业的能源消耗 • 公路运输中的燃油使用

注：表格内容根据上文相关内容整理

城镇化数据来源：United Nations et al.，2012

4.2 中外大都市区域低碳建设对比分析

大都市区域是城市化发展到较高级阶段时的一种城市地域形式，是以中心城市为核心的网络化城镇群。大都市区域对国家的社会、经济等方面的发展都起到较大的影响。东京大都市区 2000 年人口数量占到全国的 26.33%，而面积仅为 3.51%。我国长三角、珠三角、京津冀大都市区人口所占全国比例分别是 6.41%、4.06%、4.69%，GDP 所占全国比例分别是 16.81%、15.02%、8.49%，面积所占全国比例分别仅为 0.10%、0.44%、1.76%。由于大都市区域人口聚集程度高、经济活动密切的特点，其在发展过程中消耗的能源及对环境产生的影响也相应较大。因此，有必要从大都市区域的角度对比我国与国外在低碳建设的差异。同时，考虑到大都市区域在低碳建设方面更加需要从区域层面统一目标、相互合作、协调发展，这里主要从发展目标、行动措施、协调机制等三个方面进行对比。

4.2.1　中外大都市区域低碳发展目标对比

要对比不同大都市区域低碳发展目标，主要根据各大都市区域的行动计划中所提出的主要目标进行对比。

1. 芝加哥大都市区

2008 年 9 月，芝加哥出台了"芝加哥气候行动计划"（以下简称"行动计划"）来控制温室气体排放，其目标是在 1990 年 CO_2 排放量（3230 万 t）的基础上，到 2020 年削减 25%，达到 2420 万 t；到 2050 年削减 80%，达到 650 万 t。"行动计划"提出了一揽子行动目标，通过 5 项战略 35 种具体行动，计划将芝加哥彻底改造成一个绿色城市。

2. 大曼彻斯特地区

大曼彻斯特地区是英格兰北部重要的大城市区域，为了实行低碳发展，制定了《大曼彻斯特地区气候战略（2011～2020 年）》，该战略计划在具体的碳排放指标上，提出到 2020 年 CO_2 排放在 2005 年的基础上减少 30%～50%（AGMA，2011），同时，该战略对大曼彻斯特地区的不同城市提出了具体的减排目标（表4.8）。

3. 东京大都市区

2007 年 6 月，东京大都市区政府颁布了《东京气候变化战略——低碳东京十年计划的基本政策》，提出东京未来发展应当向低碳社会、低能耗社会转变，需要从大都市区域来减少温室气体排放。针对温室气体排放量，《东京气候变化战略——低碳东京十年计划的基本政策》提出到 2020 年温室气体排放量减少 2000 年排放量的 25%。

表 4.8　大曼彻斯特地区各个城市 CO_2 减排目标

地区	计划	状态和时间表	基准年	目标年	CO_2 减排目标
博尔顿 （Bolton）	碳管理计划； 适应战略 2011	2008 年公布，2011 年修订；3 年时间	2007 年 8 月	2013 年	到 2013 年减少 20%
柏莉 （Bury）	气候变化战略	之前为 10 年	—	—	—
曼彻斯特 （Manchester）	一个美好的未来	已发布；11 年时间	2005 年	2020 年	以 2005 年为基数减少 41% 的碳排放；人均碳 排放为 4.3～7.3t
奥尔德姆 （Oldham）	气候变化行动计划	草案阶段；5 年时间 （2010～2014 年）	2005 年	2014 年	以 2005 年为基数到 2014 年减少 15% 的碳 排放（2010～2014 年）
罗奇代尔 （Rochdale）	气候变化战略	草案阶段；3 年时间	—	—	—
索尔福德 （Salford）	气候变化战略 2010～ 2020	已公布；10 年时间	1990 年	2020 年	以 1990 年为基数，到 2011 年减少 12.5% 的 碳排放，到 2020 年减 少 34% 的碳排放
斯托克波特 （Stockport）	地方战略合作 伙伴气候变化 战略 2010～2020	草案阶段；10 年时间	1990 年	2020 年	以 1990 年为基数，到 2020 年减少 40% 的碳 排放
泰晤士 （Tameside）	低碳泰晤士 2010～ 2020	已公布；10 年时间	2008 年	2020 年	以 2008 年为基数，到 2020 年减少 18% 的碳排 放；等同于以 2005 年为 基数，到 2012 年人均减 少 11.92% 的碳排放
			2005 年	2012 年	
特拉福德 （Trafford）	可持续的特拉福德 草案 2010～2020	草案阶段；10 年时间	—	—	—
维冈 （Wigan）	气候变化战略和 行动计划	最终草案；10 年时间	1990 年	2020 年/ 2050 年	以 1990 年为基数，到 2020 年减排 34%；到 2050 年减排 80%
			2005 年	2020 年	以 2005 年为基数，到 2020 年减排 13%

资料来源：AGMA，2011

4. 京津冀地区

2013 年 9 月 17 日，环境保护部及其他五部委联合下发《京津冀及周边地区落实大气污染防治行动计划实施细则》（下称《实施细则》），从区域层面防控大气污染情况。《实施细则》发布的目的主要是防治大气污染，控制的具体物质为 PM2.5，因此，并未有针对碳排放的一些控制指标。但是，由于京津冀及周边地区大气污染与产业发展、能源结构、交通模式等多方面都有紧密联系，而碳排放同样与这些方面有关，因此，《实施细则》中的一些区域协调机制同样对京津冀地区低碳发展有一定指导作用（表 4.9）。

表 4.9　《京津冀及周边地区落实大气污染防治行动计划实施细则》中与减少碳排放的相关目标

行动方面	相关目标
污染物区域协同减排	• 京津冀及周边地区全面淘汰燃煤小锅炉 • 区大幅度削减 SO_2、氮氧化物、烟粉尘、挥发性有机物排放总量，到 2017 年年底，钢铁、水泥、化工、石化、有色等行业完成清洁生产审核，推进企业清洁生产技术改造
机动车尾气减排	• 倡导公共交通、绿色交通、自行车和步行 • 优化京津冀及周边地区城际综合交通体系，推进区域性公路网、铁路网建设 • 区域内城市分阶段、分批次实现机动车燃油品质提升 • 区域内城市分阶段、分批次实施机动车排放标准 • 北京、天津、石家庄、太原、济南等城市每年新增或更新的公交车中新能源和清洁燃料车的比例达到 60% 左右
产业结构调整	• 明确区域内主要城市不得审批和限制审批的产业项目 • 明确规定北京市、天津市、河北省、山西省、内蒙古、山东省淘汰的落后产能总量
能源利用清洁化	• 明确规定北京市、天津市、河北省、山东省削减煤炭消费总量 • 明确规定京津唐电网和山东电网的可再生能源电力所占比例分别为 15% 和 10%；规定北京市煤炭占能源消费比重下降到 10% 以下，电力、天然气等优质能源占比提高到 90% 以上 • 到 2017 年年底，北京市、天津市、河北省和山东省现有炼化企业的燃煤设施，全部改用天然气或由周边电厂供气供电 • 推进煤炭清洁利用，到 2017 年年底，北京市、天津市和河北省洁净煤使用率达到 90% 以上

资料来源：中华人民共和国环境保护部，2013

5. 长三角地区

长三角地区目前还未制定针对碳排放及气候变化的行动计划，涉及区域层面的规划主要是 2010 年 6 月国家发改委颁布的《长江三角洲地区区域规划》，其中，与碳排放较为相关的内容是从区域生态环境保护方面推进区域大气污染防治。涉及碳排放的相关内容包括通过"西气东输"、"西电东送"来推进能源结构调整，实行煤炭使用总量控制，改善区域大气环境质量。由于规划中并没有低碳发展的内容，因此，对 CO_2 减排总量上也没有明确具体数值，只是针对 SO_2 排放量提出要求，即到 2015 年，SO_2 排放量削减 8% 。

6. 珠三角地区

我国珠三角区域层面的相关规划、行动计划等主要以《珠江三角洲地区改革发展规划纲要（2008~2020 年）》（下称《纲要》）和"广东省珠江三角洲清洁空气行动计划"（下称"行动计划"）为主。《纲要》主要是以珠三角区域经济发展为核心，在区域低碳发展方面并未制定相关内容，而是在资源节约和环境保护方面提出一定区域协调的要求，包括循环经济、污染防治、生态环境等方面。"行动计划"是我国首个区域性清洁空气行动计划，期限是 2010~2020 年，提出"一年打好基础，三年初见成效，十年明显改善"区域空气污染治理目标。

4.2.2　中外大都市区域低碳行动措施对比

1. 芝加哥大都市区

"芝加哥气候行动计划"中提出五个方面的行动措施，包括节能建筑、清洁和可再生能源、改善交通条件、减少废弃物和工业污染、适应性等，具体如表 4.10 所示。

表 4.10　"芝加哥气候行动计划"中五个方面的行动措施

行动方面	目标	主要措施
节能建筑	在建筑方面减少能源使用	• 改造商业和工业建筑 • 改造居住建筑 • 进行家电贸易 • 节约水资源 • 提升城市能源规则 • 建立新的装修指导准则 • 通过树木和绿色屋顶降温 • 采取简单的步骤

行动方面	目标	主要措施
清洁和可再生能源	转为使用更加清洁和可再生能源	• 改进发电站 • 提高发电效率 • 建立可再生发电系统 • 增加分布式发电 • 促进家庭可再生能源的使用
改善交通条件	使用多样的交通模式并使用清洁能源汽车	• 提高公交方面的投资 • 扩展公交激励机制 • 促进公交导向开发 • 促使步行和自行车更加便捷 • 共同使用汽车和拼车 • 提高车流效率 • 建立更高的燃油效率标准 • 使用清洁能源 • 支持建设城际铁路 • 改善货运
减少废弃物和工业污染	阻止和减少排放污染、再使用和循环利用废物	• 减排、再使用和循环利用 • 替换制冷剂 • 定点雨水收集
适应性	应对并减少气候变化的影响	• 热管理 • 寻求更有创新性的降温方式 • 保护空气质量 • 雨水管理 • 实施绿色城市设计 • 保护我们的植被和树木 • 公众参与 • 企业参与 • 制订未来计划

资料来源：City of Chicago，2008

　　除此之外，芝加哥在碳排放交易方面也有较为系统、完整的机制。美国的芝加哥气候交易所（Chicago Climate Exchange，CCX）在 2003 年开始运行，是世界上第一个以温室气体减排为目标和贸易内容的市场平台，也是独立于政府机构以外的民间平台，其建立的碳排放权交易体系是自愿参与但具有法律约束力的体系。根据芝加哥气候交易所推出的一期计划，所有的会员企业必须在 2006 年 12 月前把减排量在 1998~2001 年的基础上下降 4%，二期计划持续到 2010 年，企业的目标是在 1998~2001 年的基础上减排 6%，如果在限期内达不到目标就必须付费购买排放权。

芝加哥气候交易所进行的是碳排放权的现货交易，为了实现全面的碳交易形式，2005 年，芝加哥气候交易所成立了芝加哥气候期货交易所（CCFE），从事碳排放权的衍生品交易（表 4.11）。

表 4.11 美国碳排放交易所概况

交易所	业务
芝加哥气候交易所，2003 年启动交易，是全球首个自愿的温室气体减排交易系统，也是北美唯一的一个，涉及的抵消排放项目遍布全球各地	提供温室气体排放权现货交易（CFI 合同），2007 年交易量超过 2290 万 tCO_2，以当年价格，1.9~2.1 美元/tCO_2 计算，交易额在 4350 万~4810 万美元之间
芝加哥气候期货交易所，2005 年由芝加哥气候交易所创建，属于芝加哥气候交易所所有	提供温室气体排放权期货、期权合约，共有 8 种期货合同、2 种期权合同交易
纽约商品期货交易所（NYMEX）	2007 年推出温室气体排放权期货产品

资料来源：张小芸、陈晖，2010

2. 大曼彻斯特地区

在行动措施方面，大曼彻斯特地区主要通过建筑、能源分布和发电、交通、绿色空间和水系、可持续消费等五方面来实现 CO_2 减排，具体如表 4.12 所示。可以看出，在不同层面的主要措施，除了基本的技术措施之外，还通过经济促进、风险评估、社会意识形成等来努力实现制定的目标。

表 4.12 大曼彻斯特地区 CO_2 减排的主要措施

目标层面	主要措施
建筑	• 减少建筑碳排放 • 改造街道、公共空间、开放空间等以适应气候变化，增加防暑降温的空间需求及防范洪水、干旱的风险 • 不同的合作者之间形成低碳建筑的规模和需求，形成固定的产业链并促进地方经济发展 • 培养居民的低碳意识，雇佣了解建筑中能源使用的员工
能源分布和发电	• 通过热冷交换网络开发和可再生能源发电来减少碳排放 • 建立能源基础设施市场 • 评估和应对与气候变化适应相关的能源安全和供给 • 通过系统和工具的开发积极管理能源使用，包括智能电网、智能计量和合同创新

目标层面	主要措施
交通	• 通过提高使用公共交通、步行、自行车和电动汽车的比例来减少交通方面的碳排放 • 在电动汽车和公交领域促进经济活跃性 • 评估和应对与气候变化适应相关的交通持续性风险 • 通过小汽车和自行车、积极的出行规划及模式转变来促进文化意识的改变
绿色空间和水系	• 通过开发地方绿色空间的降温、燃料供给和食品生产能力来减少碳排放 • 通过实现绿色空间的财政效益来促进经济发展 • 增加绿地和水系的环境容量来提高城市中心区和居民区的相应力
可持续消费	• 通过减少废物和"封闭环"循环战略来减少碳排放 • 增加对低碳物品和服务的供给和需求 • 增加当地商品和服务的供给，体现对食品和能源安全低风险可能带来的好处 • 提高消费和选择服务的意识，以便考虑地方环境效益

资料来源：AGMA，2011

3. 东京大都市区

《东京气候变化战略——低碳东京十年计划的基本政策》中提出减缓气候变化的五大举措和行动措施，包括私人企业减排、家庭减排、城市开发减排、机动交通减排、减排机制等（表4.13）。可以看出，东京大都市区的减排行动并未只提出能源使用方面的内容，而是根据不同经济活动主体（私人企业和家庭）层面提出能源使用措施，尤其在工业领域的节能措施上，主要是结合私人企业减排措施推进实施。除此之外，分别在城市开发减排和交通减排方面提出建筑节能措施、交通节能措施，其中，在交通减排方面突出不同交通模式的换乘以减少交通出行和碳排放。另外，东京也开展了"碳限额贸易计划"，其主要针对大排放级别的工商业机构，通过市场机制来调节区域碳排放。

表4.13　东京大都市区减缓气候变化的五大举措和行动措施

行动方面	五大举措	主要措施
私人企业减排	促进私人企业在 CO_2 减排方面的作用	• 向 CO_2 排放的商业机构提供排放上限和交易系统 • 通过引入环境抵押债券项目来促进小型企业开展节能方式 • 呼吁金融机构扩大环保投资和贷款方案，并披露投资的相关信息 • 通过促进绿色电力采购计划实现可再生能源的广泛使用 • 在烟雾、烟尘和空气污染管制措施等方面进行协作配合

行动方面	五大举措	主要措施
家庭减排	减少家庭的 CO_2 排放——通过低碳生活方式减少光和燃料的消耗	• 发起家庭"消除白炽灯运动" • 建造使用自然光、保温和自然通风的舒适房屋——建设太阳能光热市场 • 提高房屋节能效果 • 促进可再生能源和节能设备的应用，如光伏发电系统和高效水热系统
城市开发减排	在城市开发方面规定 CO_2 减排条例	• 形成世界最高等级的建筑节能标准，在东京大都市政府应用 • 需要大型新建筑来体现节能绩效 • 为大型新建筑提供节能绩效认证 • 在固定区域促进能源有效利用和可再生能源的使用
机动交通减排	加快机动车交通减排 CO_2 的效果	• 制定省油汽车的使用条例，以此来促进混合动力汽车的广泛使用 • 鼓励引进绿色汽车燃料来促进 CO_2 减排 • 创建一个支持自愿活动的机制，如生态驱动运动 • 通过利用世界最精良的公交设施来应对交通出行
减排机制	创建东京大都市区政府的机制来支撑不同领域的行动	• 引介碳排放交易系统 • 创建相关项目来鼓励和支持小型企业和家庭节能 • 针对减税和税收条款展开研究，引进东京大都市区节能减排优惠措施

资料来源：Tokyo Metropolitan Government，2010

4. 京津冀地区

《京津冀及周边地区落实大气污染防治行动计划实施细则》（下称《实施细则》）中，针对京津冀及周边地区的产业发展、能源结构、交通模式等多方面都做出明确规定。虽然《实施细则》是针对大气污染防治的，但涉及行动计划与碳排放也有紧密关系，因此，《实施细则》中的一些区域协调机制同样对京津冀地区低碳发展有一定指导作用（表4.14）。

表 4.14　《京津冀及周边地区落实大气污染防治行动计划实施细则》中相关减碳措施

行动方面	主要措施
污染物区域协同减排	• 全面淘汰燃煤小锅炉 • 加快重点行业污染治理

行动方面	主要措施
机动车尾气排放	• 倡导公共交通、绿色交通、自行车和步行，控制城市机动车保有量 • 优化京津冀及周边地区城际综合交通体系，推进区域性公路网、铁路网建设 • 提升机动车燃油品质、淘汰黄标车，推广新能源汽车
产业结构调整	• 严格控制产业和环境准入 • 加快淘汰落后产能
能源利用清洁化	• 实行煤炭消费总量控制 • 实施清洁能源替代 • 全面推进煤炭清洁利用 • 推动高效清洁化供热

资料来源：中华人民共和国环境保护部，2013

5. 长三角地区

长三角地区目前未从大都市地区层面提出碳减排或应对气候变化的相关行动计划和政策。从相关规划的内容来看，涉及区域碳减排方面的措施主要是《长江三角洲地区区域规划》中"资源利用与生态环境保护"章节提出的措施，主要包括生态功能区和生态要素保护、能源结构调整、废物管理与利用、区域生态网架构建和生态补偿机制等。

另外，2013 年 4 月在合肥召开"长三角城市经济协调会第 13 次市长联席会议"，发布了《长三角城市环境保护（合肥）宣言》，明确长三角成员城市将从构建区域环境保护体系、推进区域环境质量改善、提高区域环保科技交流水平、创新多主体参与的环境保护模式、促进区域生态文明建设等五方面开展区域环境保护。

6. 珠三角地区

珠三角地区涉及碳减排方面的措施主要是《珠江三角洲地区改革发展规划纲要（2008~2020 年）》中"加强资源节约和环境保护"的内容及"广东省珠江三角洲清洁空气行动计划"的相关内容。其中，涉及能源结构调整、清洁生产、节能降耗、机动车管控、排污控制、生态敏感区保护、森林及绿色空间建设等方面。

4.2.3　中外大都市区域协调机制对比

1. 芝加哥大都市区协调机制

芝加哥大都市区主要通过建立区域协调机构、确定 CO_2 减排量、区域碳交易等三个方面来构建区域协调机制。

芝加哥大都市区早在 1997 年 12 月就已经有了多位市长的联合会议，最早是针对芝加哥大都市区经济发展而召开的会议。芝加哥市希望联合六个城市地区（包括 Cook、Will、DuPage、Kane、McHenry 和 Lake 等六个城市）的市长加入大都市市长决策委员会，目前该市长决策委员会已经包括 275 位以上市长。在芝加哥市长的领导下，大都市市长决策委员会协调市长们为未来一代保护区域资源、气候和经济活力而努力。

芝加哥气候专项组研究整个大都市区的温室气体排放总量，研究团队针对每项措施计算出各个城市的减排量。芝加哥政府则通过芝加哥大都市区规划机构、大都市区市长决策委员会、大都市规划委员会和《芝加哥大都市区规划（2020）》将各个城市碳减排量落实到规划及相关政策中，从而通过大都市地区内城市的协调来实现区域整体目标。

同时，芝加哥大都市地区还通过"碳排放交易"来协调区域内碳排放配额。芝加哥是芝加哥气候交易所的创始成员，芝加哥每年实现了对温室气体约束的承诺，并鼓励其他城市达成承诺。

2. 大曼彻斯特地区区域协调机制

在《大曼彻斯特地区气候战略（2011 ~ 2020 年）》中，政府意识到了气候变化及 CO_2 减排并非是固定行政边界内的事情，需要区域内不同空间尺度的合作，包括个人、组织、社区、城市及国家。为了建立一个大曼彻斯特地区的区域协调机制，《大曼彻斯特地区气候战略（2011 ~ 2020 年）》从不同空间尺度的协作、碳排放测量方法、统筹商务和组织网络、认识气候变化对健康的影响、提高技能并确保投资、空间战略方面应对气候变化的行动等六方面构建区域协调机制（表 4.15）。

表 4.15　大曼彻斯特地区不同地区和社会群体协调的主要措施

协调方面	主要措施
不同空间尺度的协作	• 将该战略发展为统筹不同空间主体，激励并支持街区、企业组织、居住区和家庭，促使他们积极行动，为整个大曼彻斯特地区做出贡献 • 将该战略与国家和国际气候变化目标相结合，并与国家政府协作，以便能够促进国家层面的行动与该战略的协调
碳排放测量方法	• 采取一种测量和报告碳排放的通用方法，作为一致和熟练的方法来监测大曼彻斯特地区 • 针对碳排放及过程形成明确的报告，以便企业、居民和访问者能够便捷的获得我们针对气候变化采取行动的信息 • 设计优先路径来实现 2020 年和 2050 年的减排目标，以此来反映出我们的发展重点，并自愿地实施碳预算和减排目标
统筹商务和组织网络	• 通过企业合作的方式建立企业支持网络，促进企业发挥他们的潜能，包括实现低碳经济、为企业提供信息、专业知识和操作技能，以便企业适应气候变化并降低风险，通过提高资源效率来促进经济增长与碳排放脱钩 • 激励并支持公司提供低碳货物和服务，支撑一个碳排放约束下的社会、经济和环境的发展
认识气候变化对健康的影响	• 将气候变化对健康和福祉的影响降到最小，优先考虑那些最贫困街区的需求 • 在街区规划中整合低碳项目，提升街区居民的低碳意识，鼓励参与并支持地方行动，从而提高居民参与并实现可持续的社会组织
提高技能并确保投资	• 将大曼彻斯特成为可持续的低碳城市这一愿景整合到投资和技能发展战略中，通过企业和创新应对由气候变化带来的机遇与挑战 • 加强并支持供应链来减少环境风险，同时促进低碳产品及服务的供给
空间战略方面应对气候变化的行动	• 在跨边界的框架下拓展并应用我们对气候变化所带来的挑战和机遇的了解，在大曼彻斯特及周边地区进行空间和基础设施规划 • 在气候变化带来的挑战和我们的经济增长诉求之间，通过发展跨边界的框架来明确协同效益及机遇、决议和解决方案，以进行战略基础设施投资和传统文化和空间的投资 • 将大曼彻斯特地区作为一个大幅削减温室气体排放的地区，并确保经济增长，同时减少应对气候的脆弱性以及提供抗灾能力

资料来源：AGMA，2011

可以看出，大曼彻斯特地区更加注重不同空间尺度、不同社会群体之间的协调，并通过建立较为统一的方法体系来协调彼此，明确相关目标，不过，缺少一个统一的协调机构进行相关事务的统筹。在这种情况下，仅仅通过不同空间尺度下不同社会群体的自发行为并不能很好地达到区域整体目标。另外，大曼彻斯特地区对于碳交易并没有具体的实施措施，也没有建立区域碳交易机制。

3. 东京大都市区

东京大都市区政府认识到应对气候变化的措施必须要通过协调区域中不同的城市来开展。为了推进国家应对气候变化的措施，东京大都市区通过联合都市区内及其他区域的地方政府来采取行动，主要包括以下两方面：①与全国其他地方政府合作部署"绿色电力采购国家网络"；②由八个地方政府峰会发起的在东京大都市区减排倡议（2007 年 5 月 30 日）。八个地方政府峰会倡议扩大可再生能源的使用来建立一个低碳的城市，同时，八个地方政府针对可再生能源的使用讨论并达成减排意向，通过讨论相关政策来促进环境友好的电力采购，并在东京大都市区的私人企业及其他组织推广这些采购计划。

另外，随着《东京气候变化战略——低碳东京十年计划的基本政策》的实施，东京也开展了"碳限额贸易计划"，通过市场机制来协调不同地区大排放级别工商机构的碳排放。

可以看出，东京大都市区的区域协调机制主要从电力采购方面开展，即通过区域之间的电力采购来促进电力及可再生能源的使用，促进电力及可再生能源在区域间的流通。然而，针对区域的碳排放量指标、碳排放交易等并没有明确的协调机制。

4. 京津冀地区

由于碳排放的负面影响是通过气候变化和大气污染体现出来的，因此，我国大城市地区目前并没有建立区域层面的低碳发展协调机制，而主要是针对大气污染制定区域协调机制。

《京津冀及周边地区落实大气污染防治行动计划实施细则》（下称《实施细则》）是针对京津冀地区大气污染防治提出建立相关区域协作机制，主要内容是："由区域内各省（区、市）人民政府和国务院有关部门参加，研究协调解决区域内突出环境问题，并组织实施环评会商、联合执法、信息共享、预警应急等大气污染防治措施。通报区域大气污染防治工作进展，研究确定阶段性工作要求、工作重点与主要任务。"

可以看出，《实施细则》中虽然提出了建立区域协调机制，但并没有明确提出成立区域协调领导小组或者独立的区域协调管理机构，只是提出"各省（区、市）人民政府和国务院有关部门参与"。然而，由于大气污染防治涉及各地方经济和社会发展的主要层面，地方与地方之间、地方与中央之间存在多方面的博弈，如果不成立独立的区域协调管理机构，很难落实《实施细则》中一些具体目标。

5. 长三角地区

长三角地区已于1997年建立了长江三角洲城市经济协调会，目的是推动和加强长江三角洲地区经济联合与协作，促进长江三角洲地区的可持续发展。然而，针对碳排放、气候变化、大气污染等方面并未建立专门的联席会议或者协调机构。在2013年4月的长江三角洲城市经济协调会第十三次市长联席会议中，虽然发布了《长三角城市环境保护（合肥）宣言》，明确长三角成员城市将从五大方面共同参与区域环境保护，但并未制定更加具体的区域协调机制和实施措施。

另外，长三角地区区域发展遵照的规划主要是《长江三角洲地区区域规划》，其中，区域协调发展的内容更多是从各城市经济发展和产业发展等方面来进行地理空间上的区域协调，并没有针对区域低碳发展的协调机制。较为相关的内容是通过西气东输、西电东送来推进能源结构调整，实行煤炭使用总量控制，改善区域大气环境质量，并从区域生态环境保护方面推进区域大气污染防治，不过，同样缺少相关配套法规条例、具体措施的制定。

6. 珠三角地区

珠三角地区虽然没有针对低碳发展制定相关区域协调机制，但在受碳排放影响较大的大气污染防治方面，已经建立了较为全面的区域协调机制，包括成立区域协调机构、颁布相关法规条例、制订行动计划和规划、明确实施措施等方面。

广东省政府建立区域、大气污染联防联控领导机构，在全国率先建立了以分管副省长为第一召集人、珠三角地区各市政府主管市长和省直相关部门等27个单位有关负责人参加的大气污染防治联席会议制度，并制定了《珠三角区域大气污染防治联席会议议事规则》。

在颁布法规条例方面，主要包括《广东省珠江三角洲大气污染防治办法》和《广东省机动车排气污染防治条例》。在珠三角范围内形成统一的法规条例，实现区域联防联控（表4.16）。

表 4.16　珠三角针对大气污染制定的主要法规条例

法规条例	主要内容
广东省珠江三角洲大气污染防治办法	明确规定省人民政府建立区域大气污染防治联防联控监督协作机制，采取多种措施对区域内大气污染防治实施监督
广东省机动车排气污染防治条例	突出了环保达标车型目录、环保标志管理、排气检测、机动车限行、车用燃料质量等区域联防联控管理内容

资料来源：中国环境网，2011

在行动计划和规划方面，珠三角主要通过《珠江三角洲地区改革发展规划纲要（2008～2020 年)》和"广东省珠江三角洲清洁空气行动计划"从区域层面明确目标和任务、制定主要措施、促进区域统筹行动（表 4.17)。

表 4.17　珠三角针对大气污染的主要行动计划和规划

行动计划和规划	主要内容
广东省珠江三角洲清洁空气行动计划	全国首个区域性清洁空气行动计划。以 2010 年为起点，每 3 年为一个周期滚动实施，按照联防联控的思路，提出了区域大气环境质量目标和针对重点排放源的排放削减措施及效果评估机制，形成一整套区域大气污染防治政策措施体系
珠江三角洲地区改革发展规划纲要（2008～2020 年）	在资源节约和环境保护方面提出区域规划的要求，主要包括单位地区生产总值能耗、生态安全格局、人均公园绿地面积、生态公益林面积和自然保护区数量

资料来源：中国环境网，2011

在实施措施方面，珠三角主要通过环境准入、改善能源结构、多污染物联合减排、机动车污染控制、油气回收治理等五方面组织实施。

4.2.4　小结

1. 发展目标方面

对比多个大都市区在碳排放及气候变化、大气污染等方面的发展目标可以看出，国外大都市区主要以应对气候变化为核心，已经提出具体量化的碳减排目标。然而，我国的三大都市区都未针对碳排放或气候变化提出相应的行动计划和发展目标，而是提出大气污染防治的发展目标（表 4.18)。可以看出，国外大都市区已经在区域发展中开始关注气候变化带来的影响，而我国的大都市区现阶段更加关注对地区影响更加直接的大气污染，而对碳排放及气候变化关注较少。另外，从我国大都市区现阶段发展情况来看，范围内不同城市的经济、社会发展水平存在明显差异，各城市的发展诉求不同，很难从区域层面明确碳排放指标，并且更难落实到范围内的具体城市。

表 4.18　国内外大都市地区碳减排及相关行动计划及目标

大都市地区	行动计划	颁布时间	发展目标
芝加哥大都市区	芝加哥气候行动计划	2008 年 9 月	在 1990 年 CO_2 排放量（3230 万 t）的基础上，到 2020 年削减 25%，达到 2420 万 t；到 2050 年削减 80%，达到 650 万 t
大曼彻斯特地区	大曼彻斯特地区气候战略（2011~2020 年）	2011 年	到 2020 年碳排放在 2005 年的基础上减少 30%~50%。制定出大都市区内各个城市的减碳目标
东京大都市区	东京气候变化战略——低碳东京十年计划的基本政策	2007 年 6 月	到 2020 年温室气体排放量减少 2000 年排放量的 25%
京津冀地区	京津冀及周边地区落实大气污染防治行动计划实施细则	2013 年 9 月	目的主要防治大气污染，控制的具体物质为 PM2.5，并未有针对碳排放的一些控制指标。其中，与碳减排相关方面包括污染物区域协同减排、机动车尾气减排、产业结构调整、能源利用清洁化
长三角地区	长江三角洲地区区域规划	2010 年 6 月	从区域生态环境保护方面推进区域大气污染防治，通过能源结构调整，实行煤炭使用总量控制，改善区域大气环境质量。未涉及碳排放的内容，具体量化目标为：到 2015 年，SO_2 排放量削减 8%
珠三角地区	珠江三角洲地区改革发展规划纲要（2008~2020 年）	2008 年 12 月	到 2020 年单位地区生产总值能耗下降到 0.57t 标准煤；着力解决大气灰霾问题；到 2020 年，城市人均公园绿地面积达到 $15m^2$，建成生态公益林 90 万 hm^2，建成自然保护区 82 个
	广东省珠江三角洲清洁空气行动计划	2010 年 2 月	探索具有广东特色的区域大气污染防治新路子，构建世界先进的典型城市群大气复合污染综合防治体系，实现"一年打好基础，三年初见成效，十年明显改善"区域空气污染治理目标

2. 行动措施方面

对比国内外大都市地区碳减排的主要措施可以看出，国外大都市地区的主要措施涉及清洁和可再生能源利用、能源使用管理、建筑改造节能、公交主导的交通模式、废物循环利用等方面（表 4.19）。

表 4.19　国内外大都市地区碳减排及相关规划主要措施

大都市地区	行动计划	主要措施
芝加哥大都市区	芝加哥气候行动计划	• 通过建筑改造、节能家电、节约用水等减少商业、工业、居住建筑的能源消耗 • 促进清洁和可再生能源使用，提高发电效率 • 使用多样的交通模式并使用清洁能源汽车 • 阻止和减少排放污染、再使用和循环利用废物 • 从热交换管理、空气质量、雨水管理、绿色城市设计、植被保护、公众和企业参与等来应对并减少气候变化的影响 • 建立碳排放交易制度，包括排放权现货交易和期货、期权交易
大曼彻斯特地区	大曼彻斯特地区气候战略（2011~2020 年）	• 通过改造建筑及公共空间减少建筑碳排放、适应气候变化 • 建立能源基础设施市场，促进热冷交换网络和可再生能源的建设降低碳排放，并加强能源管理，提高能源使用效率 • 通过公交、电动车使用及交通模式转变来减少碳排放 • 开发绿色空间和水系来改善气候、提供燃料和食品供给、促进经济发展 • 提高废物循环利用，加强低碳物品和服务的供给，提高低碳消费和服务意识
东京大都市区	东京气候变化战略——低碳东京十年计划的基本政策	• 促进私人企业在 CO_2 减排方面的作用 • 减少家庭的 CO_2 排放，通过低碳生活方式减少光和燃料的消耗 • 在城市开发方面规定 CO_2 减排条例 • 加快机动车交通减排 CO_2 的效果 • 创建东京大都市区政府的机制来支撑不同领域的行动 • 东京碳限额贸易计划
京津冀地区	京津冀及周边地区落实大气污染防治行动计划实施细则	• 淘汰燃煤小锅炉、加强行业污染治理，促进区域协同减排 • 倡导公共交通、绿色出行，完善区域交通体系，提升燃油品质，推广新能源汽车 • 严格控制产业和环境准入，加快产业结构调整 • 实行煤炭消费总量控制，推进煤炭清洁利用和清洁能源使用

大都市地区	行动计划	主要措施
长三角地区	长江三角洲地区区域规划（资源利用与生态环境保护方面）	• 对重要生态功能保护区、区域生态走廊和其他生态地位重要的地区，实施限制性保护 • 大力推进能源结构调整，实行煤炭使用总量控制，淘汰小型火电机组，大力发展新能源，改善区域大气环境质量 • 建立健全固体废物全过程管理体系，提高固体废物处置能力 • 加强自然保护区、生态功能区、水源涵养区等保护与建设，实现自然生态空间的链接，构建区域生态网架，开展区域生态环境补偿机制试点
	长三角城市环境保护（合肥）宣言	• 共同构建区域环境保护体系 • 共同推进区域环境质量改善 • 共同提高区域环保科技交流水平 • 共同创新多主体参与的环境保护模式 • 共同促进区域生态文明建设
珠三角地区	珠江三角洲地区改革发展规划纲要（2008～2020年）（加强资源节约和环境保护方面）	• 推行清洁生产，加快工业、建筑、交通节能降耗技术改造，鼓励循环利用发电等 • 建立健全大气复合型污染监测和防治体系 • 保护重要与敏感生态功能区，加强珠江流域水源涵养林建设，加强城市网络化绿色开敞空间建设
	广东省珠江三角洲清洁空气行动计划	• 严格环境准入，有效控制新增大气污染物排放 • 大力改善能源结构，从源头削减大气污染物产生量 • 强化常规重点源污染减排，全力推进大气污染治理 • 以机动车污染控制为突破口，积极防治光化学烟雾污染 • 加强典型行业挥发性有机化合物排放控制，认真应对复合型大气污染

我国的大都市地区主要针对区域生态环境保护和大气污染防治提出主要措施，将生态环境保护和大气污染防治作为区域发展中主要落实的内容。因此，这些措施中主要涉及能源结构调整和利用、交通减排和交通模式转变、产业调整、生态要素保护与建设等（表4.19），而没有针对建筑使用方面碳减排的措施。由于 CO_2 排放与大气污染存在一定的关联性，因此，我国大都市地区针对大气污染防治提出的主要措施在实施过程中同样产生降低碳排放的效果，只是行动计划制定的视角有所不同。

当然，我国大都市地区目前主要以比较紧迫的、与国民健康密切相关的大气污染防治为对象制订行动计划，提出具体措施。但基于我国温室气体减排的目标，并对比国外大都市地区，我国应当进一步将大气污染防治与降低碳排放的目标相结合，制定区域更加长远的低碳发展的行动计划。这样才能够从"国家—区域—城市"逐层分解减排任务，完成我国承诺的减排目标。同时，大都市地区层面制定的相关措施必须得到有效落实，才能够提高行动计划及相关规划的实效性。

3. 区域协调机制方面

对比国内外多个大都市地区在低碳发展中的区域协调机制可以看出，国外和我国大都市地区在制定相关行动计划及政策的出发点不同（国外针对碳排放和气候变化，我国针对大气污染防治），当然，在区域协调机制方面对我国仍然有所借鉴。

国外大都市地区中，芝加哥大都市区的区域协调机制相对较为全面，包括以大都市区市长决策委员会为统领的区域协调机构、区域各城市碳减排目标、区域碳排放权交易制度等。大曼彻斯特地区虽然制定了多个方面的具体主要措施，但缺少统一协调机构，这对主要措施的实施存在一定影响。东京大都市区主要通过"区域绿色电力采购"制度协调区域电力分配。

我国大都市地区主要以京津冀地区、长三角地区、珠三角地区为代表。在对比中可以看出，京津冀地区在大气污染防治的区域协调机制上并没有明确提出成立区域协调领导小组或者独立的区域协调管理机构，并且未制定相关区域法规条例，区域协调存在一定困难。长三角地区并未针对大气污染、碳排放等专门设置相关协调机构，而是通过现有的长江三角洲城市经济协调会针对相关问题进行区域协调、达成共识。因此，长三角地区目前还未有针对大气污染或碳排放的具体行动计划及政策。珠三角地区的区域协调机制更加全面，包括以联席会议为核心的区域协调组织、制定相关法规条例、制订行动计划和规划、明确实施的主要措施等（表4.20）。

表 4.20　国内外大都市地区针对碳排放、大气污染等区域协调机制对比

大都市地区	区域协调机构 （联席会议）	区域各城市 相关目标	区域法规条例	其他
芝加哥 大都市区	大都市市长 决策委员会	确定各城市减碳目标	—	区域碳排放交易
大曼彻斯特地区	—	确定各城市减碳目标	—	多层面的协调措施
东京大都市区	—	—	绿色电力采购国家网络	碳限额贸易计划
京津冀地区	—	确定省（区、市）的 大气污染防治目标	—	—

大都市地区	区域协调机构（联席会议）	区域各城市相关目标	区域法规条例	其他
长三角地区	长江三角洲城市经济协调会	—	—	《长三角城市环境保护（合肥）宣言》
珠三角地区	珠三角区域大气污染防治联席会议	—	珠三角区域大气污染防治联席会议议事规则 广东省珠江三角洲大气污染防治办法 广东省机动车排气污染防治条例	建立深圳排放权交易所

4.3 中外典型低碳城市建设对比

4.3.1 特大城市的建设情况对比分析

1. 低碳建设水平比较

本节旨在通过比较不同城市的排放清单、排放结构，找出国内外不同城市间在碳排放方面的共性与差异，并对造成差异的原因进行探讨和定性的分析。研究发现，针对国家层面的对比分析并不完全适用于城市层面的碳排放水平对比，城市排放分析采用自下而上的方法，生产与消费视角相互补充，其因素更加多元化、灵活化。此外，在各城市的案例分析与比较中发现，国际大城市碳排放的主要来源是交通、电力等，而城市排放总量与结构则受到各城市不同的资源、产业结构、收入水平、消费习惯的影响。

其中，国内以上海、北京、天津、广州为代表的典型城市与国外特大城市相比，碳排放结构及影响因素会有所不同。

1）纽约

作为美国人口密度最高的城市，城市人口不断增加，年均增长率达14%，至2009年，城市人口数量近840万人。尽管城市人口数量不断上升，但整个城市范围的碳排放水平却不断下降。根据纽约市2010年公布的城市排放清单数据显示，纽约市城市排放水平呈不断下降趋势，从2005年的56.6百万 tCO_2 当量到2009年的

49.3 百万 tCO$_2$ 当量，整个城市碳排放水平下降了 12.9%，与 2008 年相比则下降了 4.2%（图 4.37）。

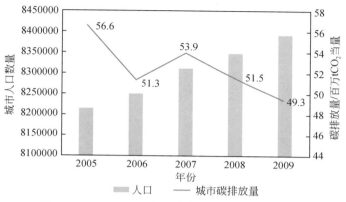

图 4.37　2005～2009 年纽约市城市碳排放量与人口
资料来源：孙宇飞，2011

从纽约市就业人数的行业分布来看，从事广义服务业的人员占 70% 以上，其中，金融业占 12%，专业服务业（信息、咨询、教育等）约占 53%，制造业仅为 2%。城市经济以现代服务业为主导，因此，其碳排放构成也会受此影响。

由此可知，纽约市在人口不断增长的情况下，城市碳排放下降，得益于其服务业为主导的产业结构，城市合理布局与公共交通系统高效利用。另一方面则来自于城市电力供应清洁化，即所使用电能的碳强度下降（图 4.38）。

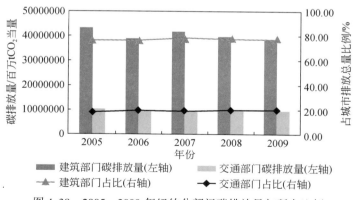

图 4.38　2005～2009 年纽约分部门碳排放量与所占比例
资料来源：孙宇飞，2011

2）伦敦

伦敦作为世界中心城市之一，很早就开始了低碳城市建设，其碳排放总量呈逐年下降趋势（图4.39）。

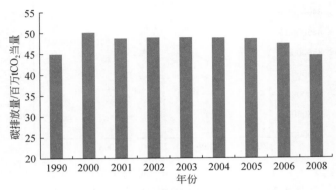

图4.39　1990～2008年伦敦市碳排放总量
资料来源：孙宇飞，2011

从总量来看（图4.39），伦敦市的碳排放总量在1990～2000年的11年间上升了10%还多，其后自2001年开始城市排放水平相对保持平稳，自2005年开始每年不断下降。2008年伦敦市的碳排放量仅为4400万 tCO_2 当量，而伦敦市计划到2025年将 CO_2 排放减少60%。

从排放结构来看（图4.40），伦敦的主要排放来源为工作场所和家庭，交通运输的比例相对较小。2006年，交通部门的碳排放量仅占整体排放的20%左右，且交通主要排放来源为路面交通（其中轿车等占交通排放量49%），这与伦敦发达的地铁网络有关。自2000年1月至2005年6月，公交系统的使用率提高了34%，日运送旅客达600万人次。伦敦作为世界重要的金融中心，其工作场所的碳排放是城市排放的主要来源。

3）东京

东京的城市温室气体账户分为工业、商业、居民、交通及其他等部分，提出到2020年将东京温室气体排放水平比2000年减少25%的减排目标。2001年，其来自各部门的 CO_2 排放量为57.6百万 tCO_2 当量，到2005年上升到61.8百万 $t CO_2$ 当量，增长了7.4%。其中值得注意的是，尽管 CO_2 排放量不断增长，但其他温室气体排放却不断下降，从2001年的3.4百万 tCO_2 当量下降到2.2百万 tCO_2 当量，温室气体排放总量增速相对保持平稳。尽管与欧美城市相比，东京的人均碳排放水平比纽约、伦敦等城市低20%～30%，在发达国家大城市中率先达到较好状态，但其

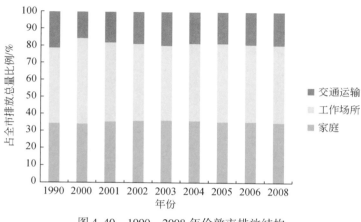

图 4.40 1990~2008 年伦敦市排放结构

资料来源：孙宇飞，2011

排放总量仍然显示出上升趋势（图 4.41）。

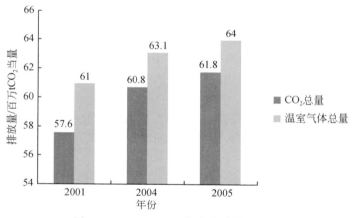

图 4.41 2001~2005 年东京碳排放总量

资料来源：孙宇飞，2011

从东京的排放结构来看（图 4.42），交通、商业和居民是其排放来源的主要部门。其中，交通部门的排放占比最高，三年都在总量的 30% 以上，且所占比例相对稳定在 30% 左右；而商业部门的排放增长最快，从 2001 年的 27.34% 上升到 2005 年的 36.46%；工业部门的碳排放占比不断下降，2001 年工业排放占比重 17.19%，到 2004 年后已经下降到 10% 以下。

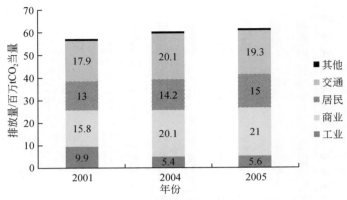

图 4.42   2001～2005 年东京碳排放结构

资料来源：孙宇飞，2011

为了减少城市污染，东京经过几十年的产业结构调整，其工业比重不断下降，第三产业所占比重相对提高，到 1996 年其第三产业比重已上升到 76.7%，占据了绝对主导地位。同时，工业中污染较为严重的钢铁、有色金属、化学、石油等原材料工业所占比例极低，因此，工业碳排放量比例持续下降。

交通方面，据调查东京的私家车数量在 1998 年就达到 308.1 万辆，占东京登记注册轿车总量 313.6 万辆的近 98%。在汽车不断走进家庭的过程中，东京也大力发展轨道交通，鼓励市民更多的使用能够运送大量乘客的公共交通出行，从而降低其人均排放。

综上所述，国外大城市碳排放主要集中在交通、商业和居民，工业排放在逐年下降，且碳排放总量并没有随着人口的增加而增加。

4）广州

以 1990～2009 年广州市能源消耗总量和其工业能源消耗总量的数据对期间广州市碳排放量进行估算，得到广州市碳排放总量和增长率。

由图 4.43 可以看出，1990～2009 年广州市的碳排放量和其工业碳排放量总体较大并且呈现逐年增长的趋势，由 1990 年的 631.7 万 t 剧烈增长到 2009 年的 3966.32 万 t，年均增长 166.73 万 t，年均增长率达 10.29%。

通过各部分碳排放量的比例图可以看出，1999～2009 年广州市三大产业及生活消费的碳排放总量不但表现出不同的变化趋势，而且产业之间的碳排放具有很大的差异性特征：工业化进程的加快推动了我国碳排放的快速增长，在广州市碳排放量比例中，以工业部门为主要构成的第二产业所占比重最大，并介于 54.36% 到 65.58% 之间，但总体上呈现不断下降趋势，而且第一产业、第三产业和生活消费在

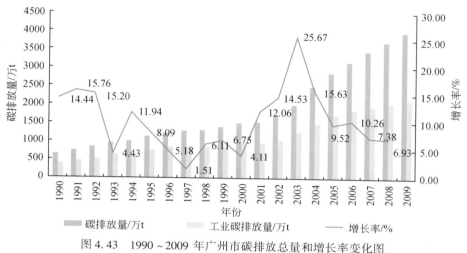

图 4.43　1990～2009 年广州市碳排放总量和增长率变化图

资料来源：杜志威等，2010

碳排放总量中所占比重分别为 1.38%、27.3%、9.89% 左右。第一产业的碳排放量趋向稳定，近十年来一直维持在 1.5% 左右的低位，这说明第一产业并不是影响广州市碳排放总量的主要因素。另外，第三产业的碳排放量增长迅速，从 1999 年的 23.23% 迅速增长至 2009 年的 33.4%（图 4.44）。

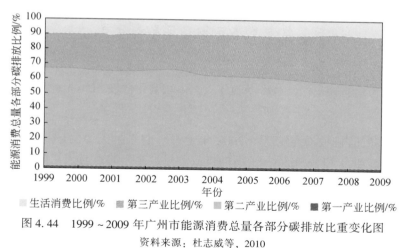

图 4.44　1999～2009 年广州市能源消费总量各部分碳排放比重变化图

资料来源：杜志威等，2010

5）上海、北京和天津

上海的碳排放水平最高，其次是北京，天津最少。但由于 GDP 中工业贡献率较高，使得天津的碳排放强度高于上海、北京两市。由于技术水平的不断提高和产业结构的调整，三大城市的碳排放强度在研究期间内都呈现不断下降趋势。与国际大城市不同，工业在我国三大城市产业结构中占比很大。工业部门排放在三城市的排放中占有相当比重，上海、北京的工业部门排放占比近十几年来呈下降趋势，而天津作为我国重要的重工业基地工业排放比重呈上升趋势。三大城市中居民消费碳排放的比重相对稳定在10%左右。

从图4.45可见，1995～2008年三城市排放整体呈现上升趋势，其年均增长率分别为：上海7%，北京5%，天津3%。其中，上海的上升趋势最强，北京自2007年趋势开始有所减缓。由于迎接2008奥运会的到来，北京采取的一系列减少空气污染的措施十分有效，使北京的总量得到了相对较好的控制。

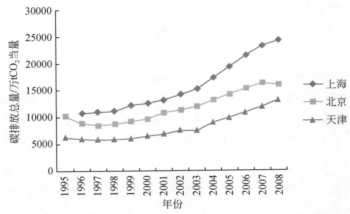

图4.45 1995～2008年上海、北京、天津城市碳排放总量

数据来源：《中国能源统计年鉴（1996～2009）》、《上海工业物资能源交通统计年鉴（1995～1999）》、《上海工业能源交通统计年鉴（2000～2009）》

从三个城市的排放总量来看，2008年上海、北京、天津的碳排放总量分别为2.39亿t、1.57亿t和1.3亿t，上海的排放总量最高，北京与天津的排放均低于上海。可以明显看出，碳排放总量的趋势以2003年分为两个阶段，2003年之前排放总量增长较为平缓，2003开始三个城市的排放水平都大幅上升，其中，上海较2003年水平升幅约为13%，北京为10%。1996～2008年期间，北京市碳排放总量的年均增幅最小（约4%），而上海、天津两地的碳排放总量增幅约为6%。

2008年，上海、北京、天津的人均碳排放分别为12.67t/人、9.28t/人和11.07t/人（图4.46）。与国际城市相比，天津的人均排放量与悉尼市相近，约为11t/人，而北京则相对较低，约为9t/人，与加拿大多伦多市、英国国家平均排放水平相近。而同为亚洲大城市的东京（5.11t/人）、香港（6.7t/人）和新加坡（9.5t/人）的人均碳排放则低得多，我国城市在降低人均碳排放方面还有很大空间。

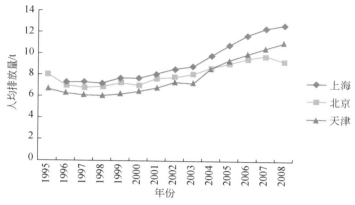

图 4.46　1995～2008 年北京、上海、天津城市人均排放量

数据来源：《中国能源统计年鉴（1996～2009）》、《上海工业物资能源交通统计年鉴（1995～1999）》、
《上海工业能源交通统计年鉴（2000～2009）》

　　上海、北京、天津三地人口规模均在千万以上，上海人口数量最多，2008 年达 1888.46 万人，其次是北京为 1695 万人，天津人口数量最少为 1176 万人。三城市研究期间内人口年平均增速为 1%～2%，三地人口数量均呈现上升趋势，由于城市人口增长推动了需求，造成能源消费及相应碳排放水平提高。

　　6）小结

　　我国大城市与国际大城市相比碳排放总量较高，自 1995 年以来呈现上升趋势，且这一趋势将在未来一段时间内继续。如上海、北京、天津，由于 GDP 中工业贡献率较高，天津的碳排放强度高于上海、北京两市，但由于技术水平的不断提高和产业结构的调整，三大城市的碳排放强度在研究期间内都呈现不断下降趋势。

　　与国际大城市不同，工业在我国大城市产业结构中占比很大。工业部门排放在城市的排放中占有相当比重，上海、北京的工业部门排放占比近十几年来呈下降趋势，而天津作为我国重要的重工业基地工业排放比重呈上升趋势。大城市中居民消费碳排放的比重相对稳定。

　　对于我国的大城市而言，居民收入水平的提高和消费结构变化对于城市碳排放总量有着一定的影响。一方面，人们收入水平的提高会带来各类需求的增加，需求的变化会直接或间接地导致城市碳排放水平的变化。直接影响主要体现在交通及居民住宅方面，人们会在住所中消耗更多的电力用于取暖和照明；同时也会通过购买汽车来提高生活品质，机动车数量的增加则会造成交通部门排放的增加。间接影响主要体现在对于各类消费品消费量的增加，随着收入水平的提高，消费结构也在不断升级，消费支出中用于购买食物等基本生活品以外的产品、服务的支出增加，于是间接造成了第二、第三产业部门排放水平的提高。

2. 发展模式比较

目前，国外低碳城市的发展模式可归纳为基底低碳、结构低碳、形态低碳、支撑低碳、行为低碳等五个方面，其具体实践手段涉及能源更新、产业转型、推行循环经济、构建紧凑城市、优化城市生态网络、发展绿色交通、推广低碳技术和鼓励节能行为等诸多内容。国外城市采取的综合型发展模式较多，以丹麦的哥本哈根为代表。哥本哈根的低碳发展涉及面较广，几乎涵盖上述发展模式所有层面，包括建设完备的风能发电体系、推广节能建筑、发展城市绿色交通、倡导垃圾回收利用、引导低碳生活。除此之外，其他国外案例城市均各有侧重，如纽约、伦敦、弗莱堡等城市将其低碳城市建设重点集中在能源、建筑和交通领域。

国内上海、厦门、杭州、武汉、杭州、无锡等城市提出了进行综合型低碳城市建设的目标，但现阶段均停留在宏观战略规划上，且国内案例城市的发展模式趋同现象突出：相当数量的城市遵循以保定为代表的、立足新能源和低碳产业发展的产业主导型模式和以中新天津生态城为代表的新区示范型模式（表4.21）。

表 4.21 国内外特大城市低碳建设发展模式对比

特大城市		发展模式
国外	纽约	节能减排模式：建筑节能改造；能源供应低碳化；推行绿色交通
	伦敦	计划减排模式：分别制定家庭、工作场所、运输三个部分的能源消费和 CO_2 排放量清单；改善现有及新建建筑节能体系；引进碳价格模式
	东京	"规则化"减排模式：调整能源结构；加速城市建筑节能及绿色交通建设；高效利用水资源
国内	上海	新区示范型模式：规划建设崇明岛东滩生态城和临港新城
	天津	产业主导型模式：以中新天津生态城为契机进行新区低碳生态城市建设
	深圳	产业主导型模式：强调综合型低碳城市建设，以光明新区为试点
	武汉	综合型低碳城市建设模式
	杭州	综合型低碳城市建设模式

资料来源：根据C40 Cities Climate Leadership Group—Best Practice（http：//www. c40cities. org/best practice）整理修改

综上所述，哥本哈根是国外综合型低碳城市建设的典型案例，除此之外的其他国外城市均已经根据其自身发展条件及其所在国家宏观层面的低碳战略规划探索出了行之有效的低碳发展模式——各有侧重地控制碳排放模式。

相比而言，国内还没有严格意义上遵循综合型低碳城市模式建设的案例，其发展模式以产业主导型和新区示范型居多。

3. 行动计划对比

纽约、东京、伦敦成功实行低碳建设的一个保障是行动计划的内容量化水平都非常高。

（1）纽约。在 2007 年的"纽约策划"中，建筑节能改造和能源供应低碳化（如提高可再生能源或者清洁能源的比重）等都是核心战略。到 2030 年，全市的温室气体排放量要在 2005 年的水平上减少 30%。通过一系列针对电力供应、建筑能耗和交通减排的计划，到 2011 年，全市的电力供应的温室气体排放量共减少了 700 多万 t。每平方米建筑的能源消费量也在减少，全市总温室气体总排放量比 2005 年下降 16.1%，超过了一半的规划目标，表明了"策划纽约"的措施开始生效。

（2）东京。2006 年，东京政府发布了"东京 CO_2 减排计划"，从商业碳减排、家庭碳减排和建筑物减排三个方面对减排目标做出了具体要求和强制性规定，并逐步细化到各个实施阶段，针对不同商业机构规定具体的如提高能源利用效率、降低能源使用量和减少车辆废气排放等减排措施。在推出的"东京绿色建筑计划"中，对建筑物引入了绿色标签（如绝热程度、能效情况、绿化面积、太阳能利用状况及使用寿命），用以改变东京的建筑物耗能过高的环境问题。

（3）伦敦。伦敦的低碳城市建设中，特别注重实现建筑物的节能减排，既包括民用住宅，也包括商用住宅的节能减排，力图通过建筑的节能减排为低碳化做出贡献。如"伦敦气候变化行动计划"中专门指出，存量住宅是伦敦最主要的碳排放部分（占全市碳排放的 40%），但只要有三分之二的家庭采用节能灯泡，每年能减少57.5 万 tCO_2 排放；如果所有炉具都转换为节能炉具，则能够再减少 62 万 tCO_2 排放。

（4）保定。保定市低碳城市建设一方面大力发展新能源产业，一方面大力发展新能源产业，推动新能源技术的创新与应用，保定正以建设"太阳能之城"为载体，努力做好低碳经济的"加减法"。另一方面积极开展节能减排，实施"蓝天行动"、"碧水计划"和"绿萌行动"。

（5）上海。上海确定三个区域为低碳示范区，分别是崇明、临港和虹桥商务区，将在三方面进行低碳实践，即低碳社区建设、低碳农业建设和低碳旅游建设。

（6）深圳。深圳的模式属于部、市携手共建低碳生态示范市，深圳市将在住房和城乡建设部指导下，进一步转变发展模式、推动产业结构转型升级。在规划建设低碳产业、公共交通、绿色建筑、资源利用等方面积极探索，先行先试。

（7）杭州。杭州将从以下六个方面进行低碳规划：低碳经济——瞄准新能源产业；低碳建筑——节能精品建筑的目标是打造"百年建筑"；低碳交通——从公交车、出租车到免费单车、水上巴士、地铁，打造"五位一体"的绿色环保的出行方式；低碳生活——让生活摆脱碳依赖；低碳环境——严格控制新建项目；低碳社会——包括"绿色学校"节能计划、打造"低碳社区"、推行"绿色办公"。

（8）沈阳。沈阳在国家及辽宁省的支持下，为期3年的"沈阳生态示范城"项目将从企业、工业园区和区域城市三个层面开展。示范企业将全面推进低碳技术的实际应用；工业园区将科学组织企业间排放物的循环利用；区域城市将进一步细化各种生活垃圾的分类处理，提高资源回收再利用水平。

由表4.22可以看出，国内城市低碳建设已然借鉴了国外发达国家的规划经验，将规划重点置于节能减排方面，其主要手段有三方面内容，即建筑节能、可再生清洁能源的开发利用及实现绿色交通。但几乎所有的行动计划（低碳战略）都没有一个具体的数值标准，很多也不存在可行性，这与特大城市庞大的人口基数和不稳定人流有一定关系，但更多的还是体现出国内并没有形成完整的低碳建设体系，没有完全理解国外发达城市低碳建设体系的运行原理。

表4.22　国内外特大城市低碳建设规划行动对比

特大城市		规划行动
国外	纽约	纽约规划2030气候变化专项规划——建筑节能、绿色交通、清洁能源
	东京	东京 CO_2 减排计划——着重调整一次能源结构
	伦敦	伦敦能源策略；市长气候变化行动——能源更新
国内	上海	低碳社区、低碳商业区、低碳产业区——建筑节能、能源更新
	深圳	低碳生态示范市——绿色建筑
	杭州	低碳产业、低碳城市——绿色交通
	沈阳	"生态示范城"——可再生清洁能源开发利用
	珠海	低碳经济区——绿色交通

资料来源：戴亦欣，2009

4. 技术应用对比

纽约、东京、伦敦等西方发达国家大城市都推出了低碳城市建设计划书，对城市在碳减排方面的目标做出了具体的规划，并从城市建筑、土地利用、能源使用及农业发展等方面规划出了发展低碳城市的路径。这些经验对于中国而言，具有重要的借鉴意义。如交通方面，推行快速交通，鼓励绿色出行；能源方面，加强可再生清洁能源的使用；建筑方面，减少商业、住宅等建筑碳排放，实行建筑节能等。近几年来，我国在进行低碳建设的探索过程中也应用到了相应的节能减排技术（表 4.23）。

表 4.23　国内外特大城市低碳建设技术应用对比

特大城市		技术应用
国外	纽约	制定节能政策；增加清洁能源的供应；推进更严格的建筑节能；推行 BRT（快速公交系统）；试行交通巅峰时段进入曼哈顿区车辆收费计划
	东京	着重强调一次能源结构；以商业、家庭碳减排为重点；提高建筑节能标准；引入能效标签制度提高家电产品的节能效率；推广低能汽车使用
	伦敦	发展热电冷联供系统；用小型可再生能源装置代替部分由国家电网供应的电力；改善现有建筑的能源效益；引进碳价格制度；向进入市中心的车辆征收费用
国内	上海	世博会低碳建筑、临海新港城太阳能光伏发电示范项目、崇明生态岛的碳中和规划区域、绿色变电站；节能灯泡进家庭计划
	深圳	以"绿色建筑"为突破口，建立绿色建筑全寿命周期管理制度，加快低碳服务业的建设
	杭州	在国内率先启动了公共自行车交通系统，有 61 个服务点，2800 辆自行车，免费向市民和游客出租公共自行车，提倡低碳出行
	沈阳	可再生能源的使用、煤的清洁高效利用、油气资源和煤层气的勘探开发、CO_2 捕获与埋存等领域开发
	珠海	推动液化天然气（LING）公交车和出租车的使用

资料来源：根据 C40 Cities Climate Leadership Group- Best Practice（http：//www. c40cities. org/best practice）整理修改

由表 4.23 可以看出，我国在低碳案例实践过程中借鉴了国外发达国家从能源、建筑、交通三方面的技术应用经验。如杭州就借鉴了哥本哈根推广自行车出行的绿色交通计划；上海、保定等城市借鉴了伦敦等城市利用再生能源发电以提供照明等其他日常用电。总之，国内低碳建设已日趋正规化，但从具体执行结果来看，国内与国外还存在较大差距。无论从技术的全面应用还是技术最终实施的效果，都无法在国内全方位推行，已有的某些成果也仅出现在特定地区、特定条件之下。

5. 政策、措施对比

纽约、伦敦、东京的低碳政策制定较为明确。例如，2006 年东京市政府发布了"东京 CO_2 减排计划"；纽约市长彭博在 2007 年公布了"策划纽约"详情，并确定全球气候变化是纽约面临的一项重要挑战，目标是到 2030 年，在 2005 年水平的基础上减少 30% 的温室气体排放；伦敦市长肯·利文斯顿于 2007 年 2 月发表"今天行动，守护将来"，宣布到 2025 年将 CO_2 减排降至 1990 年的 60%；2009 年，丹麦的哥本哈根宣布到 2025 年成为世界上第一个碳中性城市，使 CO_2 排放降低为零。

国外发达国家低碳城市建设措施（即政策制定）为我国低碳建设的实施提供了经验借鉴。自 2008 年初，住房和城乡建设部与 WWF 在中国大陆以上海和保定两市为试点联合推出"低碳城市"以后，"低碳城市"迅速"蹿红"，成为中国大陆城市自"花园城市"、"人文城市"、"魅力城市"、"最具竞争力城市"等之后的最热目标，该目标将具有长期的特性，继而各城市相继制定了各项政策措施（表 4.24）。

表 4.24　国内外特大城市低碳建设主要政策、措施对比

特大城市		政策、措施
国外	纽约	纽约规划应对气候变化：能源、建筑、交通减排
	东京	"东京 CO_2 减排计划"、《东京气候变化对策方针》：推进企业、家庭、交通及城市建筑节能减碳；"东京绿色建筑计划"：对建筑物引入绿色标签
	伦敦	"伦敦气候变化行动计划"：制定存量住宅减排计划；"市长气候变化行动计划"：能源更新
国内	上海	"十一五"规划以来以" CO_2 和其他污染物协同控制，城市环境问题与全球环境问题协同解决"为导向的节能减排
	深圳	《可再生能源建筑应用管理办法》：确定 712 万 m^2 示范项目安装可再生能源应用装置；《绿色建筑管理办法》：建立绿色建筑全寿命周期管理制度
	杭州	《关于建设低碳城市的决定》：建设低碳经济、低碳建筑、低碳交通、低碳生活、低碳环境、低碳社会"六位一体"的低碳城市
	沈阳	2009 年 6 月 12 日，联合国环境规划署正式确定沈阳经济技术开发区和沈阳高新园区为"生态城"示范项目，此项目于 6 月起正式启动，沈阳市成为我国唯一的"生态示范城"

资料来源：陈建国，2011

综上所述，国外案例城市大都通过其政府机构出台相关法令或标准及设立基金等方式保障其低碳城市规划策略的实施。通过法律程序的介入，能够更好地促使行动条例的实施与应用。

相对于国外而言，自"低碳城市"提出以来，国内的一些城市新区案例虽然出台了相关政策措施，尝试建立兼具科学型、系统型和可操作性的评估体系来引导和保证该地区的低碳发展。但总体来看，国内大多数城市的低碳城市规划仍停留在宏观策略层面，相关保障措施缺乏，尤其是部分行动指标缺乏科学依据，导致"低碳"结果未能达到预期。

4.3.2　大城市的建设情况对比

1. 发展模式比较

国外多数案例城市均采用综合型低碳城市发展模式，并且大都制定了节能减排的量化目标，如斯德哥尔摩提出到 2050 年基于 1900 年的 CO_2 排放量降低 60% ~ 80%，成为零碳排放的城市。值得注意的是，外国案例城市大都在其提出建设低碳城市的目标之前就进入后工业社会，在能源更新和环境保护等方面早已走在世界前列，故在建设低碳城市上具备先天优势，其已经发展成熟的低碳模式可以很好地为我国低碳城市的建设提供范例。

由表 4.25 可以看出，国外大城市的低碳建设较为系统，全方位地分解了自身对于"低碳"的理解，并通过自身发展问题逐个制定了相应的指标或计划，可以简单总结为"问题导向型"发展模式。国内大部分城市的低碳建设模式都是基于以产业为主导进行低碳建设，并没有形成系统的低碳建设体系，没有严格按照综合型低碳建设模式发展，且国内案例城市的发展模式趋同现象突出：相当数量的城市遵循以保定为代表的立足新能源和低碳产业发展的"产业主导型"模式和以中新天津生态城为代表的"新区示范型"模式。

表 4.25　国内外大城市低碳建设发展模式对比

大城市		发展模式
国外	波特兰	法律执行节能减排模式：涉及建筑、能源、森林、土地利用、城市废弃物及食品管理等方面；绿色出行
	多伦多	利用节能低碳能源供给模式：太阳能发电；深层湖水制冷；垃圾填埋发电
	弗莱堡	示范区推进低碳城市建设模式：绿色交通；太阳能发电
	斯德哥尔摩	推行清洁能源供给模式：生物质能；绿色出行
	西雅图	推行绿色交通、绿色建筑模式——BRT；LEED 绿色建筑标准
国内	南昌	产业主导模式：半导体照明、光伏、服务外包三大产业
	长沙	产业主导模式：新能源汽车、太阳能等可再生资源利用
	德州	产业主导模式：太阳能装备制造业
	吉林	产业主导模式：探索中工业城市结构
	贵阳	综合型低碳城市建设模式：建立绿色交通、建筑；引导低碳生活方式

资料来源：根据 C40 Cities Climate Leadership Group-Best Practice（http：//www. c40cities. org/best practice）整理修改

2. 行动计划对比

由发达国家城市低碳建设典型案例可以看出，美国等西方国家的大城市在面对全球气候变化的情况下，都不约而同地推出了以应对气候变化的行动规划，这些规划自觉或者不自觉的都涵盖了低碳城市建设的内容。

如表 4.26 所示，与国外的部分城市针对气候变化制定的行动计划相比，我国大城市对于低碳建设制定的行动计划都是基于低碳经济建设进行的，即遵循了在上文提到的以产业主导模式为主的低碳建设，且我国低碳建设典型案例都是在小范围内进行的新区示范性低碳建设，只能作为低碳城市建设的标杆。

表 4.26 国内外大城市低碳建设行动计划对比

大城市		行动计划
国外	波特兰	气候行动计划——建筑、能源、交通、照明系统优化
	多伦多	气候变化：清洁能源和可持续能源行动计划——清洁能源、照明系统优化
	弗莱堡	气候保护理念——推行能源、交通低碳建设及太阳能发电
	斯德哥尔摩	斯德哥尔摩气候计划——关于气候和能源计划
	西雅图	西雅图气候行动计划——交通、建筑节能计划
国内	南昌	构建低碳生态产业体系
	长沙	规划建设低碳经济示范城市
	德州	着重发展太阳能装备制造业
	吉林	被列为低碳经济区案例研究试点城市
	贵阳	建立综合型低碳城市体系

资料来源：根据 C40 Cities Climate Leadership Group-Best Practice（http：//www.c40cities.org/best practice）整理修改

3. 技术应用对比

国外大城市在低碳城市的建设过程中总结其实际案例，具体到实践技术应用层面，可以总结为三方面的节能减排，即能源更新方面、交通减排方面及建筑节能方面。

从表 4.27 可以看出，在能源更新方面，多伦多建设太阳能发电站等基础设施项目。弗莱堡推行建筑太阳能发电并入电网；斯德哥尔摩大力推行城市机动车使用生物质能。

表 4.27 国内外大城市低碳建设技术应用对比

大城市		技术应用
国外	波特兰	从建筑与能源、土地利用和可移动性、消费与固体废物、城市森林、食品与农业、社区管理等方面设定不同的目标和行动计划；将节能减排作为一项法律推行；在市区建设供步行和自行车行驶的绿道；优化交通信号系统以降低汽车能耗；运用 LED 交通信号灯
	多伦多	设立专项基金建设太阳能发电站等基础设施项目；用深层湖水降低建筑室内温度取代传统空调制冷；LED 照明系统取代传统灯泡和霓虹光管；着力发展垃圾填埋气发电
	弗莱堡	发展策略集中在能源和交通上，推行城市建筑太阳能发电且并入电网，进行城市有轨电车和自行车专用道建设，其弗班区和里瑟菲尔德新区被视为低碳城市建设的样本，通过示范区的形式推进低碳城市建设
	斯德哥尔摩	大力推行城市机动车使用生物质能；城市车辆全部使用清洁能源；向进入市中心交通拥堵区的车辆征收费用；制定绿色建筑标准促进建筑节能；建设自行车专用道鼓励自行车出行
	西雅图	推广电动汽车使用；推广 BRT（快速公交系统）；建立更完善的公共交通系统；建立自行车专用道；建立紧凑的社区为步行提供可能性；规定所有新建的建筑面积大于 5000ft^2 的建筑必须符合绿色建筑标准 LEED 并设定相应奖励
国内	南昌	发展半导体照明、光伏、服务外包三大产业，力图将南昌打造成为世界级光伏产业基地
	长沙	重点促进新能源汽车、太阳能利用、可再生能源、节能型建筑、LED 等绿色产业发展
	德州	着重发展太阳能装备制造业和太阳能利用推广，打造"中国太阳谷"
	吉林	被列为低碳经济区案例研究试点城市，由中国社科院制定《吉林市低碳发展路线图》，探索中工业城市结构调整样本
	贵阳	建设城市低碳交通系统、绿色建筑体系；利用财政补贴推广居住建筑中节能灯使用，引导公众接受低碳生活方式和消费方式

资料来源：根据 C40 Cities Climate Leadership Group-Best Practice（http://www.c40cities.org/best practice）整理修改

在交通减排方面，弗莱堡、斯德哥尔摩、西雅图均着力推广使用清洁能源的汽车及 BRT 等环保交通方式；弗莱堡、斯德哥尔摩、波特兰均开展了自行车专用道建设；斯德哥尔摩实行对进入市中心交通拥堵区的车辆征收费用的制度。

在建筑节能方面，斯德哥尔摩、西雅图均通过制定或引入相关绿色建筑标准推进建筑节能；多伦多结合其湖泊资源抽取深层湖水减低建筑室内空气温度取代传统空调制冷。

国内大城市低碳建设虽然是基于低碳经济发展建设，但也涉及了低碳交通、建筑、能源的建设与更新。例如，长沙、德州推广太阳能发电；南昌、长沙、贵阳推广建筑节能灯的使用。但是，总体技术应用与执行效果都远远落后于发达国家。

4. 政策、措施对比

国外案例城市大都通过其政府机构出台相关法令或标准和设立基金等方式保障其低碳城市规划策略的实施（表4.28）。

表4.28 国外大城市低碳建设政策、措施对比

大城市		政策、措施
国外	伯克利	出台《居住建筑能源节约法令》，规定所有居住建筑在出售或转让时均需符合其节水节能标准
	多伦多	设立气候变化专项基金为低碳城市建设的大型项目提供财政援助
	弗莱堡	制定《低能耗住宅建设标准》
	斯德哥尔摩	市政府的所有政策过程包括预算、执行、报告和监测都会充分考虑环境和气候变化的因素
	西雅图	引入绿色建筑标准 LEED，并规定全市所有面积大于 $5000ft^2$ 的新建建筑均须符合该标准并设定相应奖励制度

资料来源：李超骕等，2011

国内的城市新区示范型案例，如唐山曹妃甸生态城和天津中新生态城出台了相关评估体系，尝试建立兼具科学型、系统型和可操作性的评估体系来引导和保证该地区的低碳发展，其中，中新生态城的评估体系有望成为城市新区低碳生态建设的国家标准。但总体来看，国内大多数城市的低碳城市规划依旧停留在宏观策略层面，相关保障措施缺乏。

4.3.3 中小城市的建设情况对比

1. 发展模式比较

就目前来看，国外发展低碳城市模式主要包括低碳城市规划的愿景分析、缓解和适应气候转变的空间规划战略、节能交通与建筑碳减排规划及政策制定。其中，小城市的发展模式主要以新能源利用及倡导低碳生活展开。以日本为例，早在 1979 年日本关东地区的"六都县市首脑会议"，随着时间推移成员不断增加，到 2010 年已经成为包括东京都、神奈川县、千叶县、埼玉县、横滨市、川崎市、相模原市、埼玉市等新的"九都县市首脑会议"，也被称为"首都圈峰会"。2007 年，各都县市共同开展"夏季生活方式"和"冬季生活方式"及"节能型家电普及"等推广活动，对促进普通民众参与节能环保发挥了积极的作用。

国内对于低碳城市的研究处于初期，而且主要集中在对大城市的研究上。但是，占城市绝对数量的小城市在碳的排放中也不可小视。因此，在小城市中进行低碳生产，发展低碳经济、低碳分配，推行低碳生活方式、消费理念，建立资源节约型、环境友好型、良性的可持续发展的能源生态体系框架，是当前小城镇建设亟待解决的问题（表 4.29）。

表 4.29 国内外中小城市低碳建设发展模式对比

中小城市		发展模式
国外	日本—丰田市	能源再利用模式：重视环保、积极利用可再生能源
	日本—日立市	科技低碳模式：智能工业城实验
	日本—川崎市	环境改造与产业发展相结合模式：将解决环境公害问题与产业发展规划结合
国内	江苏—如皋	产业主导型模式：遵循低碳与经济发展相结合，实现碳排放最小化
	四川—广元	能源、产业相结合发展模式：立足于当地的资源优势，调整能源、产业结构。涉及从低碳生产到低碳消费以及低碳的工作和生活方式，因地制宜，多重维度践行低碳模式
	四川—泸州	"三生一体、城乡融合"模式：生产、生态、生活三者融为一体，相互通融、相互支撑、相得益彰；城乡之间功能互补、文化共享、利益互惠

资料来源：根据徐缇等（2012）整理修改所得

综上所述，国外小城市在建设模式上都是一种特色式发展模式，即通过低碳理念来包装自身优势产业或想要开发的优势产业，确定独特的低碳发展模式以引导低碳的生活模式；国内小城市则是"较为系统的低碳模式"，力求多方位协作，促进低碳建设发展。

2. 行动计划对比

国外小城市低碳建设往往有侧重点，且根据自身发展条件制定出了相对当地行之有效的行动指导政策方针。

国内小城市低碳建设大多沿袭大城市的"低碳综合系统"进行方针制定，政策与行动计划相对完善，但缺乏能够解决小城市自身发展问题的关键点，很少提出一个专为小城市量身制定的行动计划，未来应在此方面进行加强（表4.30）。

表4.30　国内外中小城市低碳建设行动计划对比

中小城市		行动计划
国外	日本—丰田市	开发节能、智能交通城项目——新能源循环利用
	日本—日立市	建立节能减排体系——新能源循环利用
	日本—川崎市	走从重工业城市转型为以环保和节能技术为产业优势和城市品牌的绿色发展道路
国内	江苏—如皋	改善产业结构 优化能源结构 开发低碳建筑 推广低碳生活方式
	四川—广元	构建低碳产业体系 推广低碳建筑 推进节能小区示范点：翡翠城节能示范小区（已建成）
	四川—泸州	城市交通低碳化 推广使用清洁能源 建筑低碳化：针对建筑设计、施工、原料及装饰材料

资料来源：李超骐等，2011

3. 技术应用对比

国外中小城市以技术的实施性作为前提，逐步落实，最后达到一定量的积累，实现低碳。

国内中小城市注重低碳建设措施的战略性提出，即低碳建设目前还停留在战略提出阶段，还未形成一定的建设规模及建设成效（表4.31）。

表 4.31　国内外中小城市低碳建设技术应用对比

中小城市		技术应用
国外	日本—丰田市	在每个家庭安装太阳能装置 电动汽车可以把太阳能发电储存起来供天气不好时使用 电动汽车要求深夜充电，避开用电高峰，而在用电高峰、电力紧张时，电动汽车又可为空调、冰箱、电视、电脑等供电
	日本—日立市	在节能减排方面与丰田市有相似之处。不同的是，日立市把用太阳能发的电收集起来，在节能管理系统的管理基础上供工厂、电动汽车、观光游览车使用，以求最大限度节约能源，减少碳排放
	日本—川崎市	引入了废气排放总量限定，建成公害监视中心，通过发生源大气自动监视系统，对大气污染情况进行自动监测。经过多年努力，川崎市发展了大量先进的环保技术和环保相关产业，构成了智能城市和环保生态城市的发展基础
国内	江苏—如皋	改造传统产业，降低碳排放强度 • 发展低碳产业和低碳技术，以现有产业为基础，改造如皋市碳排放比重较大且碳排放水平较高的制造业行业低碳化改造 • 依托龙头企业，壮大船舶海工和汽车两大主导产业，提升特色产业的规模和水准，充分发挥对碳排放强度降低的贡献作用 • 在新兴产业方面，拟以国家新兴产业发展战略和江苏省新兴产业倍增计划为导向，加快推进新能源、智能电网、新能源汽车、新材料等四大战略新兴产业规模化发展 • 推动可再生能源利用，促进低碳能源供应 • 通过加快城市天然气利用、实施热电联产改造、积极推动可再生能源利用等综合措施优化如皋市能源供应整体结构，促进低碳化的能源供应 • 结合低碳建筑、低碳农业及光热产业发展，严格执行江苏省太阳能热水器安装规定，推广太阳能使用措施 • 提高农村清洁能源的利用程度
	四川—广元	对天然"碳汇"资源进行严格保护，并不断修复和培育新的"碳汇"资源
	四川—泸州	建立低碳金融体系——支持企业节能减排 • 成立相关的担保基金、担保机构，扩大政府引导资金的规模。以"严格标准，同等情况比周边城市优惠"的原则制定本市节能减排配套政策 • 将环保评估的审批文件作为授信的必备依据，严格控制对高耗能、高污染行业的信贷投入 • 充分利用本市商业银行、农村信用社等金融平台，在有效防范信贷风险的前提下，加大对节能环保企业和项目的信贷支持 融入国内外低碳金融体系 • 主动与国内外金融机构合作，探索在泸州开展碳汇交易、碳基金、碳证券、碳信托等业务，努力推动政策创新、机构创新、业务创新 • 主动融入发达城市的低碳金融体系，重点放在碳交易、引进先进低碳技术和战略投资者等方面

资料来源：李超骦等，2011

4. 政策、措施对比

国外中小城市政策服务与大城市政策执行相对同一的政策标准（内部具体细节可能不一致），力求体现政策的公平公正与可实施性；国内中小城市依旧缺乏相应法律保障，沿用不太成熟的指标体系把控、指导低碳城市建设（表4.32）。

表4.32　国内外中小城市低碳建设政策、措施对比

中小城市		政策、措施
国外	日本—丰田市	制定节能减排计划
	日本—日立市	制定节能减排计划
	日本—川崎市	川崎市政府发挥地方在环保对策上的自主性和创造性，制定和颁布了《川崎市公害防止条例》、《川崎市环境影响评估条例》等法规
国内	江苏—如皋	建立低碳城市的政绩考核制度 建立适合如皋市的低碳城市指标体系 加大低碳经济的财政投资：包括"低碳经济"基础设施的投资和针对企业节能减排技术改造和节能减排设备设施的生产建造 实施促进低碳技术创新的采购制度：在低碳新产品、新技术刚刚推向市场初期，采取政府"低碳"采购措施
	四川—广元	政府提出到2020年单位GDP碳排放比2005年下降40%～45%的目标
	四川—泸州	政府投入建设低碳社区

资料来源：李超骅等，2011

4.3.4　小结

研究结果表明，国外低碳城市实践要点主要集中在能源、建筑、交通三大领域，且注重综合型低碳城市建设，并大都根据其自身资源禀赋及其社会发展和城市化阶段制定了较为有效的低碳发展模式和策略；而国内城市虽也强调综合型低碳城市建设，但现阶段仍停留在宏观的低碳发展策略上，相当数量的案例城市在发展模式上属于新区示范型和产业主导型。在低碳城市建设保障方面，国外案例通过立法和引入专门标准、设立专项基金等手段来实现，而国内案例大都处于初步探索阶段因而较为缺乏。

西方国家的大部分城市在面对全球气候变化的情况下都不约而同地推出了以应对气候变化的行动规划，这些规划自觉或者不自觉地都涵盖了低碳城市建设的内容。虽然不同国家的不同城市在进行低碳城市建设的过程中设定的具体目标不尽相同，采取的模式也各有差异，具体措施更是千差万别，但不可否认的是它们也都体现了

"低碳建设理念"这一共同特征。

纽约、伦敦、东京等发达国家特大城市都制定了应对气候变化的行动计划，其中就涵盖了低碳城市的建设。如伦敦通过制定"伦敦气候变化行动计划"，实现了对家庭、企业、交通三方面的节能减排，基于 2000 年 CO_2 的排放量逐年有了显著下降；纽约实现了基于 2005 年较 2012 年 CO_2 排放量降低 30%；东京通过气候计划实现了对机动车碳排放的限制，并取得了显著成效。然而，国内特大城市所提出的行动计划在一定程度上弥补了自身城市建设带来的"不生态、不环保"等问题，但行动计划较难具体落实，尤其是数据方面，不易达到预期。

可以看出，无论是国内还是国外城市的低碳建设，起关键作用的一个手段便是将城市减排目标进行量化，并且严格遵守量化目标，只是国内人口基数大，导致实施难度增大。

另外，大部分国外城市都针对气候变化制定了与本国相符的气候行动计划，其涵盖了国外城市低碳建设体系，包括能源更新、推行绿色交通、建筑节能等方面的低碳城市建设策略并加以实施，并且逐步趋向综合型低碳城市建设发展。

相比较而言，国内低碳城市建设往往只是在小范围内发展低碳产业或建立低碳示范性社区，并没有实现整个城市的、全面系统的低碳建设。

4.4　中外低碳社区建设对比

4.4.1　建设模式

目前就低碳社区分布情况来看，其主要分布于欧美等经济发达国家地区；从低碳社区的类型看，大部分都是位于乡村或者城市郊区绿化地带等自然化程度较高的区域。而作为国外低碳社区的人口规模都比较小，大部分都在 300 人以下，且大多由社会志愿组织一起自发建设（表 4.33）。

表 4.33　国内外低碳社区发展模式对比

	低碳社区	发展模式
国外	太阳风社区（丹麦）	由市民自发讨论商议参与的社区规划模式
	弗莱堡—弗班区（德国）	可持续模式社区——注重用可持续社区理论来实践社区的建设
	贝丁顿零碳社区（英国）	自始至终坚持可持续发展及绿色建筑理念——在城市中创建一个可持续的生活环境

	低碳社区	发展模式
国内	唐山曹妃甸生态城	注重邻里社区的步行尺度、高效路网的平衡及城市在一定程度上的紧凑,并强化一些特殊地点(如城市节点和公共街道沿线)的高密度和土地混合使用程度
	天津中新生态城	以绿色交通为支撑构建紧凑型城市布局,并以生态廊道和生态社区作为城市基本构架
	北京长辛店低碳生态社区	构建人工湿地公园、科技园区、居住社区和地区公共服务中心,且用大型乔木作为景观填充以形成良好的低碳社区生态模式
	长沙太阳星城绿色低碳社区	"以绿色居住为导向的国际化大社区"——绿化用地占50%以上,以期建成一个真正的与自然环境友好和谐、最低碳排放、最适宜人居住的绿色低碳社区

资料来源:高银霞等,2010

　　丹麦 Beder 的低碳社区——太阳风社区是由居民自发组织起来建设的公共住宅社区,竣工于1980年,共有30户,该社区最大的低碳特征就是公共住宅的设计和可再生能源的利用。公共住宅是指为了节约空间、能源、资源而建立的共用健身房、办公区、车间、洗衣房和咖啡厅等私人住宅或公寓。

　　德国南部的弗莱堡是欧洲最具生态意识的小城,环保与绿化在德国排第一位,25万人口的地域享有"欧洲太阳能之都"及"欧洲环境之都"的美誉,其收集的太阳能几乎等于整个英国的太阳能源总额。

　　位于弗莱堡市郊的弗班区被誉为德国低碳社区的标杆。社区内60户别墅应用光电子板收集太阳能,其产生的电能远超出他们的用电需求,多余的电能被接收入公共电网,用于社区的公共基础设施用电,被称为"能量剩余家庭"。使用80%木屑及20%天然气高效热电联产再生能源装置提供弗班区的供暖系统通过好的隔热及有效的暖气供应大约可减少60%的CO_2排放。提倡生活不需有车的交通概念减少了35%的车辆,与此同时,社区提供各种替代的运输方式(如共乘、便利的大众运输等)。

4.4.2　规划设计

　　低碳社区建设逐步被国内外城市引入,希望借此进行低碳城市的试验,尽早进行全面推广,为此世界各地都进行了一系列低碳社区的规划设计(表4.34)。

表 4.34　国内外低碳社区规划设计对比

低碳社区		规划设计
国外	太阳风社区 （丹麦）	提供公共空间，促进交流与交往 注重社会性构建 社区绿地共享 人车分流，保障安全
	弗莱堡—弗班区 （德国）	加强宣传教育活动 引导居民参与社区节能建设 进行节能、减少交通、社会整合等综合治理活动
	贝丁顿零碳社区 （英国）	零能源消耗：就地取材 高品质：提供高品质的公寓 能源效率：建筑面南，使用三层玻璃及热绝缘装置 水效率：雨水大都回收再利用，并尽可能使用回收水 低冲击材料：材料来自 35 英里范围内的可再生及回收资源 废弃物回收：设有废弃物收集设施 共乘制及鼓励生态友善的运输：鼓励公共及清洁能源交通
国内	唐山曹妃甸 生态城	整合的土地规划与其他三方面的结合，即交通运输规划，绿化景观规划和水景规划，能源、废物和水资源的综合管理规划
	天津中新生态城	运用生态经济、生态人居、生态文化、和谐社区和科学管理的规划理念建设经济蓬勃、社会和谐、环境友好、资源节约的生态城市 提倡绿色健康的生活方式和消费模式，逐步形成有特色的生态文化 建设基础设施功能完善、管理机制健全的生态人居系统 注重与周边区域在自然环境、社会文化、经济及政策的协调，实现区域协调与融合
	北京长辛店 低碳生态社区	结合当地风向，注重建筑节能 使用可再生能源和清洁能源，提高能源的使用效率 提供便捷、舒适的公共交通和慢性交通出行条件，减少私人机动车的使用 倡导节约用水，以及提高对再生水和雨水的收集利用水平 营造良好的微气候环境
	长沙太阳星城 绿色低碳社区	运用大量天然植物进行"碳生产" 实现对采用新技术和新型设备的最大适应性和弹性，针对新型能源设备、设施投入实施有前瞻性的动态规划 选用低碳、可循环再生、本地出产的低碳建筑装饰材料和原材料，注重循环应用

注：1mi（英里）= 1.609km

资料来源：根据高银霞等（2010）整理所得

通过表 4.34 可以看出，国外生态社区建设除了注重常规性低碳建设外，还注重居民的低碳参与性，将居民囊括进整个低碳生态规划中，但技术层面指标没有国内全面；国内低碳社区建设更注重整体各项技术应用，通过各种技术手段提高整个低碳社区的技术指标和整体效果，未来应更多从居民角度出发，出台相应参与机制，更好推进低碳社区建设。

4.4.3　主要技术

国内外城市低碳社区建设中运用了大量技术手段来促进碳排放的减少（表 4.35）。

表 4.35　国内外低碳社区技术应用对比

低碳社区		技术应用
国外	太阳风社区(丹麦)	社区以太阳、风作为主要能源形式，强调尽量使用可再生能源，降低能耗和节约能源，采用主动式太阳能体系——区内约有 $600m^2$ 内盛液体的太阳能板，大部分设置在公共用屋上，其他设置在住宅上 公共用屋的地下有两个容量为 $75m^3$ 的聚热箱 公共用屋的屋顶呈 45°，是该地区收集太阳能的最佳角度。被加热的液体通过地下管道进入取热箱，然后热量再以热水和辐射热的形式通过地下管道进入居民住宅太阳能满足该地 30% 的能量需求 离基地 2km 左右的一个山坡上设置了 22m 高的风塔以获取风能，占该地区能量总消耗的 10% 左右 公共用屋地下室置有了固体废弃物（主要是木料）焚化炉，在室外温度低于 23℉时集中为居民供热 社区内菜园同时也加强了区内物质循环，增加自然景观的生产性，减少对外界资源的依赖，减少运输能耗
	弗莱堡—弗班区(德国)	社区内 60 户别墅应用光电子板收集太阳能，其产生的电能远超出他们的用电需求，多余的电能被接收入公共电网用于社区的公共基础设施用电，被称为"能量剩余家庭" 使用 80% 木屑及 20% 天然气高效热电联产再生能源装置提供弗班区的供暖系统 通过好的隔热及有效的暖气供应大约可减少 60% 的 CO_2 排放 提倡生活不需有车的交通概念，减少了 35% 的车辆 社区提供各种替代的运输方式如共乘、便利的大众运输等
	贝丁顿零碳社区(英国)	新能源：贝丁顿社区屋顶的风帽随着风向不断转动，源源不断地将新鲜空气输入每个房间，同时将室内空气排出，进来的空气被出去的空气加热，因此室内温度不会因为空气的流动而有所下降 资源：合理利用及重复利用资源，从生活的点滴中节约资源。贝丁顿社区每栋房子的地下都安装有大型蓄水池，雨水通过过滤管道流到蓄水池后储存起来。蓄水池与每家厕所相连，居民都是用储存的雨水冲洗马桶，冲洗后的废水经过生化处理后一部分用来灌溉生态村里的植物和草地，一部分重新流入蓄水池中，继续作为冲洗用水。由于利用了雨水，居民自来水的消耗量降低了 47%

低碳社区		技术应用
国内	唐山曹妃甸生态城	引入用地地块西侧河道景观资源构建良好的生态走廊
		应用河道生物净化群落保护技术，形成有效的生态保护界面
		根据炭氧平衡原理和绿量，选择本地植物适宜树种，比例大于80%；应用微气候模拟技术优化室外设计，降低区域热岛效益
		采用外围护结构保温技术
	天津中新生态城	选择在资源约束条件下建设生态城市
		以生态修复和保护为目标，建设自然环境与人工环境共熔共生的生态系统，实现人与自然的和谐共存
		以绿色交通为支撑的紧凑型城市布局
		以指标体系作为城市规划的依据，指导城市开发和建设的城市
		以生态谷（生态廊道）、生态细胞（生态社区）构成城市基本构架
		以城市直接饮用水为标志，在水质性缺水地区建立中水回用、雨水收集、水体修复为重点的生态循环水系统
		以可再生能源利用为标志，加强节能减排，发展循环经济，构建资源节约型、环境友好型社会
	北京长辛店低碳生态社区	顺从当地自然规律，合理规划住宅用地，最大限度的利用原地域环境
		将空间布局、道路系统与当地的季节风向结合，充分利用季节性的风能和太阳能资源
		在最大限度节约资源、利用低碳环保材料的同时，提供健康、绿色的生活和工作空间
		考虑了"邻里结构"，即以人的步行距离设置邻里单元的空间尺度，减少机动车使用率，居民不需要"动用"汽车就能够满足基本的购物、休闲要求。同时，生态社区里还有自己独立的公共交通工具，居民步行500m即可方便地乘坐
	长沙太阳星城绿色低碳社区	在建筑结构方面使用的材料外，在外装铺设、装饰用材方面，杜绝使用如陶瓷等高能耗类建材
		装饰设计上要求以再生速度快、生长期短的竹制品和速生林木制品作为装饰主材
		精心保留了社区内原生乔木和大片的原生楠竹林，作为未来社区的天然"碳库"和景观树
		以低能耗、低污染为基础的绿色出行，倡导在出行中尽量减少CO_2的排放

注：℉为华氏度单位符号，$F=\dfrac{9}{5}C+32$，F为华氏度，C为摄氏度

资料来源：高银霞等，2010

通过表4.35可以看出，国内外低碳社区建设技术侧重点各有不同。国外低碳社区建设技术层面大多依据某个实际性操作项目进行延展性拓展，形成"独特"的低碳社区技术体系；国内低碳建设技术层面更加完善，但缺乏国外独立社区的"特点"，未来应融合国外低碳社区技术体系，拓展自身技术体系，更好地建设具有"特色"的低碳社区。

4.4.4 小结

通过研究可知，低碳社区建设的关键在于节能减排，减少居住社区中建筑的能源消耗，提高资源使用效率。总体来看，居住社区的低碳措施主要有优化社区用地、加强节能建筑建设、合理开发新能源、培养节约习惯、充分利用资源、鼓励低碳出行、提高公众参与。

低碳社区的建设可提高城市可持续发展的能力，改善人们的生存环境，使人们在日常的生活工作中注重减少温室气体的排放。推行低碳理念，发展低碳经济，建设低碳社区及低碳城市，把低碳理念融入经济发展、城市建设和人民生活之中，有助于带动产业升级，提高资源利用，控制环境恶化，缓解生态压力，建设资源节约型、环境友好型社会，促进人与自然和谐发展。

参 考 文 献

阿部和彦 . 2001. 日本的产业结构升级与城市、地域结构的变化：超大城市化进程中中小城市面临的课题//国家发展计划委员会. 城市化：中国现代化的主旋律. 长沙：湖南人民出版社.

长三角城市经济协调会. 2013-04-14. 长三角城市环境保护（合肥）宣言 . http：// news. hf365. com/system/2013/04/22/013119226. shtml.

陈建国 . 2011. 低碳城市建设：国际经验借鉴和中国的政策选择. 能源应用，（2）：86~94.

陈志恒 . 2009. 日本构建低碳社会行动及其主要进展. 现代日本经济，（6）：1~5.

戴亦欣 . 2009. 低碳城市发展的概念沿革与测度初探. 现代城市研究，（11）：7~12.

杜志威，吕拉昌 . 2010. 广州碳排放与城市发展. 特区经济，（9）：51~52.

高银霞，王金亮，等 . 2010. 低碳社区建设浅谈. 环境与可持续发展，（3）：40~43.

广东省环境保护厅 . 2010-08-06. 广东省珠江三角洲清洁空气行动计划 . http：//www. gdep. gov. cn/ dqwrfz/dqgl/dqfgwj/201008/t20100806_ 80179. html.

国际金融报 . 2010-08-11. 国家发改委将在五省八市开展首批低碳试点 . http：//news. zgjrw. com/ News/2010811/jrb/502917465500. shtml.

简晓彬，刘丽，等 . 2011. 产业结构调整的碳排放效应分析——以徐州为例. 经济论坛，（2）：151~154.

李超骕，马振邦，等 . 2011. 中外低碳城市建设案例比较研究. 城市发展研究，（1）：31~35.

李平 . 2010. 低碳城市建设的国际经验借鉴. 商业时代，（35）：121~122.

联合早报 . 2009-12-28. 打造"低碳城市"新政，低碳杭州总动员 . http：//www. zaobao. com/ zhejiang/2009/12/zhejiang091228a. htm.

辽宁日报 . 2010-07-27. 沈阳成为我国唯一"生态示范城"助低碳经济发展 . http：// house. focus. cn/news/2010-07-26/997744. html.

林晶 . 2012. 美国能源政策法对中国能源立法的借鉴价值 . 暨南学报（哲学社会科学版），（7）：41～44.

林姚宇，吴佳明 . 2010. 低碳城市的国际实践解析 . 国际城市规划，（1）：121～124.

人民日报 . 2008-07-28. 日本低碳社会行动计划草案出炉 . 人民日报，11.

孙宇飞 . 2011. 城市低碳排放清单及其相关因素分析 . 上海：复旦大学硕士学位论文 .

谢守红 . 2003. 大都市区的概念及其对我国城市发展的启示 . 上海城市规划，（12）：7～10.

邢铭 . 2011. 大都市区同城化发展研究 . 长春：东北师范大学博士学位论文 .

徐缇，蒋松恺，等 . 2012. 探索中小城市建设低碳城市的有效途径——以江苏省如皋市为例 . 污染防治技术，（3）：11～13.

原新，唐晓平 . 2008. 都市圈化：日本经验的借鉴和中国三大都市圈的发展 . 求是学刊，（2）：64～69.

张小芸，陈晖 . 2010. 美国低碳经济政策及碳交易运行体系简介 . http：//www. istis. sh. cn/lisi/list. aspx.

中国环境网 . 2011-12-08. 实施区域联防联控改善珠三角空气质量 . http：//www. cenews. com. cn/xwzx/gd/qt/201112/t20111208_ 710139. html.

中国新闻网 . 2010-03-07. 四川广元：走在低碳路上的灾后重建 . http：//news. qq. com/a/20100307/001699. htm.

中华人民共和国发改委 . 2009-01-19. 珠江三角洲地区改革发展规划纲要（2008～2020 年）. http：//www. gxdrc. gov. cn/cslm/fzgh/200901/t20090119_ 102542. htm.

中华人民共和国发改委 . 2010-06-22. 长江三角洲地区区域规划 . http：//www. sdpc. gov. cn/zcfb/zcfbtz/2010tz/t20100622_ 355748. htm.

中华人民共和国环境保护部 . 2012-12-05. 重点区域大气污染防治"十二五"规划 . http：//www. zhb. gov. cn/gkml/hbb/gwy/201212/t20121205_ 243271. htm.

中华人民共和国环境保护部 . 2013-09-18. 京津冀及周边地区落实大气污染防治行动计划实施细则 . http：//www. zhb. gov. cn/gkml/hbb/bwj/201309/t20130918_ 260414. htm.

中华人民共和国政府 . 2012-01-12. "十二五"控制温室气体排放工作方案 . http：//www. gov. cn/zwgk/2012-01/13/content_ 2043645. htm.

中华人民共和国政府 . 2012-10-24. 中国的能源政策（2012）. http：//www. gov. cn/zwgk/2012-10/24/content_ 2250617. htm.

中央政府门户网站 . 2010-01-18. 住房城乡建设部与深圳市共建国家低碳生态示范市 . http：//www. gov. cn/gzdt/2010-01/18/content_ 1513171. htm#.

Association of Greater Manchester Authorities（AGMA）. 2011-07-14. Transformation，adaptation and a competitive advantage：The Greater Manchester Climate Stragey 2011-2020（Version 21）. http：//meetings. gmwda. gov. uk/mgConvert2PDF. aspx？ID＝8975.

C40（The Large Cities Climate Leadership Group）. 2009-08-18. Copenhagen climate plan：The short version PDF. http：//www. e40cities. org/ceap/.

Carbon Finance-Assist Program World Bank Institute. 2011. Energyintensive sectors of the Indian economy: Path to low carbon development.

City of Chicago. 2008-09-01. Chicago climate action plan. http://www. chicagoclimateaction. org/.

City of Portland Bureau of Planning and Sustainability. 2009-10-21. City of portland and multnomah county climate action plan 2009. http://www. portlandonline. eom/bps/index. efm? e=49989&a: 268612.

Department of Trade and Industry (DTI) . 2003. Energy White Paper: Our Energy Future——Creating a Low Carbon Economy. London: DTI.

Department of Trade and Industry (DTI) . 2007. Energy White Paper: Meeting the Energy Challenge. London: DTI.

Government of Brazil, Interministerial Committee on Climate Change. 2008. National Plan on Climate Change.

Indian Institute of Management Ahmedabad, National Institute for Environmental Studies, Kyoto University, et al. 2009. Low carbon society vision 2050—India.

Institut Teknologi Bandung, Institute for Global Environmental Strategies, Kyoto University, et al. 2010. Low carbon society scenario toward 2050—Indonesia (Energy Sector) .

Metropolitan Mayors Cuacus. 2013-08-30. News and Events. http://www. mayorscaucus. org.

Northam R M. 1979. Urban Geography. New York: Wiley.

Presidency of the Republic of Brazil: Civil House (Executive Office), Legal Affairs Sub-Office. 2009-12-29. Law No. 12, 187, of 29th December 2009: Institutes the National Policy on Climate Change (PNMC) and makes other provisions. http://www. preventionweb. net/files/12488_ BrazilNationalpol-icyEN. pdf.

Prime Minister's Council on Climate Change. 2008. National action plan on climate change.

The Ministry of the Environment. 2003. The Swedish climate strategy.

The Swedish Energy Agency, The Swedish Environmental Protection Agency. 2008. The development of the Swedish climate strategy. http://www. energimyndigheten. se/Global/Engelska/News/The% 20devel-opment% 20of% 20the% 20Swedish% 20Climate% 20Strategy. pdf.

Tokyo Metropolitan Government. 2010-11-05. Tokyo climate change strategy. http://www. kankyo. metro. tokyo. jp/climate/attachement/.

United Nations, Department of Economic and Social Affairs, Population Division. 2012. World urbanization prospects: The 2011 revision. http://esa. un. org/unpd/wup/CD-ROM/Urban-Rural-Pop-ulation. htm.

低碳城市的规划设计

5.1 低碳规划的内涵

5.1.1 低碳经济

"低碳"概念起源于全球对于气候变化及能源危机所引发的对人类社会的一系列影响所采取的行动,该词最早由英国在《我们的能源未来——创建低碳经济》白皮书中提出。所谓"低",是针对当前高度依赖化石燃料的能源生产消费体系所导致的"高"的碳排放强度及其相应的"低"的碳生产率,最终要使得碳强度降低到自然资源和环境容量能够有效配置和利用的目标。"低碳"不仅仅降低碳排放,更延伸到经济产业、消费理念和集约化发展道路上,从能源资源角度强调了生态化。2003 年,英国的《能源白皮书》提出低碳经济的发展目标,即在促进社会经济发展的前提下减少碳排放,保障能源供应及安全并应对气候变化。总结国内众多学者的观点,本章提出低碳经济的本质在于通过减少碳排放以应对气候危机,构建可持续并具有竞争力的能源体系以应对能源危机,并同时确保经济的竞争力,甚至促进经济的转型提升。

5.1.2 低碳城市的内涵

城市的集聚性使得城市成为碳排放的主体，因此，实施低碳经济也需以城市作为核心载体。低碳城市已成为一些发达国家发展低碳经济的重点，但目前低碳城市的概念尚未形成统一的定义概括（表5.1）。综合相关学者所做的研究，对于低碳城市理解可概括为：在保持城市本身综合竞争力不变和人民生活水平持续增长的前提下，在城市内部实现经济发展模式、消费理念（包含能源的消费理念）、生活方式的变化，从而有效降低 CO_2 排放量。因此，低碳不是指标。低碳是一种发展模式，也是一种生活方式。低碳可以用指标来衡量，但不能完全被指标化。

表5.1　国内学者关于低碳城市的主要观点汇总

作者	年份	观点
夏堃堡	2008	低碳城市就是在城市实行低碳经济，包括低碳生产和低碳消费，建立资源节约型、环境友好型社会，建设一个良性的可持续的能源生态体系
顾朝林	2008	低碳城市是指在保持经济社会稳定健康发展、人民生活水平不断提高的前提下，CO_2 排放维持在一个较低的水平，对自然系统产生较小的负面影响
谷永新	2008	低碳城市应该以低碳经济为发展模式及方向，城市市民应该以低碳生活为理念和行动特征，政府公务管理层应该以低碳社会为建设标本和蓝图，并提出推广太阳能、地源热泵和垃圾填埋场的气体回收利用等技术的应用
中国科学院可持续发展战略研究组	2009	以城市空间为载体，发展低碳经济，实施绿色交通和建筑，转变居民消费观念，创新低碳技术，从而最大限度地减少温室气体的排放
张泉	2011	低碳城市通过在城市发展低碳经济，创新低碳技术，倡导和践行低碳生活方式，最大限度减少城市温室气体排放，改进以往大量生产、大量消费和大量废弃的社会经济运行模式，形成结构优化、循环利用、能效较高的经济体系，形成健康节约低碳的生活方式和消费方式，最终实现城市的高效发展、清洁发展、低碳发展和可持续发展
WWF		低碳城市应在经济高速发展的前提下，保持能源消耗和 CO_2 排放处于较低的水平
中国城市科学研究会	2009	低碳城市是通过零碳和低碳技术研发及其在城市发展中的推广应用，节约和集约利用能源，有效减少碳排放的城市
中国科学院上海高等研究院	2012	低碳城市包括自然型低碳城市、产品型低碳城市及智慧型低碳城市。自然型低碳城市是指以农耕生活为主的准现代化城市，主要依靠降低生活质量，回归原始的手段实现低碳。产品型低碳城市是指以新能源设备生产为主的城市。智慧型低碳城市是指以提升市民生活品质为目标，优化融合现代信息技术和现代低碳技术，节能减碳，实现可持续发展的宜居城市。智慧型低碳城市完全符合当今现代城市的诉求

5.1.3　低碳城市规划的内涵

　　低碳城市建设离不开规划的指导，低碳城市规划也是低碳经济发展的成果（图5.1）。英国阿伯丁市是较早开始探索性开展低碳城市规划实践的城市。之后，2009年英国在国家层面发布《英国低碳转型规划：气候与能源国家战略》白皮书，从电力能源、家庭和社区、就业场所、农业排放等角度提出转型目标和具体措施。国内出现"低碳规划"和"低碳城市规划"两种说法，前者更多见于发改委政策系统，后者更多见于建设系统，本书以"低碳城市规划"作为主要的研究对象。国内低碳城市规划的实践最早开始于上海东滩，之后随着国家层面对低碳城市的关注，287个地级以上城市中近259个城市提出"低碳生态"的规划目标。在实践的同时，国内诸多学者也对低碳城市规划内涵做出诠释（表5.2）。

图 5.1　低碳城市规划的概念演变

表 5.2　国内学者关于低碳城市规划的主要观点汇总

作者	年份	主要观点
叶祖达	2009	建议优化现有的城市规划决策程序，评估气候变化对城市的具体影响，对城市的碳排放进行全面审计，研究城市在产业、建筑、交通、居民生活方式等方面和碳排放的因果关系，制定减排目标，制定针对气候变化的缓和与适应对策，在总体规划上考虑减排的能效，在城市规划管理体系内建立促进减排目标的有效法定框架；在城市建设时建立可以评估和监控城市发展各个方面的机制
顾朝林	2013	低碳城市规划旨在通过合理配置土地、资源、建筑、交通等城市空间要素，确定城市低碳发展的中期、长期情景模式，调节化石燃料使用，减少城市碳排放量

作者	年份	主要观点
国家发改委	2010	低碳城市规划要确定本地区控制温室气体排放的行动目标、重点任务和具体措施，将调整产业结构、优化能源结构、节能增效、增加碳汇等工作结合起来，降低碳排放强度，积极探索碳绿色发展模式。潘海啸教授从区域规划、城市总体规划、详细规划三个层次，从城市交通和土地使用、密度控制和功能混合等方面提出改进规划编制的建议，较早地提出了中国"低碳城市"的空间规划策略
梁本云、周跃民	2010	较为完整地架构了低碳城市规划的规划框架，即以低碳能源、低碳交通、低碳产业、低碳建筑、低碳消费模式、生态保护等方面为视角，以空间布局调整为手段，构建适合科教创新区发展的低排放与高汇集相结合的科学发展模式

本书认为低碳规划是在保持城市本身综合竞争力不变和人民生活水平持续增长的前提下，全面评估和审计城市碳排放总量、强度及结构，制定减排目标，落实减排方式和途径；从土地利用与空间功能组织、交通、产业、能源、基础设施、生态绿地、建筑等角度研究并应用减排增汇措施和技术，实现城市低碳化发展。

相比较于传统城市规划，低碳导向的城市规划表现出如下三方面的核心价值观：①尊重自然，保护环境，节约资源，坚持以自然为本，充分尊重自然生态本底，以及其与人类建成环境间的关系；②多元多样、循环利用、和谐共生，关注包括各个微系统的循环过程，将自然和人类的生产排放过程融入基于各个系统的循环中；③以人为本，提升质量，共守理念，要以提升所有人类的生活幸福指数为核心标准，制定低碳城市规划。在该理念之下，绿色循环的产业系统、紧凑舒适的城市空间、高效便捷的交通系统、低耗清洁的能源系统、循环安全的水系统、减量再生的废弃物系统、综合集成的绿色建筑系统、和谐宜人的生态系统、智慧高效的信息系统等若干系统将成为关注的重点。

5.2 不同层次的低碳规划

5.2.1 总述

从各个层次的实践经验看，低碳规划基本由四大层次作为支撑：目标指标体系、规划技术体系、规划政策体系及规划实施评估体系。

1. 目标指标体系

目标指标体系表现了制定低碳规划的核心原则和理念，其核心思想为减少碳排放，增加碳储蓄。从整体而言，有三大原则应成为各个层次的低碳规划制定都需考虑的原则：

1）本地化原则

应因地制宜，制定符合中国国情和环境条件，并具有气候适应性、经济适宜性和文化匹配性的目标指标体系。

2）先进性原则

应适度超前，先进性不是简单的技术、产品和材料的堆砌，而应以先进的理念为指导，应具有超前性、预见性，把握发展规律，应具有国际化视野，采用国际先进理念、方法和技术，不但要符合当前的城市发展规律、经济发展阶段和资源承受能力，还应符合城市未来的发展方向和目标。

3）实践性原则

需过程检验，应综合考虑我国的国情、城市的发展阶段及低碳生态城市的实践现状，在实践总结的基础上制定规划指引，使其易于操作实施，具有城市适用性，增加指南推广应用的普遍性。

在具体的目标方面，仇保兴曾提出低碳城市建设的六大标准：紧凑混合用地模式、可再生能源占比不低于20%、绿色建筑不少于80%、生物多样性、绿色交通不低于65%、拒绝高耗能高排放的工业项目。这六大标准实际涵盖了低碳城市技术体系所关注的核心。本书认为低碳城市规划指标系统应有两大部分组成，首先应是碳排放的目标，由碳排放总量目标、人均指标和碳排放强度组成；其次则应是系统性的指标，分别对应城市基础设施（水系统、照明系统、废弃物处理系统）、建筑、生态绿地、能源系统、交通系统、土地利用和空间功能组织、产业系统等七大系统，但不同的规划层次应对应不同的指标体系，不同地域应对应不同的指标数值。

2. 规划技术体系

各个层次的低碳规划应成为低碳技术应用的重要平台，而总体而言，城市基础设施（水系统、照明系统、废弃物处理系统）、建筑、生态绿地、能源系统、交通系统、土地利用和空间功能组织、产业系统等七个系统往往低碳技术应用相对密集。但对应不同规划层次，低碳技术的关注重点将有所区别（表5.3）。在实施控制手段方面，也应由标准与具体规划系统引导共同来承担，这将在下面的叙述中具体展开。

表 5.3　碳生态城市技术体系与规划阶段的对应矩阵

	城市基础设施	建筑	生态绿地	能源系统	交通系统	土地利用和空间功能组织	产业系统
城市	☆	—	☆	☆	☆	☆	☆
片区	☆	☆	☆	☆	☆	☆	☆
街区	☆	☆	☆	☆	☆	☆	—
乡村	☆	☆	☆	☆	☆	☆	☆

3. 规划政策体系

规划政策体系是推动低碳实施的重要基础。低碳规划不仅仅作用于城市物质空间，也更作用于市场及市民的行为过程，因此，需要规划政策体系的介入，这既鼓励自下而上的参与，又形成低碳行为的公共准则。这方面国家和地方都在同步开展，其中，国家制定的主要政策包括太阳能屋顶计划、既有建筑节能改造补贴、大型公共建筑节能改造与监测、可再生能源建筑应用示范城市、绿色重点小城镇、绿色生态城区、智慧城市试点、香港政府绿色建筑容积率奖励等。地方则以对绿色建筑鼓励为主，如表5.4所示。

表5.4　地方主要政策汇总

地区名称	相关政策
江苏省	江苏省财政厅江苏省住房和城乡建设厅关于推进全省绿色建筑发展的通知
青海省	关于加快推动绿色建筑发展的意见
安徽省	关于加快推进绿色建筑发展的实施意见
西安市	进一步推进绿色建筑工作
深圳市	深圳市绿色建筑促进办法
山东省	山东省人民政府关于大力推进绿色建筑行动的实施意见
苏州市	苏州工业园区建筑节能与绿色建筑专项引导资金管理办法（试行）
天津市	关于鼓励绿色经济、低碳技术发展的财政金融支持办法
青岛市	绿色建筑技术和产业研发推广专项资金

在政策制定的同时，相关标准也逐步推行。其中，包括国家《绿色建筑评价标准》、《绿色超高层建筑评价技术细则》、《绿色商店建筑评价标准》；地方标准如表5.5所示，目前无论国家还是地方的标准主要集中于绿色建筑、土地使用、废弃物排放、温室气体排放审计、规划编制等角度，对应于低碳规划关注的七大系统，标准体系还应进一步完善，而且目前地方的实践往往缺乏国家层面的指导。

表5.5　地方主要标准汇总

地区名称	标准名称
北京市	居住建筑节能设计标准
	绿色建筑评价标准
	北京市典型功能区低碳生态详细规划设计标准

地区名称	标准名称
四川省	四川省绿色建筑评价标准
深圳市	深圳经济特区碳排放管理若干规定
	深圳市组织温室气体排放量化和报告规范及指南
	深圳市组织温室气体排放的核查规范及指南
	深圳经济特区建筑节能条例
	深圳市建筑废弃物减排与利用条例
	深圳市居住建筑节能设计规范
	深圳市居住建筑节能设计标准实施细则
	公共建筑节能设计标准深圳市实施细则
	深圳市绿色物业管理导则
	深圳市绿色建筑设计导则
	深圳土地混合使用指引

4. 规划实施评估体系

规划实施评估体系是评估低碳规划推进低碳规划更好实施的重要手段，但也是目前低碳规划领域相对薄弱的环节。现状低碳规划更多与国家政策性推动相关，缺乏年度审核的机制保障。但如果以真正建设低碳地区而言，规划实施评估体系应成为规划编制反馈和调整的重要手段，它应以规划制定的指标体系作为标准，一方面应成为实施低碳规划地区政府的年度性行为和制定下一步工作计划的依据，另一方面也应成为编制同层次新低碳规划的前提条件。其由两部分内容组成：一是对技术目标实施评估，二则是对经济效益进行综合评估。

5.2.2　城市总体规划层面的低碳规划

1. 现状调查

除了常规城市总体规划调研的内容，低碳导向规划很重要的内容是需要对现状的碳排放进行审计，要计算现状碳排放总量、强度和人均指标，并进行横向比较，由此对整个城市碳排放水平进行评估，在评估基础上深入分析现状问题，尤其是碳排放结构应成为重点关注的内容。其次需进行中心城区强度（人口密度、开发强度）分析，有条件的地区应进行全市性的气象条件分析。

2. 低碳规划理念

应具有全局的理念，从市域全局甚至都市区层面出发设定整体生态格局、制定资源能源战略和城市整体形态；在中心城区层面则更重要的是设定减排目标，制定共同行为准则，落实重要资源能源基础设施，确定城市空间格局。

3. 低碳规划内容

1）现状问题分析

根据现状调研温室气体排放及气象条件分析的结果分析核心问题。

2）规划目标

根据问题确定规划目标，可基于以下角度建立相应的目标体系：确定减排的整体目标（重点需明确减排目标的空间层次），建议分别从城镇空间、产业能耗、交通、资源、生态绿地、建筑等六大系统构建目标体系。城市总体规划层面的指标制定更偏重于相对宏观的结构性指引（以定量化为前提），并且从可操作、可评估的角度出发，建议以中心城区为主（已开展全覆盖规划的城市除外）。具体来说，城镇空间方面的指标重点可包括中心城区平均通勤距离、中心城区人口密度、中心城区就业居住平衡指数等；产业能耗以单位排放为测度，包括单位 GDP 碳排放强度、单位 GDP 能耗等；交通系统以结构性指标为主，包括绿色交通出行分担率；资源利用则以结构性指标为主，包括再生水利用率、非化石能源占一次能源比重、工业用水重复利用率、废弃物资源化率、人均生活耗水量、人均垃圾产生量、非传统水资源利用率；生态绿地系统以对生态格局控制为主，包括自然湿地净损失率、人均绿地面积、绿化覆盖率等；建筑在总规层面则建议结合相关政策制定指标。

3）发展规模

借用"反规划"的概念，以保障生态环境格局的完整性为前提，保障最低的生态保护控制线为刚性控制要求，确定城市建设用地规模；根据公共设施的极限可服务能力及生态环境资源、土地资源所能承载的极限人口核算总人口规模。

4）市域空间（大都市区）层面

市域空间层面规划是城市总体规划所特有的规划内容，也是对于整体低碳空间格局而言非常重要的环节，重点关注交通引导的城市形态研究、城市风道及生态格局研究、城乡统筹、市域综合交通体系等。其中，城市风道及生态格局研究建议与全市绿道规划结合，并应划定全市层面的绿线控制系统，配套相应的政策，城乡统筹的内容则需更多的制定相应政策与指标来指导乡村和农业的开发。

5）产业规划

低碳角度制定产业规划重点要关注将顾朝林所谓的"静脉产业"系统与城市产业系统融合，并应成为城市经济和就业新的增长点。

6）中心城区空间结构与形态

以紧凑与混合利用为核心理念，尽可能保障职住平衡及与自然的和谐（大气环境、生态格局）共处为原则，研究低碳导向的城市空间结构与形态。

7）生态绿地系统规划

构建多层次的生态绿地系统，充分保护水环境及湿地系统，提升水质，保护湿地自然性，提升其碳汇能力，保持湿地蓄水能力。在中心城区层面需明确划定绿线控制范围，并制定相应的配套管理政策，使其与中心城区政策分区相互融合。

8）开发强度

以"TOD"开发和紧凑用地为导向，以对气候地形分析为基础，在中心城区层面合理布局建筑高度和地块容积率，建构整体模型。

9）公共交通系统及路网规划

优化交通出行结构，推行公交主导，步行、自行车为主的绿色交通模式；相比较其他规划类型，总规层面要重点关注城市对外交通设施与城市公共系统间的衔接关系，构建全市绿色出行系统的整体网络，其中包括关注大运量公共交通系统，要通过研究城市重要公共节点分布，构建高效能、结构清晰的大运量公共交通系统，并要制定它与其他公共及慢行系统衔接的相关政策或导引；关注慢行系统规划，建立联系公共中心、开敞空间、工作场所、居住间的慢行系统网络及相应的设施布局规划；建立 TOD 发展模式，实现土地开发和交通设施建设的有机结合；根据气候与地形相关影响要素，研究路网形态，构建适宜的断面设计。

10）能源系统规划

充分鼓励利用低碳技术，鼓励同步进行专项能源利用规划。制定能源利用的整体目标，优化供应结构，布局合理的绿色能源基础设施系统及相关设施，综合考虑应用热电联供系统、太阳能热水、地热井供暖、太阳能发电等技术以提高再生能源比重。

11）市政基础设施系统规划

市政基础设施系统规划也是低碳技术所密集关注的领域，其中需重点关注水资源利用、废弃物利用等。水资源利用方面需重点关注供水体系的节水及中水回用、雨水利用等相关政策及系统设计；废弃物利用则需重点关注生活垃圾减量、回收、再利用、分类收集，需针对不同功能区合理布局相宜的废弃物处理基础设施。整体而言，在总规层面重点是要制定目标，构建体系，并布局相应的重点设施。

12）城市更新指引

越来越多的城市进入存量规划的阶段，因此，在低碳导向的总体规划中，要建立城市更新的指引，划定对应的政策区，并制定具有针对性的改造机制，尤其针对建筑层面的"绿色化"改造，总规层面应提出类似"北京要求新建建筑基本达到绿色建筑一星级及以上，并将该条件纳入土地招拍挂出让"的政策要求和相应奖励机制。

13）效能评估

需对规划方案的碳排放与碳汇能力进行综合评估，并以此为基础，建立年度评估机制。在城市总体规划层面，通过效能评估进行方案比选，确定以低碳为目标的城市发展方案。

14）行动计划

确定近期的低碳行动片区与行动项目库，并和碳排放评估机制相协调，实时评估、实时调整。

15）专项规划与标准制定

由于城市总体规划的空间尺度及本身作为政府主导的综合性规划的特点，低碳导向的总体规划更多地强调部门参与和共同行为规则的制定。因此，建议要重点开展多部门参与的专项规划与标准体系的制定。专项规划建议包括城市开发强度专项规划、慢行交通专项规划、轨道交通及相关物业开发专项规划、能源专项规划、生态保护专项规划等；此外，应建立绿色建筑、土地使用、废弃物排放、温室气体排放审计、规划编制等角度的相关标准。

4. 规划要点

国外越来越多的城市正将低碳规划作为城市总体规划的重要战略目标，其中，最关键的内容是提出明确的减排目标，建议城市层面的总体规划应将减排目标作为核心的评估指标之一。同时作为城市总体规划，与其他规划相比，最大的区别在于其是基于已建成区的改善型规划，因此，从规划技术路线制定来说，它应该是一个现状问题导向为主的规划，需要在上述规划内容基础上梳理出清晰的、和现状问题相关的解决逻辑，并建议作为专题研究反馈城市总体规划。相比较其他规划，总体规划的层次决定了对公共规则制定的重要性，既应包括对下开发和规划行为的规则制定，也应包括对周边大都市区范畴的重点行动项目的协调。

5.2.3 城市片区层面的低碳规划

所谓片区层面规划，往往以新城规划或产业园区规划形式出现，以综合性非法定规划为主，深圳市光明新区规划、无锡市太湖新区、长沙梅溪湖新城规划等为典型代表，空间范围往往包括若干的控规编制单元。

1. 现状调查

城市片区作为城市的重要组成部分，在现状调研中有必要对其现状碳排放量与结构进行调研，形成碳排放清单，以了解它在整个城市现状碳循环中所处的地位及现状问题，同时需调研片区生态环境系统，分析其在整个城市生态环境系统中所处的地位及与周边的关系，以了解该地区碳汇能力。

2. 低碳规划理念

作为城市重要的组成部分，片区低碳规划的理念和目标是与城市一致的，即要在减少碳排放、增加碳汇的总目标下关注空间及土地利用的低碳化、资源利用的低碳化、环境系统的生态化及交通出行的低碳化。

3. 低碳规划内容

1）规划目标

低碳规划首先要形成相对成体系的目标指标体系。指标体系选择需遵循科学性与可操作性相结合、定性与定量相结合、特色与共性相结合及可达性与前瞻性相结合等原则，片区层面往往由城镇空间、产业、交通、资源、生态绿地、建筑等角度架构指标体系。其中，产业相关指标包括单位 GDP 碳排放强度、单位 GDP 能耗；交通相关指标包括绿色交通出行分担率；资源相关指标包括再生水利用率、非化石能源占一次能源比重、工业用水重复利用率、废弃物资源化率、人均生活耗水量、人均垃圾产生量、非传统水资源利用率等；生态绿地相关指标包括自然湿地净损失率、人均绿地面积、绿化覆盖率、公共绿地 500m 服务覆盖率、本地植物指数、综合径流等；建筑相关指标主要指绿色建筑比例。

2）发展规模

类似于城市总体规划的思路，借用"反规划"的概念，以保障生态环境格局的完整性为前提，保障最低的生态保护控制线为刚性控制要求，确定城市建设用地规模；根据公共设施的极限可服务能力及生态环境资源所能承载的极限人口核算总人口规模。

3）空间布局模式

以"低碳"理念构建相适宜的空间模型，这个空间模型应该以保障绿色出行为导向，形成 TOD 导向下的紧凑型城市，鼓励功能混合、生活多元、尺度宜人，应实现生态环境与城市建成环境的和谐关系。因此，相比较城市总体规划，需针对片区尺度重点研究微气候系统，鼓励最大化城市与自然的接触界面，最小化人工建设对自然环境的冲击；为低碳市政设施和能源设施预留适宜用地。而对于城市片区规划而言，最为重要的是要通过空间政策分区，以利于与指导地块开发与法定规划体系相协调。

4）生态绿地系统规划

在片区层面上，需重点关注构建多层次的生态绿地系统，保证乔木比重和本地植物比重，恢复并保障生物多样性；充分保护水环境及湿地系统，提升水质，保护湿地自然性，提升其碳汇能力，保持湿地蓄水能力和蓄水量。

5）公共交通系统及路网规划

优化交通出行结构，推行公交主导，步行、自行车为主的绿色交通模式；关注慢行系统规划，建立联系片区公共中心、开敞空间、工作场所、居住地间的慢行系统网络及相应的设施布局规划。建立 TOD 发展模式，实现土地开发和交通设施建设的有机结合。片区层面要注重以人为本，优化交通设施布局，方便系统间的衔接；根据气候与地形相关影响要素，研究路网形态，可结合路网功能分类，构建适宜的断面设计。

6）能源系统规划

充分鼓励利用低碳技术，鼓励同步进行专项能源利用规划。制定能源利用的整体目标，优化供应结构，布局合理的绿色能源基础设施系统及相关设施，综合考虑应用热电联供系统、太阳能热水、地热井供暖、太阳能发电等技术以提高再生能源比重。

7）市政基础设施系统规划

在水资源利用方面，需重点关注供水体系的节水及中水回用，雨水储蓄，减少雨水径流污染，有效利用雨水，改善景观与生态环境等；废弃物利用则需重点关注生活垃圾减量、回收、再利用、分类收集，针对不同功能区合理布局相宜的废弃物基础设施。在片区层面规划中，还应重点关注综合管沟体统规划。

8）开发强度

以 TOD 开发和紧凑用地为导向，以对气候地形分析为基础，合理布局建筑高度和地块容积率，建构整体模型。

9）城市更新指引

新城的建设往往意味着对现状用地的更新，立足于低碳的理念，拆除重建显然不是合理的方式，逐步改善现状用地，深入挖掘现状地区的城市活力和内涵是更好的方式。因此，需制定详细的城市更新策略及具有针对性的改造机制。在片区层面，城市更新指引除了制定建筑更新政策，更重要的是要建立建筑更新的技术指引，设立若干改造示范区。

10）效能评估

需对规划方案的碳排放与碳汇能力进行综合评估，并以此为基础，建立年度的评估机制。

11）行动计划

确定近期的低碳行动片区与行动项目库，并和碳排放评估机制相协调，实时评估、实时调整。

12）专项规划与标准制定

在城市片区层面，建议以专题研究为主，其中可包括城市开发强度、慢行交通、能源规划等专题。能源规划由于涉及相关部门，也可采用专项规划的方式。政策标准方面则以城市政策和标准为依据，在城市缺乏相应标准指导的地区，可针对片区需要制定相应的标准体系，建议可包括绿色建筑及物业管理、下位低碳规划编制指引、垃圾分类指引、土地混合使用等。建立绿色建筑、绿色出行、土地混合使用等奖励引导政策。

4. 规划要点

相对比于城市总体规划层面的规划，片区层面规划应强调"目标导向"：①重视低碳规划的系统性；②强调政府公共资源，特别是基础设施的投入对低碳城市建设的巨大贡献；③空间结构和土地利用可形成模型化的组织方式。

同时，作为针对城市片区的非法定规划，其重点是需与法定规划衔接，而城市片区规划一般需与控制性详细规划相互协调。为此，首先需基于规划空间结构及控制性详细规划的管理单元对片区进行政策分区，并提出相应的控制及引导的建议；其次与政策分区需同时进行的则是建立针对指标体系的分解机制。后文深圳光明新区的案例提供了很好的实践案例。

5.2.4 街区层面的低碳规划

街区层面的低碳规划可以划分为控制性详细规划（一般含城市设计）及修改性详细规划两类。从系统规划的角度而言，两者是相似的，但两者的技术路线及最终成果表达略有不同。

1. 现状调查

街区层面的低碳规划仍然需要以碳审计为重要工作内容，但审计所关注的尺度应是街区尺度。根据相关学者的研究及实践，在街区层面，多用 Kaya 模型进行温室气体排放测算。Kaya 排放公式中，碳排放总量由人口、生活水平、能源使用强度和能源排放强度决定。Kaya 基本公式为：排放 = 人口×人均 GDP×单位 GDP 能源消耗量×单位能耗排放量。在运用 Kaya 公式时，需要分解到四个规划控制范畴，即工业生产、交通出行、建筑节能、能源供应（表5.6）。其中，建筑能耗与排碳可利用动态能耗模拟软件，采用当地气象数据，根据住宅和公共建筑总建筑面积和单位面积能耗，计算现有建筑总能耗，单位为GWH①，每年的建筑运行碳排放总量通过能源供应结构可估算为 CO_2 排放量；交通碳排放主要包括各种交通出行方式，以及各种交通工具的能耗，通过研究规划区的交通流量和出行数据，可以对交通碳排放量做出评估；工业生产的碳排放主要包括园区内的工业增加值，以及单位工业增加值的能耗、能耗的结构，一般能耗种类有电力、原煤、天然气、柴油、汽油等，可折合为单位工业增加值的能耗（t标准煤/万元），最后估算出工业生产的排碳总量；而能源供应的排碳来说，现状的能源主要为常规化石能源，电力供应来自区域电网，区域内可能有调峰电厂，供气为煤气天然气，还有石油和煤的输入使用。能源供应与以上三项存在重复计算问题，故需要弄清现状和规划中能源供应的主要方式。

表5.6　碳排放审计表

	年碳排放量/（万 tCO_2）	占碳排放总量的比例/%
建筑节能	—	—
交通出行	—	—
工业生产	—	—
能源供应	—	—
总计	—	100

2. 低碳规划理念

街区层面低碳控规的理念是在现有碳排放水平的基础上，通过土地利用、空间组织、交通出行方式、绿地、能源、水资源循环、废物利用等低碳规划方法，运用微循环、微能源、微冲击、源分离等理念，整合多种被动式、地方性、适应性技术手段，实现地段未来的低碳开发、低碳发展。

3. 低碳规划内容

1）规划目标

街区层面低碳规划同样需要提出总减排目标，并在此基础上将具体目标分解为

---

① 1GWH＝$1×10^7$ kW·h。

用地、土地利用、交通、生态绿地、能源、市政、建筑等系统（表 5.7）。在这些系统中，街区层面更强调对建筑及具体低碳技术措施的控制。这些目标与中国现有的控规体系一致，比较利于控规编制中低碳目标到指标的分解落实。而对于制定修建性详细规划，则需要在上述指标中提炼出能够解决现状问题达成发展目标的核心指标体系。

表 5.7　街区层面目标制定

低碳目标	目标分解	低碳指标
减少传统能源使用带来的碳排放（－）	混合精明的土地利用	混合地块开发比例，地下容积率
	低碳交通	停车泊位上限，公共交通出行比例，慢行系统，步行遮阴
	建筑节能	单位建筑面积耗能，新建建筑中绿色建筑比例，既有建筑改造为绿色建筑比例，建筑节能率
	连接性的周边街区	社区服务设施种类，无障碍设施比例，绿地可达性，公交站点可达性
	分布式能源供应，非传统能源	是否区域分布式能源，清洁能源使用比例，可再生能源使用比例
	改善微气候	热岛效应，微风通道
减少资源使用带来的碳排放（－）	建筑节材	可循环材料使用率，500km 以内生产的建材比例
	水资源高效利用	节水器具普及率，非传统水源利用率，雨水渗透及利用，地表水环境质量
	废物收集再利用	生活垃圾分类收集装置率，建筑垃圾回收利用率
增加街区的碳汇（＋）	绿地汇碳	植林率，下凹绿地率，绿色屋顶比例，本土植物物种比例，硬质地面透水率

2）空间布局模式

低碳的用地规划应以紧凑 TOD 导向发展和微气候模拟为原则，确定街区的尺度、土地有效混合利用的方式，空间的形态顺应地方气候、主导风向，形成微风通道，通过被动式设计充分利用太阳能、改善微气候。

3）生态绿地规划

生态绿地规划是碳汇的主要来源，同时对于其他低碳指标亦有影响。城市中的碳汇主要是绿地、水系、湿地，根据 IPCC 的研究，多年生本土阔叶林的碳汇高于其他类型绿地。因此，应通过生态系统、绿地结构、屋顶绿化规划、乔木覆盖率、本地植物配置、绿线蓝线划定、植物配置指引来达到调高碳汇的目标。但是，相对于碳排放而言，街区范围内的汇碳能力是非常有限的。生态绿地对于微气候改善、步行遮阴、物种多样性、雨水汇集等其他低碳指标也很有帮助。其中，街区层面规划相比较其他规划类型将更关注植物物种配置等具体低碳绿化措施的控制。

4）开发引导

业态的指引和地下空间的指引是街区层面开发引导的重点，具体规划内容主要包括功能业态及混合使用的相关模式（模块）研究、开发强度、绿色建筑指引、地下空间引导。混合利用、适当的高强度开发是低碳规划重要内容。LEED-ND 将周边社区的连接性也作为重要的低碳街区评价指标。绿色建筑中，建筑节能、建筑节材与低碳规划联系密切。地下空间开发对于低碳也有重要意义，对提高密度、混合性、利用太阳、雨水、提高空间使用效率具有重要作用，在不同的气候区，地下空间开发设计的具体方式也不同。另外，还应注意地下空间与轨道交通、城市公共空间、商业设施等的结合。

5）综合交通规划

相比较其他层面规划，街区层面的规划对于设施布局和街道的设计将更为细化，尤其是静态交通设施布局和相关建造指引方面。通过综合交通规划提高公交出行、慢行交通出行比例，具体规划内容包括基于微环境的路网形态及断面设计、公共交通系统规划及相关设施布局、慢行系统及相关设施布局、静态交通设施布局。低碳的路网形态应该由机动车导向的路网转为公共交通、慢行交通导向的高密度、小街坊路网，断面设计更多地从公交优先、利于步行、步行安全的角度出发。公共交通站点与公共设施、居住、工作地点保持方便的连接，主干道设港湾式公交站点以保证行人的安全。慢行系统与土地利用、道路系统、街区开放性、界面的功能、慢行设施等多种因素相关，其规划设计应该成为低碳规划中的重要内容。

6）能源规划

能源规划包括能源减排目标、能源中心布局、可再生能源比重、新能源基础设施布局等内容。街区层面比较常用的有分布式能源、区域热电冷联供、太阳能、风能、地热、生物质利用规划。

7）市政设施规划

市政设施规划包括再生水利用及设施规划、雨洪水利用规划、废弃物处理再利用及相关设施规划、综合管沟规划等。

8）规划实施管理

各个系统规划需要在立项阶段、土地出让、建设阶段、施工等不同阶段实施管理，规划编制中应有专门的章节对各项规划内容在什么阶段进行管理予以明确。

9）效能评估

街区层面效能评估主要指碳汇规模，由绿地、湿地等汇碳量算出，与排放清单之间进行平衡。规划可主要通过增加植林率、保护湿地等增加规划区内的碳汇，在规划区外还可以通过碳交易实现碳中和。

10）专题研究

街区层面规划建议以专题研究为主，其中，重点可开展业态混合利用模式专题研究、能源专题研究、慢行交通专题研究、城市开发强度专题研究、地下空间开发专题研究等，针对控制性详细规划建议重点进行控规指标体系专题研究。

4. 控制性详细规划与修建性详细规划编制要点

1）控制性详细规划

控制性详细规划（以下简称控规）主要是规划管理部门用于规划实施管理的法律文件，其中，最核心的管理技术工具是控规指标。对于低碳导向的控制性详细规划，目前从国内操作看比较好的方式是在传统控制指标体系基础上，通过低碳导向的城市设计图则及低碳控制指标体系进行补充控制引导。城市设计图则是将系统规划的内容通过图则的方式与地块和街道关联，重点考虑土地利用方式、雨水回用、能源、碳氧转换、建筑楼面板等。控制性详细指标现状尚未形成统一的标准体系。本书基于已有案例，总结提出如表 5.8 所示的控制性详细规划控制体系，仅供讨论。

表 5.8　街区层面控制性指标制定（对比传统控规指标）

指标类型	传统控规指标	指标值	低碳控规指标	指标值
土地利用	用地性质	—	混合地块开发比例	—
	用地面积		地下容积率	—
	容积率			
建筑	建筑密度	—	建筑贴线率	—
	建筑高度		单位建筑面积耗能	—
	建筑后退红线		新建建筑中绿色建筑比例	100%，达到国家绿建一星标准
	建筑形式\风格\体量\色彩等		既有建筑改造为绿色建筑比例	—
			建筑节能率	50%
			可循环材料使用率	≥5%
			500km 以内生产的建材比例	≥70%

续表

指标类型	传统控规指标	指标值	低碳控规指标	指标值
绿地	绿地率	—	植林率	—
			下凹绿地率	—
			绿色屋顶比例	—
			本土植物物种比例	—
			硬质地面透水率	50%
			径流系数	—
交通与出行	交通出入口方位	—	交通需求管理，停车泊位上限	—
			公共交通出行比例	≥50%
	停车泊位		慢行系统	有完善的步行、自行车专用道，有公共自行车租用系统
			步行遮阴	步行道长度 40% 以上有树荫遮阴设施
设施与规模	人口容量	—	汇碳规模	—
	各种公共规模	—	—	—
其他新增类型与指标				
周边社区连接性	—	—	社区服务设施种类	步行 400m 内社区服务设施种类大于 10 类
			无障碍设施比例	公共建筑 \ 广场 \ 车站 \ 道路无障碍设施 100%
			绿地可达性	建筑出入口到达绿地小于 500m，步行 10 分钟
			公交站点可达性	建筑出入口到达公交站点步行距离小于 500m，步行 10 分钟
区域能源供应	—	—	是否区域分布式能源	—
			清洁能源使用比例	—
			可再生能源使用比例	≥15%

指标类型	传统控规指标	指标值	低碳控规指标	指标值
水资源利用	—	—	节水器具普及率	—
			非传统水源利用率	—
			雨水渗透及利用	—
			地表水环境质量	—
废物利用	—	—	生活垃圾分类收集装置率	100%
			建筑垃圾回收利用率	≥50%
微气候	—	—	热岛效应	≤1.5℃
			风环境	人行区距地 1.5m 高处风速小于 5.0m/s，避免无风区和涡流区

2）修建性详细规划

修建性详细规划（以下简称修规）是公共开发部门或开发商用于建设项目的建设文件，其核心内容是建设中使用的技术及其投资估算。因此，为了区别于低碳控规的内容，下面将低碳修规中应有的建设导则中的低碳技术和成本效益核算的内容单独列出。

（1）建设导则。低碳控规中，各项低碳指标的实现需要修规阶段通过各种低碳技术集成运用，因此，在修建性详细规划阶段可以通过增加建设导则来指导建设。建设导则中，优先选用的低碳技术体系应遵循以下理念：被动式设计、微循环、微能源、TOD 开发、微冲击（下凹绿地、城市径流）、微降解与源分离、城市矿山（城市资源来自城市、建材再生利用、地沟油）、生态修复。具体的技术应用建议包括规划技术及实施技术两大类。其中，规划技术主要指利用计算机软件模拟微气候环境，考虑热岛、风环境模拟对规划方案的优化和调整；实施技术主要包括以下五大类：可再生能源和新能源（太阳能、风能、生物制能、燃料电池、地热能等）、提高能效与节能技术（分布式能源、建筑节能等）、低碳交通（新能源汽车、慢行交通等）、水处理技术（非传统水源、源分离、雨水废水处理等）、固废处理处理（垃圾分类、固废资源化、固废处理等）。

（2）建设的成本效益核算。低碳设计方案减去一般方案的成本为增量成本。增量成本包括政府财政支出、初始投资增量、维修费用增量，其可以通过低碳运营成本的减少获得国家政策补贴两种途径进行平衡。效益包括电费节省、水费节省、政府财政补贴。

除了具体的工作内容，从整体组织思路看，修建性详细规划的工作方式与控制性详细规划不同，它将更以问题和开发实施为导向，突出核心指标，针对核心指标提出具体系统规划措施，并与建造导则和成本核算相互结合。

5.2.5 乡、村庄层面低碳规划

1. 现状调查

村庄相比较于城市，具有更密切的人与自然的关系、更为稳固的历史人文积淀，因此，村庄层面低碳规划更需强调因地制宜的特色，为此针对村庄所做的现状调研需更专注地域文化，而且应是广义上的文化，强调通过细致的入户调研，了解当地居民生产和生活方式，了解这些生产和生活方式形成机制中与自然环境、文化传统之间的关系。其中，生活方式的调研不仅需研究居民生活过程中对能源的消耗情况，也要了解居民房屋建造过程对能源的消耗情况；生产方式的调研则要了解农业生产构成及其对能源消耗的情况。

2. 低碳规划理念

由于村庄与自然的密切关系及深厚的人文积淀，要求村庄规划的首要理念是要充分尊重本土文化和自然本底，一个好的村庄低碳规划应该是一个"谦逊"的规划；村庄规划的乡土特色也决定了其规划理念必须以因地制宜为本，避免脱离农民的实际生产和生活的需求；也因此公共参与应成为重要的规划理念，需充分通过公共参与将低碳的理念与村民共享，逐步改变村民的生产和生活方式，使之更为低碳化。

3. 低碳规划内容

建议可以从产业发展、用地布局、道路交通、绿地系统、市政基础设施、能源设施、住宅建设等七个方面来探索低碳乡村规划编制的内容。其中，市政基础设施、能源设施和住宅建设在村庄低碳规划中应成为关注的重点内容。

1）产业发展

农民真正的实现小康生活应成为全面小康目标实现的重要衡量标准，为此低碳规划需是低碳导向但又支持全面奔赴小康的目标。因此，要充分考虑当地的资源环境条件，选择合适的低碳产业，严格禁止高能耗、高排放、高污染的企业。重点鼓励生态农业及农业相关旅游产品的开发。同时，更重要的是从微观层面研究生态农业和相关旅游开发的实际运作过程，保障整个运作过程的低碳。后文安吉的案例提供了非常好的实践经验。

2）用地布局

谋求"紧凑"的用地布局方式仍然应成为低碳用地规划的重要方面，首先要强调"以小为美"，要强调空间尺度及村庄本身发展规模的适宜性，其次则应通过调研，合理安排村民公共活动、生活、生产组织流线，再次则需强调与自然融合，结合地形，避免开山填河的开发方式。

3）绿地系统

绿地系统往往是村庄规划较为薄弱的地方。基于低碳的理念和村庄的运作实际，既不鼓励采用大面积公共绿化，也不鼓励过多人工化植被，而是鼓励运用多种绿化手段（岸边绿化、田边绿化、庭院绿化、山体绿化等方式），采用乡土树种，需重点关注山体、临河面的绿化种植。

4）市政基础设施

需将低碳技术充分利用于环境卫生设施规划中。首先是垃圾处理，要通过设施配置和公共参与的方式，逐步推行垃圾分类，特别需关注农田垃圾等危险品的回收，要统一进行无害化处理；其次是排水系统，充分利用净化沼气池法、雨水收集利用技术等措施净化和利用好废水。

5）能源设施

长期以来，乡村地区的生活能源结构单一，尤其在经济欠发达的中西部地区，煤炭和柴薪使用往往成为乡村地区温室气体排放的主要来源。因此，在规划中有必要积极推行低碳技术包括通过推广节薪灶、节煤灶来提高能源利用效率，推广太阳能、沼气能等推动能源结构多元化发展。

6）道路交通

小汽车交通正逐步成为村庄出行的重要方式，因此，立足于低碳发展的理念，需重视道路交通规划，特别需在村庄规划中考虑公交站的布局，鼓励与引导居民乘坐城乡公交进城。

7）住宅建设

住宅建筑在乡村地区中是使用最频繁及最大的能耗来源，因此，需加强住宅建筑的节能减排。首先，规划过程中要积极探索因地制宜、就地取材的建筑建造方式，采用适合当地建筑材料的建筑造型和体现手法，安吉"生态屋"的实践证明了专业的技术力量在促进农村建筑低碳化过程中所能起到的作用；其次，通过公共参与，形成从住宅施工、使用、回收利用等各个环节来控制住宅建造过程的能耗成本；最后，在建筑本体设计中积极推广低碳技术的应用，包括推广太阳能、秸秆气、沼气利用、厕所改造等。

8）专项规划与标准制定

乡、村层面建议以针对建筑、能源使用制定标准体系为主。

4. 规划要点

不同于城市低碳规划以控制引导为导向的规划技术路线，村庄低碳规划的要点在于公众参与，要通过编制低碳规划的过程，与村民互动，向村民宣讲低碳的理念，通过村民生产、生活方式的低碳化转型逐步达到低碳规划的目标。

5.2.6 制定城市温室气体排放清单

1. 现状进展

中国是 UNFCCC 首批缔约方之一，作为发展中国家，属于非附件一缔约方，不承担减排义务，但需提交国家碳排放信息通报。国家信息通报的核心内容是 CO_2、CH_4（甲烷）、N_2O（氧化亚氮）三种温室气体各种排放源和吸收汇的国家清单，以及为履约采取或将要采取的步骤。2004 年，中国首次完成《国家信息通报》，对 1994 年中国 CO_2 排放量进行初步统计，2013 年初，中国开始编制第二次《国家信息通报》，该报告涵盖了 UNFCCC 所要求的三种温室气体，同时还包括了氢氟碳化物（HFCs）、全氟化碳（PFCs）和六氟化硫（SF_6），但目前城市层面的温室气体清单还停留在研究层面。2009 年，蔡博峰出版《城市温室气体清单研究》，相对全面地提出了城市温室气体清单研究思路、方法、原则和目前最新思想、新理论和新动态。同年，华东师范大学郭运功的硕士学位论文以上海为例，研究了特大城市温室气体排放量测算并分析了排放特征。而在 2010 年后相关研究开始显著增加，并从理论研究向实际计算过渡。2011 年，袁晓辉、顾朝林研究北京案例，撰写了《北京城市温室气体排放清单基础研究》；同年，许盛的硕士学位论文以南京为例，提出了南京市温室气体排放清单及其空间分布；王海鲲、张荣荣、毕军以无锡为例，提出中国城市碳排放核算。在这些实践的基础上，最新的研究则开始探索建构更为适应中国温室气体排放清单的研究体系。如 2013 年，姜洋等提出建立"土地利用—碳排放"关联框架，采用自上而下和自下而上相结合的方法，构建以"人地规模+人地碳排放强度+次级影响因子"为主体的碳排放核算指标体系，并以北京市为例对新方法的应用加以说明。

2. 城市温室气体清单编制

温室气体排放清单的编制应当形成相对完整的体系，城市和国家的温室气体清单应具有不同的编制方法，形成不同的编制结果（表 5.9）。

表 5.9　国家与城市温室气体清单特征对比

	城市温室气体清单	国家温室气体清单
方法体系	IPCC 的 T3 层次方法，针对具体排放源的排放特征	自下而上的方法一般采用 IPCC 的 T2 层次方法，针对特定国家或地区的排放因子
编制模式	消耗模式，即生命周期方法或者碳足迹方法原则	生产模式，即基于温室气体产生和排放的直接过程计算温室气体排放特征和总量
覆盖领域	相对覆盖范围小，基本不涉及农业（农田、畜禽养殖等），核心是电力、供暖、交通及废弃物处理，但中国的情况将视城镇化水平不同而有所调整	包括 IPCC 涉及的固定源、移动源、工业（钢铁、水泥、化工等）生产过程、农业、林业
灵活性和针对性	编制灵活、针对性强，有时会有所侧重的选择不同分类形式	灵活性、针对性弱，更主要对国家宏观制定减排政策提出科学支持

针对中国城市相比较于国外的特殊性，需清晰界定作为研究对象的城市边界，蔡博峰（2011）建议采用城市建成区，以包括城市建成区 90% 的最小市辖区作为界定城市的边界。

具体计算方式和研究对象根据顾朝林（2013）的研究可以分为三类：

（1）以排放为中心的 IPCC 和 WRI/WBCSD 温室气体排放模式。图 5.2 所示为 IPCC 国家温室气体清单。该方法包括三个尺度的考量（图 5.3）。①尺度 1：所有直接排放过程，主要指发生在清单地理边界内的温室气体排放过程；②尺度 2：由于电力、供热的购买和外调发生的间接排放；③尺度 3：未被尺度 2 包括的其他所有间接排放，包括城市从外部购买的燃料、建材、机械设备、食物、水资源、衣物等。生产和运输这些原材料和商品都会排放温室气体。西方城市温室气体清单范围绝大多数是包括尺度 1 和尺度 2，但基本没有将尺度 3 包括在核算范围内，部分发达城市，如纽约等，已经开始考虑尺度 3 的温室气体排放。

（2）以需求为中心的混合生命周期方法。Ramaswami 等认为，以排放为中心的方法使不同城市温室气体的计算由于区域物质和能量流影响的范围和边界差异而被混淆，建议采用以需求为中心、以混合生命周期为基础的城市尺度的温室气体清单（图 5.4）。

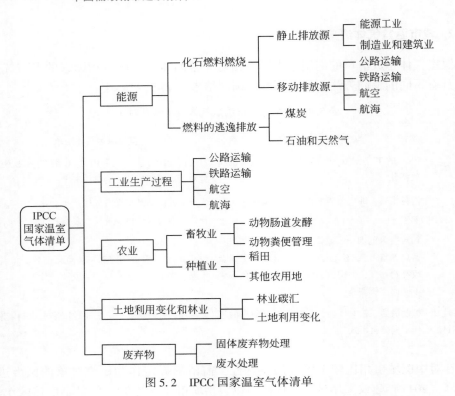

图 5.2　IPCC 国家温室气体清单

图 5.3　城市温室气体清单范围

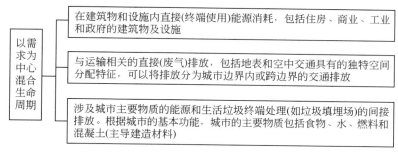

图 5.4　以需求为中心的混合生命周期法的计算范畴

（3）基于排放源头控制权的城市温室气体清单。参考 WRI/WBCSD 和 ICLEI 在 IPCC 方法基础上引入排放源头控制权概念，将排放源分为三类（图 5.5）：①城市范围Ⅰ：所有直接在城市空间边界内产生的温室气体，主要源头包括化石原料燃烧（建筑、境内交通）、工业能源及过程排放。②城市范围Ⅱ：包括城市使用电力在电力生产时燃烧化石能源的排放。一般城市主要的电力都是由城市边界范围外排向大气层的。③城市范围Ⅲ：由于城市需要由外部输入服务、食品、工业生产配件、建材等物质满足城市的需求，而这些物质与服务都有生命周期排放，又或者有在位于城市边界范围外的温室气体排放源头。这些排放又可细分为两类：一类是单一过程排放类，如城市境外填埋及废弃物处理、城市区域供热，以城市为出发点的航空运

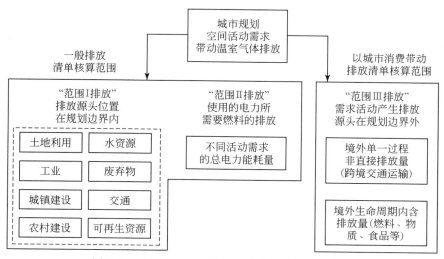

图 5.5　以城市消费带动核算温室气体排放的范围

输、跨境陆路和水路运输；另一类是生命周期上游内含排放类，如供应城市居民需求的食品的内含排放、供应城市建设使用建材的内含排放、供应燃料的上游排放等。

由于中国相关统计对于能源的统计较为笼统，主要分为能源生产和能源消费，目前为止，最为详细的数据是对各个行业、不同种类能源消耗的情况统计，但没有对生产、生活消耗进行细分，因此，清单统计过程需要在同一分类下提取数据，而且最为关键的是，中国缺乏对实体城市的统计口径，目前的研究基本在分类标准上尽量和国际接轨，根据城市特征选择相应的清单系统。

5.3 我国典型低碳规划设计案例

5.3.1 低碳规划的现状进程

目前国内的低碳规划实践主要分为新建地区的低碳规划及对原有建成区的低碳规划改造两类。前者以 2012 年财政部与住房和城乡建设部八个绿色生态示范区为基础作为主要的推进方向，后者则还处于探索实践阶段。

八个绿色生态示范区的规划实践包括考虑城市与自然共生理念的中新天津生态城和长沙梅溪湖新城，考虑城市与效率共生的无锡太湖新城、昆明呈贡新区和重庆悦来绿色生态城等，坚持城市和产业共生的唐山湾生态城和深圳光明新区等，以及考虑城市与生活共生发展的贵阳中天未来方舟生态新区等。关于低碳规划改造的实践探索包括北京、哈尔滨、深圳等探索实践，其中，哈尔滨的实践首度将城市碳排放清单结合入低碳城市规划中，而北京的规划实践则是通过系列标准的制定及相关街区层面低碳规划的编制得以实现（表 5.10），这些上层制度层面的设计为城市下一层面的低碳规划实践奠定了很好的基础。

表 5.10 北京低碳规划实践

分类	项目名称
标准体系	居住建筑节能设计标准
	绿色建筑设计标准
	北京市典型功能区低碳生态详细规划设计研究
	居住区微气候规划设计优化技术导则
	商业区微气候规划设计优化技术导则

分类	项目名称
绿色建筑标识认证	绿创环保科研大厦、松林里危改小区 8 号商业楼、环境供给公约履约大楼、全国组织干部学院等
示范项目	低碳城乡规划研究与延庆试点应用
	长辛店生态城
	昌平未来科技城
	丽泽金融商务区
	中关村生命科学园
	海淀北部地区绿色建筑建设管理实施意见
	怀柔雁栖湖生态发展示范区
	门头沟永定滨水商务区
	新首钢高端产业综合服务区
	通州国际新城核心区
	奥林匹克中心区
	北京台湖环渤海高端总部基地

5.3.2　典型案例

1. 哈尔滨低碳转型规划——哈尔滨总体规划低碳专项研究报告

1）概述

哈尔滨低碳转型规划是作为哈尔滨城市总体规划（2010～2030 年）的专题报告《哈尔滨市建设低碳生态城市规划研究》而编制，规划范围覆盖哈尔滨都市区，即以哈尔滨一小时经济圈为基础，总面积约 1.51 万 km^2，该规划是国内第一个将城市温室气体排放清单编制应用于城市低碳生态城市专项规划的城市。

2）规划的主要内容

（1）哈尔滨城市温室气体排放清单编制。该规划基于 2009 年哈尔滨市统计局的资料和数据，参考 IPCC 温室气体清单及 ICLEI 城市清单方法，编制温室气体排放清单，其主要分析对象如表 5.11 所示。

表 5.11　哈尔滨城市温室气体排放

分类	项目	分析对象
能源	静止排放源	分产业及居民生活的主要燃料及电力生产的温室气体排放
	移动排放源	城市各类交通方式的主要燃料消耗的温室气体排放
	逃逸排放	煤炭开采的主要燃料消耗的温室气体排放
工业生产	采掘工业排放	水泥生产中的温室气体排放
	化学工业排放	电石生产中的温室气体排放
	金属工业排放	主要金属品生产中的温室气体排放
农业	种植业	水稻生产中的温室气体排放
	畜牧业	各种畜类肠道发酵、粪便管理系统中的温室气体排放
土地利用变化与林业	林业及城镇绿地的固碳量	
废弃物	固体废弃物、工业废水处理的温室气体排放	

通过计算分析可得出哈尔滨的排放基本构成和排放总量。其中，碳排放总量为7679万t，碳汇总量为239万t。碳排放主要集中在能源部门的静止排放源和废弃物处理中。而从产业、交通、建筑、农业四大领域的碳排放情况看，产业是哈尔滨市碳排放量的最大来源，其中，包括制造业、建筑业、能源工业及废弃物处理等。而能源消耗又是主要来源。在此基础上，该规划总结哈尔滨人均碳排放量和碳排放强度，并将之与主要经济大国的相关数据比较，得出哈尔滨的碳排放强度是最高的结论。

（2）低碳规划方案的指标体系设计。基于现状分析，提出2030年的哈尔滨碳排放总量，制定分部门的碳排放量，并将这些指标融入哈尔滨总规的低碳评估指标体系（表5.12）。

表 5.12　哈尔滨总规低碳评估指标体系

序号	目标层	制约层	指标层	单位	现状值 2008年	规划值 2020年	规划值 2030年
1	减碳	城镇空间	人口密度	人/km²	11786	10000	8000
2			居民工作平均通勤（单向）时间	min	40~50	30	30
3		产业发展	第三产业占GDP比重	%	48.8	55	75
4			工业固体废物综合利用率	%	79.5	95	100
5			产业碳排放强度	tCO₂/亿元	40000	35000	30000

序号	目标层	制约层	指标层	单位	现状值 2008 年	规划值 2020 年	规划值 2030 年
6	减碳	交通出行	公共交通分担率	%	29.5	45	50
7			步行分担率	%	42.5	20	20
8			轨道、BRT 系统占公共交通分担率	%	0	20	40
9		基础设施	城镇集中供热普及率	%	64	90	100
10			城镇生活垃圾无害化处理率	%	53	≥90	100
11			热电联产比例	%	31.8	70	85
12		能源利用	单位 GDP 能耗	t 标煤/万元	1.31	0.8	0.6
13			清洁能源比例	%	—	15	30
14		绿色建筑	新区建设绿色建筑达标率	%	—	50	70
15	固碳	生态环境	建成区绿化覆盖率	%	32.15	38	45
16			人均公园绿地面积	%	8.1	12.6	18

（3）低碳情景总体规划方案。对城市总体规划提出低碳情景中的发展愿景规划。对城市发展目标、发展规模、城镇体系方案、中心城区空间结构、城市快速和公交系统规划、产业及产业用地规划、能源系统规划、低碳建筑及建筑群设计、碳汇和城市绿地规划分别提出调整建议，并由此提出低碳情景的总体规划方案、碳排放量和碳汇量（表5.13）。

表5.13　专题对总规方案反馈的主要内容

分类	调整建议
城市发展规模调整建议	设定生态控制区，设定城市增长边界，提出适宜城市远景发展用地规模、人口规模；提出"三增三减"原则，调整城市人口密度和绿地分布
城镇体系规划方案调整建议	交通引导城镇–产业共生轴、建立市域政策分区；分区指引、制定空间管制措施；预留城市风道、建设郊野公园、构建城市自然生态网络、构建适宜的城市外部形态、结构
中心城区空间结构调整建议	低碳紧凑的多中心城市结构，职住平衡的布局手法，适度混合用地
城市快速和公交系统规划	低碳路网走向设计、路网密度，构建快速公共交通系统，公交引导开发的 TOD 模式，慢速交通系统

分类	调整建议
城市产业及产业 用地规划	构建静脉产业、动脉基础产业、动脉延伸产业为一体的产业体系；低碳产业园区规划
城市能源 系统规划*	建立脱碳的能源系统；低碳能源系统；改善能源供给结构，系统设计，固碳能源系统
低碳建筑及建筑群设计*	引导低碳建筑群、建筑设计
碳汇及城市绿地规划	构建斑—廊—基景观生态安全格局；绿地系统规划

*指以原则性引导为主

3）规划评述

该规划第一次立足于温室气体排放的角度对城市现状进行普查，由此为编制规划奠定相对翔实的现状依据，但由于仅仅是一份专题规划，它更多地提供的是改进的理念和技术改善的建议，对城市的转型发展的实际指导价值相对较弱。

2. 深圳市光明新区规划

1）概述

2002 年，公明和光明街道作为深圳当时最大的成片可开发建设区域，开始统筹规划和开发建设，并首次提出了"光明新城"的概念。随后编制的《深圳市光明新城规划大纲》，初步确定以卫星城的模式发展。2007 年 5 月 28 日，深圳市委、市政府决定在光明、公明两个街道基础上成立光明新区，推进光明产业园区与光明、公明街道的统筹发展，并成立深圳市光明新区管理委员会，辖区面积为 156.13km²。同时，根据《深圳市城市总体规划（2007～2020 年)》，光明新区规划范畴属于深圳市西部滨海分区，并作为分区中心之一，重点发展城市特定职能，加强行政、文化、商业、商务办公、体育、医疗卫生等公共设施的集中建设。至此，从规划定位上光明地区彻底实现了从边缘生产型城镇到中心综合型城区的转变。本规划作为对光明新区未来发展的综合性规划，独立于城市法定规划体系。

2）规划的主要内容

（1）发展理念及空间模型。规划提出"尊重自然、保护生态；继承传统、延续文脉；紧凑城市、精明增长；回归邻里、人性尺度；公交优先、步行优化；经济繁荣、活力城区；社会和谐、多元融合；公众参与、弹性规划"八大规划原则作为光明新区规划的指导思想，光明新区空间模型如图 5.6 所示。

基于上述理念，集合相关生态城市案例研究，提出光明新区空间模型以指导相

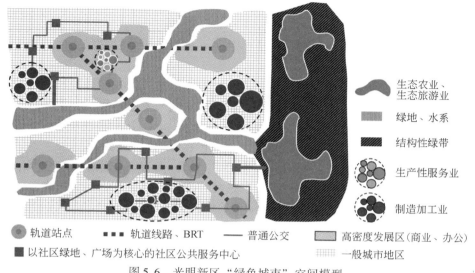

生态农业、
生态旅游业

绿地、水系

结构性绿带

生产性服务业

制造加工业

● 轨道站点　■■■ 轨道线路、BRT　—— 普通公交　　高密度发展区（商业、办公）

■ 以社区绿地、广场为核心的社区公共服务中心　　一般城市地区

图 5.6　光明新区"绿色城市"空间模型

关系统规划：体现为 TOD 导向下的紧凑型城市，最大化城市与自然的接触界面，最小化人工建设对自然环境的冲击，功能混合，生活多元，尺度宜人。

（2）规划目标及策略。规划目标为：深圳第一个绿色城区，深圳作为国家"低碳生态示范市"的集中实验区和示范区。功能为：深圳绿色城市示范区；深圳重要的城市副中心；创新型高新产业基地及其配套服务区。为达成此目标，需建立：新的生态结构，即高效合理利用生态资源，保持优良的生态环境；新的生活方式，即建立完善的公交及公共服务体系，推动城市社会和谐健康发展；新的生产方式，即建立多元的产业模式，促进经济快速持续健康高效发展；新的生长方式，即尊重自然，采取低冲击的开发模式；尊重现状，延续文脉，渐进演化和提升。

（3）"绿色城区"指标体系。光明新区"绿色城区"指标体系共分为控制性指标和引导性指标两大类，共计 30 项。控制性指标包括环境友好、社会和谐、经济繁荣、资源节约等四个目标体系相关指标；引导性指标包括区域协调融合（自然生态、区域政策、社会文化、区域经济）。指标的应用包括分解落实于法定图则及在详细蓝图中落实设计要点两个主要方法。

控制性指标分解和落实主要以法定图则为抓手。由法定图则产生的用地开发控制要求直接对应具体的建设行为，如将体现绿色要求的指标落实于用地开发控制要求，实现了指标规定向规划管理的转化。但目标指标描述的是新区总体特征，当进入用地开发控制要求时，必须对指标规定进行分解。例如，要实现总综合径流系数不超过 0.43 这一目标指标，必须对不同类型用地进行相应的地表径流指标控制，如新建居住用地小于 0.4，新建商业区小于 0.6，改造商业区小于 0.45 等。在各片区编制法定图则时，针对不同的用地性质判定地块地表径流控制指标，使之进入用地开发建设要求。

用地出让后，为开发建设后达到上述控制指标规定，对开发建设行为提出相应设计要点。如一新建居住小区用地，除容积率等常规开发建设指标，附加绿色控制指标，如地表径流系数小于 0.4，提出相应设计要点："①新建居住小区建筑屋面雨水（如果不收集回用）应引入建筑周围绿地入渗；②为增大雨水入渗量，绿地应建为下凹式绿地；③小区小型车路面、非机动车路面、人行道、停车场、广场、庭院应采用透水地面，非机动车路面和小型车路面可选用多孔沥青路面、透水性混凝土、透水砖等；……"如将上述设计要点作为用地详细蓝图方案审批和获得"两证一书"的必要条件，"低冲击"的绿色目标则通过"规划管理，市场执行"得到了具体而深入的贯彻（图 5.7）。

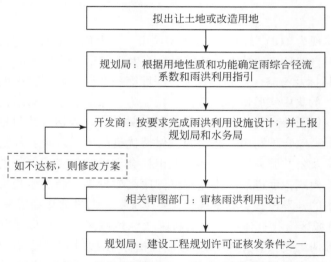

图 5.7 低冲击规定纳入规划管理流程示意图

与此同时，考虑到法定规划落实指标体系的刚性和严肃性，为兼顾可操作性和先锋性，在全区划定"绿控分区"（图 5.8）。即在法定图则阶段，由目标指标分解形成的"绿控指标"分解为刚性指标和建议性指标，各片区在开展法定图则时结合片区条件，选择性地纳入"绿控指标"，对用地开发建设模式进行约束和引导。用地的开发建设指标中，附加的"绿控指标"越多，刚性越强，"绿色"程度和示范性越高，同时决定了该用地在规划管理层面要求更高，难度更大，需要公共资源、公共政策的集中投入和扶持。

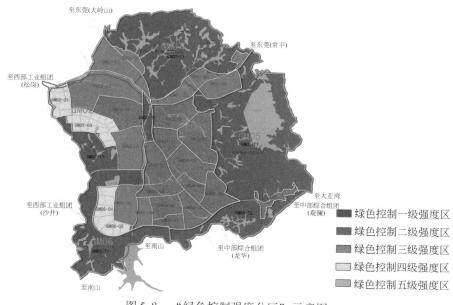

图 5.8　"绿色控制强度分区"示意图

（4）人口及用地规模预测。光明新区规划以深圳基本生态控制线为刚性控制要求确定城市建设用地规模，其人口规模的确定以留有余地、增加弹性，坚持土地、人口双从紧为原则，逐步实现人口基数的基本稳定，建立合理的人口结构。规划期内，光明新区人口规模为 70～100 万的弹性区间。基础性公共设施配套按 80 万人口规模控制，市政设施人口配套按 100 万规模控制。

（5）土地综合利用规划。规划根据空间模型，提出构建"一轴、一心、一门户"、"一环、四点、八片区"的总体布局结构，并确定明确的城市建设用地和非城市建设用地规模及范围。为将规划与下位规划，尤其是法定图则相互衔接，对规划建设用地范围进行标准分区。该规划以《深圳市策略分区》为基础，将光明新区按照一个独立新区从宝安策略分区体系中独立出来，并按照主要功能结构划分为六个大区，每个大区根据城市道路、主体功能和相关规划控制界限划分为若干普通片区和特殊区，共计 32 个片区，其中，普通片区指一般城市功能区，特殊区主要以水域及非城市建设用地为主要区域（图 5.9）。

（6）综合交通规划。从整体出行结构出发，规划鼓励推行公交主导，步行、自

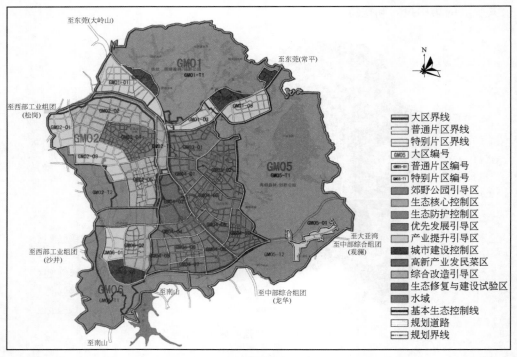

图 5.9　标准分区图

行车优先的绿色交通模式；建立 TOD 发展模式，实现土地开发和交通设施建设的有机结合；利用轨道 6 号线、BRT 专线和普通公交线路构建多层次的公交服务模式，提高公交覆盖率和换乘效率；结合轨道站点与城市公共活动中心划定非机动车优先区，构建良好的步行、自行车环境；建立联系各中心区之间及其与郊野公园之间联系的自行车网络，各区内步行系统自成体系。

（7）公共设施规划。规划提出公共设施布局体现层级化和系统化，结合开放空间和生态绿地布置；重大公共设施选址应结合公共交通系统组织综合考虑，规划建设体现"绿色建筑"的示范性，并有利于城市环境品质和文化品质的改善和提高。

（8）产业规划。鼓励产业门类的多元化、混合化、生态化及产业功能的垂直布局等现代产业发展趋势，大力发展新兴的低环境能耗、高附加值产业，如 2.5 类产业、创意产业、生产性服务业、观光型农业、生态旅游业等。

（9）绿地系统规划。作为低碳规划的重要组成，规划对绿地系统进行了详细的研究和规划划分，将绿地系统分为三大部分：新区区域绿地、建设区绿地、水系与湿地系统。其中，新区区域绿地包括组团生态廊道、森林公园、高尔夫球场绿地、自然保护区绿地、水源保护区绿地和生态旅游绿地等；建设区绿地包括城市公园、社区公园、防护绿地等；水系与湿地系统包括 8 支主要水系（大陂河—洋涌河、新陂头水、楼村水、木墩河、东坑水、鹅颈水、公明排洪渠、上下村排洪渠）、8 处滞洪区生态湿地。

（10）城市设计导引。规划提出依托光明新区良好生态环境，加强规划建设区与自然生态地区、绿地、水系水体的沟通与联系，强化新区总体地形地貌特征；在大陂河—洋涌河水系综合整治的基础上精心营造沿河景观系统，重点保护和打造滞洪区湿地公园；保护外围山体背景，结合山地公园和道路绿化，共同构成生态型"绿色城区"的绿化网络背景；将建设量视为空间形态塑造的重要要素，应用 TOD 模式塑造有序、紧凑、特色鲜明的现代城区空间形态。

（11）城市更新。城市更新作为低碳规划的重要内容，在光明新区的规划中独立成章，提出要尽量保留、合理利用现有建筑，体现"绿色城市"的循环利用理念及对城市文脉的延续和尊重的规划原则。

（12）市政设施规划。环境保护规划方面，该规划从地面水环境、大气环境、声环境、生态功能区划及保护对策、固体废弃物及工业废水和生活污水的处理对策等方面分别制定量化指标；给水工程规划方面，提出用水量控制的概念，并重点规划再生水利用的相关设施系统；雨水及防洪工程方面，提出应用低冲击开发理念，采取入渗、调蓄、收集回用等雨洪利用手段，控制径流量和削减面源污染，要充分考虑水资源利用及生态景观的需要，契合"绿色光明新区"对"绿色市政"的要求；电力工程规划方面，则提出适宜推广应用的可再生能源为太阳能、风能、生物质能，充分鼓励绿色照明。

3）规划评述

该规划是一个典型的以低碳规划指标为出发点的规划，通过其与城市整体规划控制体系相互融合，而形成相对完善低碳规划控制体系。同时，它通过低碳理想模型的构架和规划原则的探索，对相应的空间布局、支撑系统、市政设施布局形成引导；作为重要的平台，它也鼓励各种低碳技术综合应用于规划中（图 5.10）。

3. 低碳导向的上海南桥新城总体城市设计

1）概述

位于上海奉贤区的南桥新城是上海市"1966"城乡规划体系所确定的 9 个郊区新城之一，也是上海市"十二五"期间重点推进建设的七个新城之一。南桥新城距离上海市中心人民广场 42km，虹桥机场 24km，规划总面积为 72.05km^2。

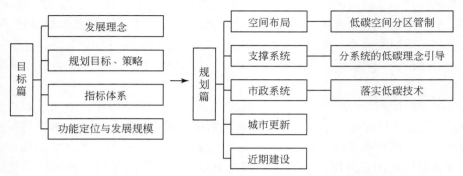

图 5.10　深圳市光明新区（2007～2020 年）规划技术路线

2）工作方法

将低碳城市因素纳入城市设计固有体系，从设计层面对不同的城市要素和空间类型进行重新审视和组织优化，结合气候变化考虑建筑、交通、城市空间、生态环境及市民活动的低碳化发展方向，并制定适宜的低碳对策。

在对城市低碳要素进行界定的基础上，转译为低碳为导向城市设计的空间要素体系，通过研究城市设计对低碳要素的影响机理，建立城市设计低碳要素的关联框架及城市设计低碳控制要素的多层次框架，在确定城市设计控制要素体系的基础上，探讨低碳为导向城市设计的调控策略。

3）设计策略

（1）土地利用。以促进短路径出行为原则的土地使用，包括：①高效复合：提升土地使用复合度，促进职住平衡，减少长距离交通和温室气体排放。②立体混合：强调轨道交通的引导和上盖开发，通过不同功能在建筑内部的多元混合而实现。③层级组团：城市空间的发展以组团式的紧凑模式为基础，通过大运量的公共交通联系各个组团核心，同时单元因地制宜地采取不同的路网密度，核心区鼓励小路网开发，周边密度相对降低，充分体现了空间发展的弹性和灵活性。④多心发展：老城在原有发展的基础上进一步扩大和完善功能，老城在北部和东部，新城则根据轨道交通和核心绿地的位置，规划了新城商务核心及生产服务核心，在两大核心的支撑下，进一步完善次一级中心，形成多层次发展模式。⑤生态住区：在集约节约利用土地资源、符合低碳环保要求理念指导下，将居住为主的地块分为三个等级分区，即轨道交通站点周边及核心区、一般街区和外围街区。分别通过建筑密度、开发强度和街坊规模的差异化控制，达到因地制宜、营造良好人居环境的目的，参见图 5.11。

（2）产业布局。以减少长距离物资运输需求为目的，构建低碳型城市物流网络。南桥新城的总体产业布局为"四圈两带"结构，四圈包括先进制造业圈、老城

图 5.11　南桥土地利用图

商业圈、科技研发圈及商务贸易圈，两带包括金汇港生态休闲带及由上海之鱼延伸出来的生态休闲带。

生产性物资就近供给，构建产业共生系统。对不同的产业园区、商务园区、科技园区进行生态性的循环共生设计，借由节能装置、水与副产品的回收与交换系统的设置，充分整合流通过程中各环节的资源和能源利用，可以收到巨大的节能降碳效果。

生活性物资就近平衡，构建"有农城市"。支持"有农城市"的理念，将城市视为生命体，实现自我平衡和系统内循环，通过将闲置的城市空间（如空旷区域、学校场所、公园甚至屋顶）布置成小规模的农业生产区，建立完善的食品安全网络，而大大减少城市外远距离物资运输供给所产生的交通碳排放。

（3）绿色交通。优化出行方式，调整交通用能结构。引导"公交+慢行"出行为基础的土地开发模式。低碳城内部构成"轨道交通、公交骨干线、公交支线"三级的公交服务体系。其中，轨道交通将主要承担低碳城的对外公交联系，公交骨干线则沟通低碳城和外部城市功能区的主要联系，沿着内环路设置内部公交环线，采用清洁能源的公交车，结合各级中心和生态社区布置站点各个功能组团联系在一起，为慢行交通提供一种机动化的可替代方式。根据慢行可达性要求确定街区尺度，商务区道路网间距为 150～200m，道路密度为 12～16km/km²，街坊面积为 2.5～4hm²；居住区道路网间距为 250～300m，道路密度为 8～10km/km²，街坊面积为5～9hm²；产业区道路网间距为 250～350m，道路密度为 6～10km/km²，街坊面积为5～12hm²（图 5.12）。

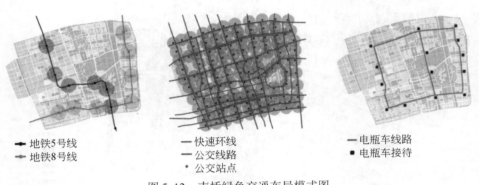

图 5.12　南桥绿色交通布局模式图

设置以增加非机动出行机会为诱导的慢行网络。将慢行交通作为低碳城出行的绝对主导方式。低碳城高密度的慢行交通系统串联起各个主要的交通节点、居住组团和公共设施；另外，慢行交通也将生态水塘、生态湿地、生态廊道等绿色空间联系在一起，并在行人适宜的步行距离配置相关的休憩设施，营造宜人的慢行环境，实现人车友好分离、机非友好分离和动静友好分离。

（4）绿化系统。打造高碳汇新城。保护恢复生态功能以稳定碳汇，具体包括：①基本碳汇空间的划定与保护：保障最基本的景观生态安全格局。在此基础上，借鉴景观生态安全格局理论和生态系统的生态服务功能理论，在稳定生态本底的前提下，构建生态功能网络体系。②主要碳汇类型的补偿与恢复：形成林地、公园、湿地、水体、屋顶绿化等多层次的碳汇类型。

完善碳汇网络以扩大碳汇。碳汇网络由碳汇基质、碳汇斑块与碳汇廊道通过相互联系和相互作用而形成。规划以生态敏感区和遍布基地的生态水塘体系为线索，南桥新城保留了大量绿色空间以增加负碳区域。构建"一核联四片、一环串两带"的绿化结构。以中央生态林地和"上海之鱼"项目为城市的生态核心，辐射老城、城北、城南三大综合片区和一个产业片区；以依托水系景观形成的环状生态绿带，串联起依托浦南运河和金汇港而形成的解放路公共服务带和金汇港生态景观带。

整合碳汇廊道。包括：①整合蓝色廊道，提升水系碳汇水平。结合城市滨水空间的公共环境建设，以自然和生态的方式对流域生境的堤坝、护岸和濒水植被群落进行修复和保护性设计，形成城市环境中重要的水陆碳氧流通和循环渠道。②提高灰色廊道（道路绿化）的碳汇能力。要求主干道绿化带面积不得低于道路总用地面积的 20%，次干道绿化带用地面积不得低于道路总用地面积的 30%，以提高绿地系统的碳汇品质，同时强调道路绿化的植林率不得低于 80%（图 5.13）。

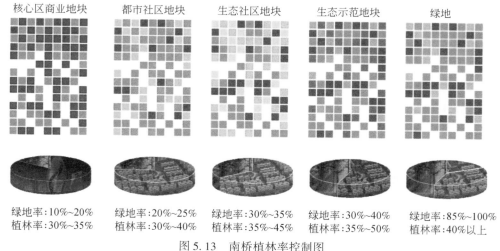

图 5.13　南桥植林率控制图

均衡布局碳汇斑块。均衡分布，就近整合，扩大冷岛效应辐射范围；同时，结合城市气候地图或热力景观地图，按需定位。

碳汇系统垂直格局整合。针对不同功能地块，在现有绿地率指标的基础上，增加"植林率"控制，提升绿地排氧水平和固碳能力。

（5）能源体系。高效供给于输配能源以调控转化用能。综合采用分布式能源生产、生物质能发电、地表水源热泵、冰蓄冷空调技术及生态水塘调节微气候等节能降碳的城市设计方法。

（6）基础设施。强调统一管理，完善市政设施，集约利用能源。

通过以下五项策略对雨水进行有效管理：利用雨水营造健康的河岸植被带；利用大型绿带中雨水作为人工湿地补充水源；利用生态滞留塘对雨水防涝进行管理；利用再生水作为城市道路、绿化、景观用水；增加雨洪下渗效率，补充地下水。

4）规划评述

以城市设计为平台，综合考虑土地利用、产业布局、低碳交通、绿化系统、能源体系、基础设施等"低碳设计"手段，对后续法定总体规划修编具有重要的指导意义。

4. 苏州独墅湖科教新区生态型控制性详细规划

1）概述

苏州独墅湖科教新区位于苏州工业园区南部、独墅湖东岸。规划范围北至独墅湖大道、东到星华街、南达东方大道，西临独墅湖边，规划总面积为 1559.27hm²。

本次生态型控制性详细规划是独墅湖科教新区未来规划建设管理重要依据的法定性规划。

2）规划的主要内容

（1）总体控制。规划提出整体的发展定位为：科技创新和高技术企业的孵化区，低碳生态型城市建设的试验区。并据此制定相应的 2020 年低碳发展目标，分别由经济高效、建设科学、生态健康、资源节约四个子目标组成，对应 39 个控制指标体系。从空间行为组织、生态环境、资源利用三个角度提出建设"紧凑型"、"深绿型"和"节约型"科技园区等三项总体策略。其中，"紧凑型"空间规划包括布局和交通两个方面，布局减排主要体现在以人的活动特征分析为核心，通过组团用地的紧凑、混合布局引导关联性活动在慢行尺度集聚，交通减排包括公交引导、围绕公交枢纽构建高强度开发的公共中心、增加绿色出行比例及停车调控等措施。"深绿型"生态规划包括绿化固碳和改善微气候两个方面，绿化固碳主要通过保障合理的绿地总量、推广立体绿化、提高乔木覆盖率等手段有效提升碳汇能力；改善微气候主要体现在通风廊道塑造、对热点进行控制和增加立体绿化等方面，将绿地布局和维护生态保育带、缓解热岛效应相结合，有效改善微气候。"节约型"资源管理包括能源、水资源和固废利用三个方面，通过推行节能和绿色建筑，积极利用新能源，推行节水措施，利用雨水和再生水，对垃圾分类，并在此基础上推行垃圾管道回收和循环利用。

（2）土地利用规划。就空间土地规划提出相关理念为：公交走廊引导分组团紧凑发展；混合布局实现产居、学居平衡；行为流线组织指引服务设施布置。

（3）绿色交通系统规划。停车与分区调控结合，促进出行结构优化；站点与中心体系结合，引导绿色方式出行；重点关注慢行系统。

（4）生态系统规划。提出坚持"适量、高效、合理布局"原则，合理构建生态系统结构，引导"节约型"绿地系统建设。

（5）资源利用规划。提出以开发强度提高与土地复合使用为途径引导土地资源利用效率提升；以节能标准提高和新能源开发利用为途径引导能源利用效率提升；

以中水回用和雨水利用为途径引导水资源利用效率提升；以可再生材料和本地乡土材料强化利用为途径引导材料资源利用效益提升。

（6）控制指标体系管控。根据总体控制提出的三项措施建议，规划在常规控规基础上新增 20 项控制指标，其中，土地管理类 2 项，建筑管理类 4 项，交通控制类 4 项，生态环境类 3 项，资源利用类 7 项（表 5.14）。

表 5.14　控规新增指标汇总

分类	规定性指标	引导性指标
土地管理 （新增 2 项）	地下容积率	用地混合度
建筑管理 （新增 4 项）	可上人屋面绿化面积比例	建筑贴线率
	太阳能设施屋顶覆盖率	裙房建筑高度
交通控制 （新增 4 项）	慢行线路出入口方位	公交站点覆盖率
	自行车停车位	行人过街绕行距离
生态环境 （新增 3 项）	地面透水面积比例（单元、地块）	本地植物指数
	—	绿地乔木覆盖率（单元、地块）
资源利用 （新增 7 项）	雨水留蓄设施容量	雨水利用占总用水量比例
	中水设施配建方式	中水回用占总用水量比例
	太阳能热水普及率	光伏发电负荷
	—	地热能采集负荷

3）规划评述

该规划将低碳规划与控制性详细规划充分融合，通过对控制性详细规划指标体系进行研究，将 20 项低碳控制指标纳入控规指标体系，直接指导和控制地块开发，一定程度地解决了生态发展目标在城市建设中"落地"的难题。

但这样一份规划，由于仍然仅仅对地块开发，尤其是对地块规划设计起到作用，但对于系统方面的控制，因为还涉及与其他部门间的相互协调，对于低碳规划的理念落实会受到影响。

5. 上海虹桥商务区控制性详细规划（核心区一期，暨城市设计）

1）概述

虹桥商务区是中国 2010 年上海世博会以后的城市重点发展区域，是完善外滩——陆家嘴中央商务区、城市中心、副中心等"多心"城市公共活动中心体系的重要功能区域，其中，虹桥商务区核心区规划规模为 1.4km²。根据上海市政府"高起点规划、高标准设计"的总体要求，虹桥商务区管理委员会和上海市规划和国土资源管理局、虹桥指挥部办公室组织开展了《虹桥商务区核心区城市设计》国际方案征集工作，之后由上海城市规划设计研究院对中标方案进行优化深化。采用总体城市设计与控制性详细规划相互结合的方式，并以控规图则指导最终实施。该规划所涉及的用地规模为 1.4km²，它将低碳生态作为城市设计的核心理念贯彻于整个规划编制过程中，提出自然和谐、减少碳排、增加碳汇等三个重要方面，如图 5.14 所示。

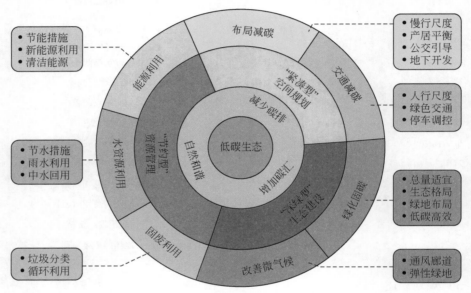

图 5.14　规划技术路线

2）规划的主要内容

（1）目标与理念。该规划提出的低碳设计理念是其核心的两大理念之一。所谓低碳设计，即为实现节能减排，主要表现在城市空间布局、交通组织、能源利用及建筑设计等四个方面。其中，城市空间布局方面要求小街坊、高密度、低高度的空间形态，混合布局的功能业态，多样性的公共空间；交通组织方面要求鼓励步行交通及自行车交通，促进公共交通，减少私车交通；能源利用方面则要求利用新能源、可再生能源，并尽可能利用近距离输送，提升能源的利用效率；建筑设计方面则要求控制建筑材料、建筑物的遮阳及外保温、屋顶绿化、建筑自然通风等。

（2）五大规划策略。①功能突出多元混合：规划提出功能混合的比重关系、平面和垂直的混合关系。②建筑形态注重地域特色与低碳节能融合：在微气候分析的基础上，对建筑间距、高度、尺度及整体街巷布局加以控制，最大限度满足低碳节能要求。③提出绿色建筑布局引导。④交通组织强调绿色出行：提出构建地铁、自行车、公交为主体的绿色交通模式，同时提出适度供给、差别配置的规划原则，即外围设置公共停车场，内部停车控制上限。⑤能源利用体现高效环保：规划强调能源的高效利用，主要体现在区域能源的综合配置及雨水收集技术的应用。

（3）城市设计导则。在城市设计导则部分单独设置"低碳设计控制与引导"章节，提出建设目标和相应的低碳指标体系。目标为建设一个国家级"低碳城市示范区"；所有建筑均应达到现行国家《绿色建筑评价标准》（GB/T 50378），超过半数的建筑应达到二星级以上标准；结合地标节点建设 6 栋以上国家三星级绿色建筑，同时在保证相同的室内环境参数条件下，地标建筑全年采暖、通风、空气调节和照明的总能耗应减少 65%。所有建筑每平方米建筑面积比现行的节能标准规定值年减少 CO_2 排放量约 10kg 以上。同时，从城市空间布局、交通组织、能源利用及建筑设计等四个方面提出 20 项低碳指标，这些低碳指标分别与所涉及系统的城市设计导则相互结合。

（4）控制图则。该规划采用"导则+图则+三维模型"三位一体的规划控制体系，将低碳相关的控制内容融入其中。

3）规划评述

该规划通过城市设计平台将低碳设计所涉及的空间布局、交通组织、能源利用及建筑设计等方面充分融入，通过导则、图则的方式对规划实施形成指导。

6. 北京长辛店中关村西部生态园项目控制性详细规划优化深化编制

1）概述

该项目位于北京长辛店的北部，在北京市域范围内的西部次区域及"西部发展带"上，是城市未来重要的发展地区。规划由两个层次组成，包括控规土地利用深化研究范围 500hm²，及中关村园区规划设计范围 302hm²。

2）规划的主要内容

（1）制定可持续发展目标。从环境、社会、自然资源、经济等角度提出 19 项可持续发展指标。

（2）土地利用规划。在 500hm² 范围内，从评估土地适宜性角度出发，从城市街区布局（考虑微风通道、阻碍冬季寒风）、道路布局（结合微风通道、增加用地与水网、绿地联系）、绿化用地分布（公建融合绿化、公共绿地可达性、绿化门廊）、突显地区中心和塑造河岸活力（营造与河岸共享的地区中心、整合南北城市肌理与布局）、公交专用线系统（500m 覆盖率、环状公交专用线）、配合水资源战略（低冲击开发、雨水回收）、公共绿地提供氧气、中和碳排放（碳审计）、垃圾处理站选址等角度提出土地利用对策。在302hm²范围内，从土地利用、开发强度、交通规划等角度进行研究。其中，开发强度重点研究以TOD为导向的容积率分布和由此相关的建筑限高；交通规划则重点研究公交网络的500m覆盖圈和道路断面设计。

（3）生态建设规划（500hm²）。提出修复生态林带（恢复防护林带群落结构特征、植物配置建议）、改善滨河生态（水资源管理、景观设计、植物配置建议）。

（4）综合资源管理（500hm²）。分别从能源资源、水资源、废弃物、绿色基础设施运营管理建议四个角度入手。其中，能源战略内容包括制定能源利用整体减排目标及需求模拟、再生能源利用比例、绿色能源基础设施规划、风场和热岛效应评估等内容；水战略规划内容包括中水利用规划、雨水利用规划、废弃物的利用规划及这些系统相关的设施布局。

（5）城市体量开发设计方案及导则。通过主导功能及案例研究确定建筑模块及组合模式（图5.15）。从微风通道、建筑南北向布局、主要交叉口广场、建筑界面的空间围合、停车位于建筑后部、标志建筑、建筑高度递减等角度确定城市体量的布局原则，并从可持续开发和设计角度提出城市设计导则。其中，可持续开发导则包括微风通道、高科技产业用地场地设计、公共绿地场地设计、公共设施/商业场地用地设计、住商混合用地场地设计等系统，每个系统分别包括对土地利用、雨水回用、能源、碳氧转换、建筑楼面板等子系统规划，将系统规划与用地规划充分融合。

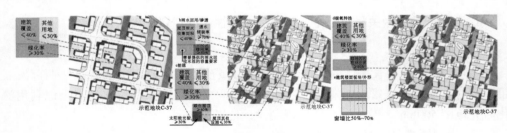

图5.15　高科技产业用地设计导则

（6）街景设计。对街道进行功能分类，根据不同类型的街道进行断面设计，并从采用本土物种、循环利用表层图、采用可渗透性地面、使用循环材料、分类垃圾、大量采用太阳能等角度提出可持续设计的具体措施。

（7）控制性指标体系。规划在原有图则基础上增加生态规划控制性指标专栏，分别由环境设计和综合资源管理两类指标构成。其中，环境设计指标包括微风通道、植林地比例、绿色屋顶面积率、雨水处理（雨水储存池、透水铺装率、下凹式绿地率等）、建筑贴线率；综合资源管理指标包括建筑节能、太阳能发电占需求比例、太阳能热水占需求比例、地源热泵占需求比例、热电冷三联供占需求比例等能源管理指标，以及居住及公共建筑节水用水额水资源管理指标。

3）规划评述

该规划通过城市设计的平台和控规平台将低碳系统性规划的内容与地块和街道充分结合，使规划成果易于落地。

7. 安吉乡村低碳规划

1）平原斗区低碳发展

平原斗区位于安吉县东北部，地势低洼，水塘密布，是生态敏感区也是经济发展的薄弱区。对于该地区的低碳规划提出整体规划理念为：湿地碳汇保育与生态安全构建、斗区低碳经济培育与斗区空间经营相互结合。理顺区域水系资源，保育自然资源，打造独具特色并富有趣味的景观环境，保证未来农业、工业和旅游产业的顺畅发展。规划包括了可持续发展目标/指标、技术评估、模拟和成果整合三个阶段，如图 5.16 所示。

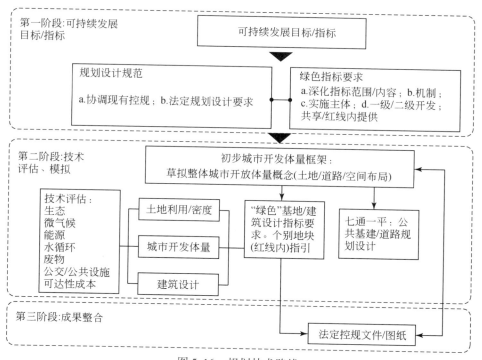

图 5.16　规划技术路线

2）南北湖村的低碳规划

南北湖村是典型的平原斗区村庄，规划在理念上提出要将生态资源、产业资源与景观资源三者耦合。根据不同的资源特质，找出适合农田片区、水塘片区与林地片区的开发模式。规划在系统引导中重点关注湿地—水渠—鱼塘的循环系统，带动特色休闲观光旅游业发展的同时，提升湿地碳汇量。

3）递铺镇小山村低碳规划

递铺镇小山村现状正从第一产业向第三产业转变，对土地进行大力度的开发，包括在原有的居民点建设度假村住宅、农业参观游憩项目等。为此，在整体思路上基于LID低扰动开发发展低碳旅游，在系统规划中首先构建 Parkway（公园路系统），鼓励慢行为主的旅游方式，其次是分析自然水文状况，分析人工循环系统，模拟自然水循环系统，并结合现有人工系统，构建可持续的排水系统；鼓励游憩服务设施与基础设施选址应考虑对环境的冲击最小，且建设过程中鼓励集成使用适宜的低碳技术。

5.3.3 与国外低碳规划的对比

国外的低碳规划主要表现出两种趋势：一种是在城市总体性战略规划中将低碳、应对气候变化等目标作为城市核心发展理念和目标之一，并制定相应政策；另一类趋势则是趋于专项规划，解决实际问题，面向具体工程实施。

1. 总体性战略规划中的低碳规划

本书附录选取 5 个城市的总体性战略规划（相当于中国城市总体规划），分别为大伦敦空间发展战略、纽约 2030、大芝加哥区域框架 2040、大巴黎计划、首尔 2030。附录从挑战、目标愿景、战略议题、策略、创新评价等五个方面提取与低碳和气候变化相关的规划内容。

相较于中国城市总体规划，国外城市总体性战略规划的主要特点是：在城市面临挑战方面都将应对气候变化、低碳、《京都议定书》等作为城市未来发展的重要挑战，相应的，在愿景目标中将低碳、绿色、气候变化等作为城市最为重要的未来愿景，在具体规划内容中，增加了能源、应对气候变化等战略性议题，并在土地、交通、环境品质、水系等方面有相应的策略回应，绿色经济也成为重要的战略内容。

2. 城市低碳专项规划

德国是在欧盟框架下最早开始低碳规划、节能规划的国家，本书附录选取三个德国的城市低碳专项规划：柏林、法兰克福、海德堡，其规划特点表现为以下几个方面：

（1）规划动机。德国城市低碳规划以应对气候变化和能源转型为目标。西方提出"无悔减排"，指的是气候变化是未来的和缓慢的，但今天开始的行动使得未来没有后悔。相比之下，国内城市多以低碳发展作为目标，但地方层面动力并不足。

（2）规划逻辑。德国城市低碳规划从调查开始，将问题作为先导，问题导向的规划从调查各部门的能耗、碳排放出发，进一步制定出各部门的减排目标。相比之下，国内的低碳规划主要针对新城规划，关注目标导向，对问题研究不多。

（3）规划目标。德国城市对于碳排放量削减目标有具体的数值，而且数值包含排放总量下降、能耗总量、可再生能源比例等目标。国内低碳规划提出的目标多缺少定量，类似于原则，无法实际衡量或强制执行。

（4）规划内容。德国城市低碳规划的主要内容是能源、建筑和交通领域、废弃物管理，一般不包括产业部门。

（5）规划类型。德国城市的低碳规划类型不同，体现出多样性。如柏林规划提出了建筑、交通、贸易部门的节能原则；法兰克福则针对居民、企业用户的咨询性规划提出了可选技术清单供选择，是自下而上的参与式规划；海德堡的能源规划注重项目实施，通过一系列能源方面的示范项目达到城市节能改造。

5.4　存在问题和建议

5.4.1　现状问题

1. 低碳城市规划认识方面的问题

1）将低碳规划等同于技术导向的高成本规划

目前，国内低碳建设实践大多围绕某一低碳技术的应用，如新能源技术、中水技术、低碳垃圾处理技术等。同时，由于部分技术还未普及，或遭遇国外的技术垄断，使得当前的单项低碳技术普遍成本较高，这就造成了国内许多城市将低碳建设等同于低碳技术的引进，而忽略了城市作为综合系统更需要从总体上进行低碳整合的要求。实际上，从城市空间的布局到主导产业的发展，再到市民生活的引导，都将对城市的低碳产生重大的影响。而简单地对单项技术的引进将会造成单位成本的增加，从而给地方政府造成低碳就是高成本的错觉。

2）将低碳规划与其他类型可持续性规划相混淆

对于低碳规划认知另一方面的误区则表现为概念的混淆。确实围绕可持续发展，出现了各种类型的规划命题，包括生态城市规划、宜居城市规划、智慧城市规划、低碳生态城市规划、绿色城市规划等。这些规划都以促进城市可持续发展为前提，特别是低碳规划与生态城市规划、智慧城市规划间的规划内容确实存在交叉，由此而引起概念的混淆，而当前我国许多城市的低碳建设中，往往将这些规划模式混为一谈，使得城市建设缺乏主导方向，更无法落实低碳的目标和指标。

2. 低碳城市规划对象方面的问题

1）低碳规划的对象以地区示范实践为主、标准规范偏少

由于低碳规划还处于初期的探索实践阶段，尽管国内已形成以八个绿色生态示范区为典型代表的实践案例，各个地方也都在跃跃欲试，但对于低碳规划，究竟应该做些什么，哪些技术手段被界定为低碳城市的技术手段，无论国家还是地方都缺乏相对成系统的标准规范，甚至是法律条文的支撑。尽管个别地区已经开始逐步编制公共性低碳准则，但也出现政策制定的相互协调性和标准制定的规范性弱。各种示范、试点的评价深度不一，由此也造成一定程度低碳规划编制的"乱象"；在标准制定方面，地方标准甚至往往低于国家标准，同时城市应制定哪些方面的标准目前还处于探索阶段，尚未形成成熟的指导性建议。

2）低碳规划以新建地区为主，目标导向多，问题导向少

由于低碳城市建设受政策性推动因素较多，由此造成建设对象主要以各地的新城、新区为主。在建设中，往往形成以目标为导向的规划方式，为了建设低碳城市而进行一系列的行动，而缺乏了对城市现状问题的解决。目标导向的低碳建设行为往往不能从根本上解决城市可持续发展的问题，反而减弱了低碳建设的效果。

（1）低碳建设以大城市为主，缺少对中小城镇的关注。我国现阶段大量的投资和建设行为都围绕大城市进行，低碳城市的建设也不例外。从国家发改委发布的两批低碳试点城市来看，大多是大城市和特大型城市。而从国外的低碳城市建设实践来看，中小城市和社区层面的低碳建设往往是最容易出成果的。未来我国新型城镇化的重点内容就是中小城镇的发展，因此，低碳建设也应加强对中小城镇的关注。

（2）低碳规划的编制层面以城市为主，缺少对乡村地区的研究。乡村地区无疑是讨论中国发展问题的重要空间载体，但目前低碳规划的编制还主要以城市为主，尽管已经在安吉等地区形成若干的实践案例，并且已形成了一定的成效，但在全国层面，却缺乏对乡村地区低碳规划编制，无论是工作方法、技术手段，还是编制方法方面的研究。

（3）低碳城市建设缺乏标准，边示范边推广存在风险。由于低碳城市建设在我国还处于初期的探索实践阶段，无论国家还是地方都缺乏系统性的低碳建设标准规

范。当前的低碳城市建设大多围绕低碳示范区进行，同时采用边示范边推广的办法，这使得部分技术的应用并未真正得到实践检验就开始推广，造成了一定的风险。同时，由于缺乏国家层面的标准和规范，使得各地的低碳示范区无法采用统一的规划建设模式，形成了各自为政的格局，不利于示范和推广。

3. 低碳城市规划编制方面的问题

1）低碳规划地位不明确，无法指导城市总体发展

现阶段，我国的法定规划序列中并没有低碳规划的内容，因此，地方城市在制定低碳规划时不仅缺乏相应的标准，更存在对其地位的不确定性。低碳规划往往成为与道路交通、给排水、电力等规划相类似的专项规划，使其失去了对城市总体发展的指导性。同时，低碳规划编制之后的实施主体也存在不确定性，地方发改委、规划建设主管部门、环保部门都涉及低碳建设的内容，但却无法明确主管部门和责任单位。

2）各个层次低碳规划的编制内容及具体的规划设计手段区分不显著

如同城市空间规划的编制，不同规划层次应关注的空间维度及具体实施的规划设计手段却是不同的，但目前低碳规划各个编制层次却缺乏相应工作重点的区分。造成了在城市总体规划层面关注绿色建筑技术的应用，街区层面关注低碳产业的发展等错位的现象，不同层次的规划在内容上相似度比较大，差别没有拉开。

3）指标体系大而全，与系统规划相互脱节，定量指标少

规划指标体系往往追求大而全，而其中又以定性化的描述为主，对于碳减排的总目标和分系统目标定量化界定相对薄弱。另一方面是对于城市空间现状问题的判断或者是未来发展的预期的研究过程以经验判断为主，缺乏定量化的标准判断。

指标制定与系统规划相互脱节。由于现状规划往往重目标制定而缺乏实施评估，以及指标制定过于繁琐，而导致指标与系统规划相对脱节，指标制定与系统规划各自按照自身的一套逻辑执行。指标是在系统规划制定之后再嵌入规划中，而非围绕核心指标来制定能够使其实现的系统规划。

4）低碳规划存在若干技术难点

（1）研究对象空间范畴难界定。由于中国行政管辖的特殊性，国内低碳规划的研究对象与国外略有区别。特别是城市层面的规划往往以完整行政区作为研究对象，抑或是以中心城区作为研究对象，由此造成乡村地区往往也被纳入低碳规划内容中，而和国外以城市空间为主的低碳规划形成差异；而以中心城区为主，或者是新城为主界定的规划又往往缺乏统计数据的支撑，无法获得相对完善的碳审计数据。

（2）统计数据支撑弱。由于低碳规划的思想近年才出现，由此导致各个层面关于碳排放方面的数据缺乏，目前更多关注于单位经济数据的能耗，即便交通系统的

能耗也是以城市间数据为主，缺乏城市内部数据支撑，而官方层面提供的基于城市建筑层面的相关碳排放数据更少，由此也一定程度造成城市低碳规划编制现状调研和评估系统工作薄弱。

4. 低碳城市规划实施方面的问题

1）低碳建设的实施效果缺乏考核机制，口号大于实干

由于我国还未真正建立起城市建设规划的评估体系，使得低碳建设的实施效果缺乏相应的考核机制，这就造成了许多城市的低碳建设只停留在口号阶段，很难真正实施。对于已经实施的低碳示范区建设，也缺乏必要的评估手段来总结经验和教训，使得示范的意义大大减弱。同时，各地的低碳城市建设还缺乏必要的经济效益评估，无法在建设初期就杜绝一些没有显著效益但却投资巨大的所谓"低碳示范工程"，反而造成了财政的损失。

2）低碳规划的政策推动特征显著，重规划轻实施

由于中国整体还处于工业化推动城镇化快速发展的惯性轨道中，因此，低碳规划的提出在这个阶段往往和中央政府的相关政策推动相关，缺乏城市层面水到渠成的驱动力。目前，低碳规划动力来自于政府自上而下的推动机制，导致重规划轻实施的结果，往往追求规划内容大而全，指标体系的大而全，而忽视与法定规划系统的衔接，既忽视政府主导为主实施内容的规划推进，又忽视以市场为主的实施政策推进，同时也尚未建立完善的实施评估和对规划的反馈机制，美好的低碳目标往往仅仅实现于图纸。

3）低碳建设政策拉动大于市场推动，可持续性不强

现阶段我国低碳城市的建设大多属于政府行为，缺少市场力量的推动，使得低碳的建设无法保持长期的可持续性。由于我国在国际社会中承担了巨大的减排任务，使得中央政府对低碳建设抱有一定的决心，出台大量政策推动国内节能减排。但由于缺乏市场力量的参与，地方在低碳城市的建设过程中往往投入巨大，且无法在短期内实现效益的平衡，这就导致了低碳建设成为短期行为和面子工程，无法形成长效机制。

4）低碳规划建设不考虑市情、地情

低碳城市的建设不仅需要在前期进行大量的投入，还需要保证后期运行的持续投入，这就要求政府有强大的财政作为保障，而我国地方政府的财政情况分化较严重，因此，在建设低碳城市的战略布局上要重视我国发达地区和不发达地区的区别，要根据当地的实际情况因地制宜的发展低碳城市建设，考虑不同的地情、市情。

5）低碳城市规划缺乏公众基础

现阶段我国的低碳城市建设主要源于政府的推动，且大多集中在新城和新区的

建设过程中，缺乏广泛的公众基础。由于缺乏低碳理念的宣传和普及，使得普通市民既不关心低碳城市的建设，也不知如何参与其中。没有广泛公众基础的低碳城市建设，往往无法全面实现低碳发展的初衷，政府的努力往往事倍功半，在城市的建设上实现了低碳，但在市民的实际使用中却又回归粗放和浪费。

6）低碳城市规划缺乏国际影响力

我国的城镇化过程受到全球瞩目，城市的数量和城市人口的规模都位于全球首位，这为低碳城市的建设提供了良好的基础和广阔的空间。然而，我国的低碳城市建设却始终无法形成国际影响力，只是国外先进技术和理念的试验场。从这个角度来说，我国的低碳城市建设还任重道远。

5.4.2　未来建议

1. 统一认知：作为空间规划重要维度的低碳规划

首先，最重要的是统一对低碳规划的认知，低碳规划作为支撑城市可持续发展的重要手段之一，与生态规划、宜居规划、智慧规划是相通的，但相比较其他规划，它更重点关注改善气候、减少并优化能源消耗。但与此同时需要注意的是，它不能仅仅是偏能源、基础设施等的技术性规划，不应该仅仅成为"富裕城市"专享的特权。低碳的理念应该成为一种重要的规划思考维度，一个"合理"空间规划也往往是一个好的低碳规划。因此，需要将低碳规划内涵扩展，即从一个技术规划到与城市空间规划充分融合的规划，要从低碳的角度思考适宜的城市形态、开发强度、路网组织、生态绿地格局等。

2. 规划范畴：增加宏观与微观空间层次

国外相关学者的研究认为，未来低碳规划将表现出两个趋势的发展特征：一是更趋宏观化特征，二是更为微观化的特征。宏观化的趋势既是源自大气环境调整和能源消耗本身需要更大区域空间环境的共同治理，也是源自未来城市群将成为支撑城镇化发展，构建全球体系的重要空间，有必要在编制城市总体规划及区域城市群规划的同时关注低碳问题，并且在编制低碳规划内容的同时，更重要的是要建立相关机制和制定相关政策，以推进区域层面对低碳规划的关注。微观化趋势是和分布式能源的发展相互关联，随着更多"零碳建筑"的出现和更多微观层面的能源技术介入，国外学者甚至提出"分散式资本主义"的概念，因此，市场自下而上的对低碳规划产生影响是必然的结果，如此将鼓励更多公共参与，由此对整个低碳规划编制体系产生影响，它将在现有更集中于中观的基础上增加宏观和微观的层次。

3. 规划对象：关注小城镇和乡村，新老结合

我国的新型城镇化应是城市、乡村双轮驱动的。因此，低碳规划不仅仅要关注城市低碳化过程，也更应该关注乡村的低碳化过程，要形成适应于乡村地区低碳规划的现状调研方法，更为因地制宜、低成本化的技术手段，更多公共参与的规划工作方法，甚至新的规划人员的组织方式。

从低碳化的角度出发，未来低碳规划的对象应该是新老结合的，既有低碳为目标建设的新城，也将出现更多改造型的规划。尤其是针对性的碳审计与评估，在既有低碳技术的基础上，因地制宜地制定规划。要突出规划的问题导向，并由此实现指标—系统规划—评估反馈的一整套上下密切关联的规划机制。

4. 规划体系：增加问题导向的维度，构建整体框架

针对现状目标导向为主体的规划组织方式，未来随着改善型规划的增加，问题导向将成为非常重要的思考维度。要通过对温室气体排放清单的综合评估，审视现状问题，并从问题出发梳理出规划策略，制定相应的指标系统，并对应相应空间层次，编制规划。

作为一份不仅仅是低碳技术导向性的规划，低碳规划不仅需拓展它的空间层次，更重要的是构建一个更为整体化的规划体系，这个体系应由目标指标体系、规划技术体系、规划政策及标准体系、规划实施评估体系共同组成，而且彼此之间应该形成完整的源于目标与问题的逻辑体系。目前，指标体系与技术体系受到比较多的关注，但更多是集中于技术单位关注，未来基于更好地推进规划的角度出发，应在编制过程中引入更多实际实施的相关部门共同参与指标、技术体系的编制过程；此外，目前对于规划政策及标准体系、实施评估体系关注相对缺少，未来要结合各个层级的规划和地域既有政策体系，研究制定能够真正推动规划实施的政策及标准体系，同时要研究评估体系的制定方式，明确机构，建立机制，推进规划的实施评估。

5. 规划内容：不同层级的规划内容应有所侧重

总体规划层面低碳规划作为改善型规划，应强调"问题导向"的编制方法，可参考借鉴欧洲城市低碳规划的编制特点，不追求大而全的规划；片区层面以新区建设为主，应强调"目标导向"。①重视低碳规划的系统性。②强调政府公共资源特别是基础设施的投入对低碳城市建设的巨大贡献。③空间结构和土地利用可形成模型化的组织方式；街区层面的控制性详细规划则在内容上重点控制性详细指标体系的构建，

修建性详细规划则要更多从利于实施的角度出发，将目标和实施的手段相互统一，直接指导建设，由此形成建设导则，并相应地进行经济可行性评估；乡、村层面的规划则在理念上强调公共参与、因地制宜，形成不同于城市的工作方法和低碳技术。

6. 规划地位：纳入城市综合发展规划的低碳规划

从国外的实践也可以看到，低碳规划，尤其是结合智慧技术的低碳规划已成为转变城市经济发展模式的重要手段，往往成为城市复兴、增加就业率的重要方法。因此，未来的低碳规划应和城市综合性发展规划充分结合，不仅仅以减排的目标作为城市发展的重要目标，低碳技术也应成为促进城市产业转型的重要手段。

7. 规划视角：更多智慧技术与低碳规划的融合

《第三次工业革命》的作者里夫金认为，信息技术与新能源的结合将带领人类进入后碳时代，形成全新的社会、产业、空间的组织方式。信息技术推动下的智慧城市建设正越来越受到关注，它被认为是推动城市向低碳经济模式与低碳生活方式转变、提高城市管理能力的重要途径。智慧系统应用于能源管理、交通管理、公共管理、社会服务事业、智慧产业、感知及通信系统等中，直接为低碳城市运营提供实时的信息反馈和资源实时分配机制，同时也改变人际交往模式，直接引导更为低碳化的生活方式。因此，未来的低碳规划必然和智慧技术充分融合，但由于相比较低碳技术而言，智慧技术的探索是更为前沿的研究领域，所以，未来应更多将智慧技术的应用与低碳规划相互融合，将智慧技术的支撑系统和相关设施布局充分融入低碳规划中。

8. 规划实施：完善指标体系、强化项目管理、进行经济评估

规划实施评估的对象应以规划制定的指标体系、控规的指标体系作为标准。因此，指标体系的制定非常重要，但现在仍处于探索阶段。从本书的研究看，初步有如下三方面的建议：首先在既有的城市总体规划层面的指标体系中，应将碳审计的指标，特别是碳排放总量、人均排放量及碳排放强度纳入城市总体规划指标体系中，参与城市总体规划实施评估。其次是各个空间层面的指标应有所侧重，往上注重总体结构性指标，往下注重技术性，尤其是建筑层面的指标。最后则是对于控规指标体系的研究，从案例实践看，控规指标体系应以控制引导的对象不同划分为市场、政府两个角度。政府层面的指标要求具体定量化，制定过程应多部门参与，以能源、市政设施、生态绿地为主；市场层面的指标更重要的是辅之以政策与标准，以制定共同的行为规范为主。

低碳规划编制转化为低碳经济和低碳空间组织的过程需要对传统的项目管理进

行改革，建议将低碳技术指标纳入建设项目评估审批体系之中，类似于光明新区的径流系数管理，但指标可以包括但不仅限于径流系数、风环境、热岛效应等。

实施低碳规划，必然意味着对原有城市运营模式和支撑设施进行转型改造，因此，在国外低碳规划中，很重要的一部分内容是对实施过程和收益进行经济评价，未来国内的低碳规划中也有必要加强这部分的内容，既对实施低碳规划本身进行成本收益的评估，又要将其与传统能源设施、基础设施的投资及运营成本收益进行比较；从推动城市社会发展的角度，也有必要将两者所带动的就业情况等综合社会效益进行评估。

附录5.1 国外案例汇总

附录 5.1.1　大伦敦空间发展战略

挑战	气候变化所带来的问题，包括城市热岛、城市洪水灾害、水资源短缺
目标愿景	实现环境和生活质量的最高标准，领导世界应对21世纪城市发展，尤其是气候变化所带来的挑战，成为在改善环境方面的国际领导者
战略议题	应对气候挑战
策略	气候变化：通过减少 CO_2 排放量，至2025年，CO_2 排放量比目前减少60%，低于1990年的水平；采取三大措施，最大限度减少碳排放。减少能源消耗量，促进能源的高效利用，使用可再生的清洁能源；可持续的设计与城市建设（降低噪声和空气污染、减少污水量、提高再生利用率、鼓励绿色建筑）；改造现有建筑，使之满足可持续的设计和建设标准；鼓励本地化、分散式的能源供应网络 减少石油消耗量，提高可再生能源的比重；创新能源技术：开发电力、水力驱动型的汽车，引入先进的废物处理技术；推广绿色建筑设计与绿色建材，减少对暖气和制冷的需求，降低热岛效应；在公共空间中植大面积绿化，至2030年，中央商务区绿化率要比目前提高5%，至2050年，再提高5%；推广屋顶绿化、垂直绿化，开辟屋顶活动空间；提高防灾应急能力，制定防灾预案；建设可持续的排水系统，雨水储存利用；强化供水能力，确保供水设施；节约用水，减少供水过程中的能源消耗与损失；减少垃圾总量，提高废物处理与再利用率；实施废物管理战略，增设废弃物处理设施，结合设置回收再利用设施 交通：大力发展公共交通，保障交通设施用地，强化公交车、BRT、电车等地面交通服务；建设自行车专用道，增加自行车租赁、停放设施，至2026年自行车出行方式要达到所有出行方式的5%以上；改善步行环境，规划便捷安全、景色优美的步行线，提高步行出行
创新评价	由市长直接推动 积极应对气候变化，将领导城市的地位体现在环境标准方面 通过公共交通系统的改善、绿色开敞空间的规划、城市节能措施的推行、生态新技术的研发应用，提供缓解气候变化的示范作用

附录 5.1.2　纽约 2030

挑战	基础设施老化 日益恶化的城市环境
目标愿景	更绿色、更伟大的纽约 • 通过提供可持续的住房和公园、改善公共交通运输系统、开放河流水系、提供可靠的水和能源供应系统、开展"绿街计划",可以有效地避免城市无序蔓延,到 2030 年预估可以减少 1560 万 t CO_2 排放量 • 使用清洁能源可以减少 1060 万 t CO_2 排放量 • 使用节能建筑、提高现有建筑的使用效率,可以减少 1640 万 t CO_2 排放量 • 加强纽约市可持续的交通运输模式,可以有效减少 610 万 t CO_2 排放量
战略议题	能源,空气质量,气候变化
策略	交通:在现有城市基础设施条件下提高公共交通的服务水平 土地:绿化城市空间,即在每一条街道上尽可能多地种植树木,同时推进"绿街计划",即将城市道路用地内数以千计未使用的空间转化成绿地 水质:推行城市蓝带计划、保护湿地、实施绿色屋顶奖励计划、开展绿色停车场计划 能源、空气质量与气候变暖:组建一个新的纽约市能源规划委员会、减少能源消耗、开展节能奖励计划、增强高峰时段耗能管理能力、增强市民的节能意识、增强全市清洁能源的使用、提高城市输送电网的安全可靠性、开展使用可再生的清洁能源规划、支持天然气基础设施建设、培育新能源应用市场、加强管网的维修能力
创新评价	将绿色置于城市发展最重要的位置,增加能源气候变化的内容,并在交通、土地,水质等方面进行落实

附录 5.1.3　大芝加哥区域框架 2040

挑战		—
目标愿景	可持续, 公平,创意	• 保护城市水系和各类能源 • 推进可持续的地区食物供应体系加强 • 城市公共交通网络建设
战略议题	环境	环境:气候变化、环境保护设计、区域能源利用、温室气体排放、生态修复
	交通	交通:可替代使用燃料、区域环境设计、自行车网络

策略	环境	使用清洁能源，减少温室气体排放，到2012年实现温室气体排放量比1990年的排放量减少7%；通过对现有建筑进行密度和容积率规划，确定建筑的最大可容纳量，明确开敞空间范围与规模，实现人口增长对空间使用的各种需求；保护生物多样性、净化水质和空气质量，进行生态修复；改善城市内的公共开放空间（包括各类公园）的可达性；降低能源消耗，投资新能源设施的建设和开发，创新能源使用方式；加强密歇根湖的水质管理与检测，保护水体不受任何污染；制定2005～2050年大芝加哥地区供水规划
	交通	鼓励全民使用自行车作为通勤工具；鼓励城市在高峰时段拼车上下班；鼓励私家车与公共交通混合使用；积极开展公共交通运输系统
	经济	推动"绿色岗位"的工作计划，尤其鼓励能够减少CO_2产出、降低能耗的工作岗位；开展并实施区域可持续发展计划；增加对绿色商务业的资金投入；改进优化现有政策；提供有关绿色产业方面的教育培训计划
创新评价		从区域合作的角度出发

附录5.1.4　大巴黎计划

挑战	—
目标愿景	提出建设"后《京都议定书》时代全球最绿色和设计最大胆的城市"
战略议题	后京都时代的都市发展
策略	环境：进一步改善城市的空气质量和水环境，同时充分注重各种垃圾的回收利用 交通：构筑完善便捷、宜人、畅达的综合交通规划体系，进一步控制大排量小汽车的使用，鼓励公共交通的使用和小排量小汽车的有序使用、发挥城市轨道交通、RER、TGV等的大容量的公共交通客运功能，强化RER、M线、TGV的无缝衔接换乘功能 经济：加强第三产业、金融体系的建设，在现有经济增长的基础上，增加创新经济的内涵
创新评价	总统领衔

附录5.1.5　首尔2030

挑战	—
目标愿景	愿景：气候友好城市，绿色增长城市，适宜城市 目标：减碳40%，减低能耗20%，新能源再生能源增加20%；创造一百万绿色工作岗位和10个适合首尔的低碳技术
战略议题	在建筑、规划、交通领域实现绿色都市创新 实现绿色的经济发展 考虑气候影响的都市管理

续表

策略	建筑规划交通领域：改造 1 万幢建筑成为绿色建筑；所有新建建筑执行绿色建筑标准；所有公共交通使用绿色车辆；公共交通出行比例提高到 70%；在主要道路上增加 207km 自行车道，自行车出行调高到 10% 绿色经济：创造一百万绿色工作岗位和 10 个适合首尔的低碳技术，1700 亿美元绿色产业，投入 450 亿美元减碳 40%；运用世界最好的基础设施技术：IT 技术、纳米技术、生物技术和最好的人才 发展适合首尔的 10 项技术：氢燃料电池、太阳能电池、智能电网、绿色建筑、LED、绿色IT、绿色汽车、都市环境修复、废物变为资源、适应气候变化技术 都市管理：建立应对系统来评估气候影响；应对都市气候影响主要有热岛、沙尘，建立都市开发新标准；在开发密度管理方面考虑五个主要内容：传染病、热岛、水短缺、气候相关疾病、生态系统断裂；建立中央政府、地方政府、市民、国际组织的网络，形成不断适应技术变化、市场条件的开放规划
创新评价	亚洲最积极响应全球气候变化的城市；根据 IPCC 的低碳城市框架，在减缓、适应、绿色经济三个方面都有相应的内容 将战略落实在建筑、都市规划、交通、技术、都市管理等多个领域 在绿色经济发展方面、技术方面内容尤其全面

参 考 文 献

蔡博峰.2011. 低碳城市规划. 北京：化学工业出版社.

蔡博峰，曹东.2010. 中国低碳城市发展与规划. 环境经济，（12）：33~38.

蔡琴，黄婧，齐晔.2013. 中外低碳城市规划特征比较. 城市发展研究，（6）：1~7.

楚春礼，等.2011. 中国城市低碳发展规划思路与技术框架探讨. 生态经济，（3）：45~63.

戴望.2011. 低碳理念在城市总体规划中的作为初探. 西安：西安建筑科技大学硕士学位论文.

顾朝林.2013. 气候变化与低碳城市规划. 第 2 版. 南京：东南大学出版社.

顾朝林，等.2010. 基于低碳理念的城市规划研究框架. 城市与区域规划研究，（2）：23~42.

黄文娟，葛幼松，周权平.2010. 低碳城市社区规划研究进展. 安徽农业科学，（11）：5968~5970.

江苏省城市规划设计研究院.2009. 苏州独墅湖科教创新区生态型控制性详细规划.

杰里米·里夫金.2013. 第三次工业革命. 北京：中信出版社.

梁本凡，等.2010. 中国城市低碳发展规划特点与最新进展. 经济，（11）：90~96.

刘畅.2010. 低碳背景下的城市规划策略研究. 天津：天津大学硕士学位论文.

刘鹏发，马永俊，董魏魏.2012. 低碳乡村规划建设初探——基于多个村庄规划的思考. 广西城镇建设，（4）：66~70.

吕旭东.2012. 基于低碳理念的新城规划策略研究. 武汉：华中科技大学硕士学位论文.

潘海啸.2010. 面向低碳的城市空间结构——城市交通与土地使用的新模式. 城市发展研究，（1）：40~45.

潘海啸, 等. 2008. 中国"低碳城市"的空间规划策略. 城市规划学刊, (6): 57~64.

钱波, 徐人良. 2010. 安吉县低碳发展战略规划综述. 中国人口资源与环境, (专刊): 1~5.

秦波, 张思宁. 2011. 国际城市低碳发展规划与启示. 北京规划建设, (5): 37~40.

肖荣波, 艾勇军, 刘云亚, 等. 2009. 欧洲城市低碳发展的节能规划与启示. 现代城市研究, (11): 27~31.

杨一帆, 尹强, 张咏梅. 2011. 安吉生态立县的规划策略研究. 城市发展研究, (5): 72~78, 89.

袁贺, 杨犇. 2011. 中国低碳城市规划研究进展与实践解析. 规划师, (5): 11~15.

曾少军. 2011. 我国低碳城市发展规划的若干问题. 中国经济年会, (2011): 60~63.

张泉. 2011. 低碳生态与城乡规划. 北京: 中国建筑工业出版社.

张陶新, 杨英, 喻理. 2012. 智慧城市的理论与实践研究. 湖南工业大学学报, (2): 1~7.

张小芸, 陈晖. 2010-09-05. 美国低碳经济政策及碳交易运行体系简介. http://wenku.baidu.com/view/f3512219ff00bed5b9f31d88.

赵刚. 2010-03-02. 日本"低碳社会"新政. http://www.in-en.com/article/html/energy_1109110993586121.html.

中国城市科学研究会. 2009. 中国低碳生态城市发展战略. 北京: 中国城市出版社.

中新天津生态城指标体系课题组. 2010. 导航生态城市: 中新天津生态城指标体系实施模式. 北京: 中国建筑工业出版社.

诸大建. 2010-05-02. 上海建设低碳城市的战略思考. 文汇报, 9.

第 6 章

低碳城市的产业发展

6.1 低碳产业的含义与分类

"低碳"理念是在碳排放所导致的全球气候变暖背景下产生的，在此基础上衍生出了低碳消费、低碳经济、低碳产业、低碳生活等一系列的发展理念，并逐渐成为当代全球经济发展的一个主流趋势，这一趋势能否继续延续，能否实现全球经济增长方式的转型，能否实现地球环境和人类发展的和谐并进，最终要依赖于低碳产业的发展。

低碳产业是由英国政府首先提出的，在《低碳和环保产品与服务产业分析》的报告中，英国政府将新兴低碳产业定义为可再生能源产业和部分环保业。但在国内外文献中，对于低碳产业的含义和分类并未有较高认同度的提法，主要散见于各国政府发展规划中（表6.1），学者的研究主要是近几年国内学者的探讨。

就低碳产业的内涵而言，刘少波、都宜金（2009）认为，低碳产业是指运用低碳技术生产节能产品和新能源产品的经济形态和产业系统，包括节能减排、新能源和可再生能源及 CO_2 捕获与埋藏等三个领域的新技术，涉及能源、交通、建筑、冶金、化工、石化、汽车、材料等多行业。朱晓燕（2010）认为低碳产业是指利用低碳技术实现碳减排、零碳、负碳的产业，如新能源产业、高新技术产业、环保产业、林业等产业，及服务业（如咨询、保险、广告等）等行业的统称，基本特征是在生产消费过程中能耗少、碳排量小、污染少，不仅意味着新兴低碳产业的发展，同时意味着对高碳产业的改造升级。李启平（2010）将低碳产业与产业三类分类法结合，认为产业低碳化即农业低碳化、工业低碳化和服务业低碳化，并以生产性服务业为纽带实现产业联动低碳化。蔡林海（2009）将低碳产业分为五大领域，即化石燃料低碳化产业、可再生能源产业、能源的高效化产业、低碳化消费产业、低碳型服务产业。李金辉、刘军（2011）认为低碳产业是由高碳产业低碳化、含碳量低、生产低碳技术及碳交易等行业构成，其每个构成部分都具有各自的低碳行业标准，每个部分又由达到低碳标准的企业构成，生产低碳产品，获取经营利润，并围绕低碳产品组成众多纵横交错的产业链条，进而形成规模经济，达到产业化运作的效果。本书认为低碳产业是指能够对全球碳排放量产生显著降低效果的行业总称，其核心组成部分是低碳技术行业，延伸组成部分为低碳改造行业与低碳运营产业，并由碳金融等现代服务业串联形成联动机制。

表 6.1 各国低碳产业分类

国家	低碳产业分类
美国	新能源、减少温室气体排放的技术、碳排放与交易市场，节能建筑、太阳能、风能等新能源及其发电技术、智能电网、第二代生物燃料
英国	替代燃料：核能、其他替代燃料；汽车替代燃料：车用替代燃料，新能源汽车、电池；建筑节能技术；节能管理、建筑节能
欧盟（除英国）	风能、太阳能、生物能、智能电网、核能及新的设备、新技术等
日本	太阳能热水器、中小水电和地热；低碳和低资源消耗的绿色化工、环境友好型钢铁生产、创新型水泥生产等，共36项技术
韩国	光伏、风力、高效照明、电力IT、氢燃料电池、清洁燃料、高效煤炭 IGCC、CCS 和能源储藏等

6.2 国际低碳产业发展现状

6.2.1 世界低碳技术发展现状

低碳技术是低碳产业发展的核心，不仅反映了低碳产业的研发投入力度和技术进展，其增长态势和国别技术分布也反映了整个产业的发展速度和各个国家在低碳产业价值链的位置。

　　根据德温特世界专利索引数据库检测数据显示，1990～2009 年，全球低碳技术专利申请达到 112465 个，其中，最为集中的三个低碳技术领域为太阳能技术领域、交通工具低碳技术领域和建筑、工业节能技术领域，分别占到了低碳技术申请量的 30.59%、26.56%、19.14%，显示出这三个领域是世界低碳技术发展的主要方向。其他申请量较为集中的领域包括清洁煤技术、碳捕捉及储存技术、风能技术和智能电网技术、其他能源技术，如表 6.2 所示。

表 6.2　全球低碳技术专利申请概况（1990～2009 年）

低碳技术	申请量/个	所占比例/%
太阳能技术	34407	30.59
交通工具低碳技术	29866	26.56
建筑、工业节能技术	21527	19.14
清洁煤技术	8045	7.15
碳捕捉及储存技术	6594	5.86
风能技术	5216	4.64
智能电网技术	4849	4.31
生物能源技术	1084	0.96
其他能源技术	877	0.79
合计	112465	100.00

　　在太阳能技术领域，全球在 1990～2009 年专利申请数量 34407 件，这其中日本技术领先优势极其明显，达到全球专利申请量的 42%，比排名 2、3、4 位的中美欧合计数量还要多，反映出日本在太阳能技术开发领域的极大投入取得了丰硕成果（表 6.3）。

表 6.3　太阳能技术专利申请国别数量及占比（1990～2009 年）

申请国	申请量/个	所占比例/%
日本	14451	42
中国	4473	13
美国	4129	12
欧洲	4129	12
世界知识产权组织	3785	11
韩国	1376	4
其他国家和地区	2064	6
合计	34407	100

在交通工具低碳技术方面，全球在 1990～2009 年专利申请数量共有 29866 件，其中日本占了 55%，遥遥领先于美国的 14%，欧洲的 8% 和中国的 5%，反映出日本在交通工具低碳技术雄厚的技术实力（表6.4）。

表 6.4　交通工具低碳技术专利申请国别数量及占比（1990～2009 年）

申请国	申请量/个	所占比例/%
日本	16426	55
美国	4181	14
世界知识产权组织	2688	9
欧洲	2389	8
中国	1493	5
韩国	1195	4
其他国家和地区	1493	5
合计	29866	100

在建筑、工业节能技术领域，全球在 1990～2009 年专利申请数量共有 21527 件，中国专利申请数量居于世界前列，占全球该领域技术申请数量的 42%，其次为日本的 27%，美国和欧洲的 8%（表6.5）。

表 6.5　建筑、工业节能技术专利申请国别数量及占比（1990～2009 年）

申请国	申请量/个	所占比例/%
中国	9041	42
日本	5812	27
美国	1722	8
欧洲	1722	8
世界知识产权组织	1507	7
韩国	646	3
其他国家和地区	1076	5
合计	21527	100

上述数据表明，在低碳技术生产的太阳能技术领域、交通工具低碳技术领域和建筑、工业节能技术领域，日本都处于领先地位，实际上，日本不仅在上述领域，在清洁煤技术、碳捕捉及储存技术、风能技术、智能电网技术和其他能源技术方面，日本专利申请数量都位居全球第一位，这实际上反映出日本暂时居于低碳技术储备的制高点，而其他欧美发达国家也都处在比较领先的位置。值得注意的是，中国在

低碳技术专利申请数量方面也处于相对领先的地位，尤其在建筑与工业节能方面，太阳能技术方面、清洁煤技术、风能技术、智能电网技术方面，基本上位居世界前三，取得了比较丰硕的成果。

6.2.2　低碳延伸产业发展现状

低碳产业兴起于 20 世纪 70 年代的环保产业，进入 21 世纪开始快速发展，按照 UNEP 2008 年估计，全球低碳产品和服务的市场需求约 1.3 万亿美元，并将保持高速增长。

在新能源方面，美国政府给予积极支持，在 2005 年时，其新能源产量即达到 2.18 亿 t 标准煤，约相当于其一次能源产量的 6%。为摆脱石油依赖，日本通产省在 2004 年即公布了其新能源产业化远景构想，提出在 2030 年前把太阳能和风能等技术扶植成日本支柱产业，2007 年 12 月底，日本政府提出，到 2030 年设置太阳能电池板的家庭将占所有家庭的 30%，采用太阳能电池发电的家庭数量将从 2007 年底的 40 万户增加到 1400 万户，发电能力将比 2007 年增加 30 倍。目前，日本是世界第三核能大国，核能占能源供给总量的 15%，核能电化率近 40%。欧盟长期以来一直是世界最大的风电市场，2006 年新增风电装机容量 7588MW，价值 90 亿欧元，同 2005 年相比，风机市场增长了 23%。2007 年，欧盟风电装机容量占全球总量比例达 53.5%。欧盟的光伏市场也急剧增长，其中，德国 2006 年新增总量达 1153MW，超过全球增长总额的 40%。

在交通工具方面，受经济危机影响，各国汽车工业遭受沉重打击，2009 年 8 月 5 日，奥巴马宣布向美国汽车业三大巨头等企业无偿提供 24 亿美元用于锂电池的开发合作资金，希望能在下一代生态环保汽车的全球竞争中从日本等国那里夺回全球主导权。同美国一样，日本也将汽车业的振兴和发展押注在新能源汽车上。日本汽车市场 2009 年 3 月的销量同比下滑了 32%，为 32.3063 万辆。但是，日本汽车业对新能源汽车的研发投入却是有增无减，将资源重点分配给混合动力车和环保车的开发。其中，日产 2009 年度的研发费用预算为 4000 亿日元，将集中用来开发小型车和电动车；丰田的研发经费为 8200 亿日元，希望在混合动力车领域"建立压倒性的价格竞争力"。

欧洲的汽车行业同样也遭受到金融危机的重创，2008 年 8 月，欧洲家用新车销量同比锐减 15.6%。2008 年，欧盟和相关银行批准 400 亿欧元的软性贷款计划，以支持欧洲汽车厂商加大在环保汽车及新能源汽车方面的投资排放税，也明显影响着一些国家的消费者对新车的需求。

在全球低碳 FDI 方面，根据 UNCTAD 统计，2009 年仅仅三个主要的低碳商业领域（可替代/可再生能源、回收、环保技术制造业）的 FDI 流入量就达到了 900 亿美元。2004～2010 年，全球用于清洁能源的投资规模逐步攀升，从 2004 年的 517 亿美元增长到 2010 年的 2430 亿美元。UNCTAD 确认的 2003～2009 年低碳 FDI 项目共 2006 项，有 1741 个是发达国家执行的，比例超过 80%；而从投资目的地来看，1244 个项目的投资目的地是发达国家，占 50% 以上。发达经济体对发达经济体的投资是投资的主要类型，2006 项中有 1172 项属于这类，另有 503 项是发达国家向发展中国家的投资，166 项是发展中国家之间的投资。从趋势上看，2003～2008 年两类经济体在三个低碳商业领域的 FDI 都是不断上升的，并且发展中国家的上升速率要快于发达国家，因而低碳 FDI 中发展中国家所占的比例也呈上升趋势。

6.2.3　碳金融方面

《京都议定书》设定了三种碳交易机制。用联合履行（JI）和国际排放贸易（IET）的双重机制打通发达国家之间的碳交易市场，用清洁发展机制（CDM）连接发达国家和发展中国家的碳交易管道。这三种交易机制都属于"境外减排"，即把碳排放权量化并定价和交易，减排量就成为了一种可以交易的大宗商品或者财富。

根据国际碳交易市场发展的现状，以是否受《京都议定书》辖定为标准，可以将国际碳交易市场分为京都市场和非京都市场。其中，京都市场主要由欧盟排放贸易体系（EU ETS）、CDM 市场和 JI 市场组成，非京都市场包括自愿实施的芝加哥气候交易所、强制实施的澳大利亚新南威尔士温室气体减排体系（GGAS）和零售市场等。

碳交易市场经过几年的发展已经渐趋成熟，参与国地理范围不断扩展，市场结构向多层次深化，财务复杂度更高。EU ETS 在全球碳交易市场中遥遥领先。世界银行公布的数据显示，2011 年全球碳排放交易市场规模为 1760 亿美元，与 2005 年正式引入碳排放交易制度时的 108 亿美元相比，6 年间全球碳排放交易市场规模增长了 15 倍以上。目前，全球碳排放交易市场由欧盟主导。2011 年，欧盟碳排放交易市场规模为 1480 亿美元，占全球的 84%。

6.3　我国低碳产业发展现状

6.3.1　我国低碳技术产业发展现状

来自中国的专利申请中，建筑、工业节能技术所占比例较高。与世界低碳技术专利申请分布相比，关于交通工具低碳技术的专利申请量较少。另外，在公开的所有中国专利文献中，发明专利文献所占比例刚好超过 50%，专利申请质量不容乐观。从来自中国的低碳技术专利申请公开趋势图中可以看出，中国申请人专利申请量在 2004 年之后增长迅速，说明这些年中国较好地落实了发展低碳经济的政策，开始重视低碳技术的开发和发展。然而，这些专利申请多集中在科研单位，企业专利申请较少，这说明中国企业在低碳技术领域研发能力不足，与国际先进企业相比还有一定差距（表6.6）。

表 6.6　中国低碳技术专利申请数量及占比（1990～2009 年）

低碳技术	所占比例/%
太阳能技术	22
交通工具低碳技术	8
建筑、工业节能技术	47
清洁煤技术	10
碳捕捉及储存技术	3
风能技术	6
智能电网技术	3
生物能源技术	1
其他能源技术	0
合计	100

6.3.2　我国低碳延伸产业发展现状

在能源供应方面，全国人大常委会执法检查组在 2013 年 8 月底关于检查《中华人民共和国可再生能源法》实施情况的报告中透露，截至 2012 年底，太阳能光伏发电装机 6.5GW，加上 12.57GW 核电和 8GW 的生物质能发电，煤电以外（含水电及天然气发电）的清洁能源装机达 400GW 左右，占总电力装机容量的三分之一。国家风电信息管理中心 2012 年度风电产业信息统计，到 2012 年底，全国风电并网装机容量为 6266 万 kW，比上年增加 1482 万 kW，增长率为 31%，全年风电发电量为 1008 亿 kW·h，比 2011 年增长 41%，中国已成为全球第一风电大国，风电发电量约占全国总上网电量的 2.0%。风力发电首次超过核电，成为继煤电、水电之后的中国第三大主力电源；同时，截至 2012 年底，我国已并网投产的分布式电源为 1.56 万个，装机容量为 3436 万 kW，其中，分布式水电为 2376 万 kW，居世界第一；余热、余压、余气资源综合利用和生物质发电近年来增长迅速,装机为871万kW,居世界前列。与此同时,我国风机、光伏电池和组件产量居世界第一,成为世界新能源装备制造中心;微型燃气轮机设备研制取得重大突破,初步具备了自主研发能力。

在节能环保方面,随着人们生活水平的提高,清洁成为社会关注的热点。清洁技术的运用不仅与人们日常生活密切相关,在节能环保、新材料、新能源、新能源汽车等领域也起到重要作用。2012年,中国清洁产业产值达3200亿元。近年来,产值均以每年10%以上的增速增长。值得一提的是,清洁服务业以约500亿元产值、解决千万人就业的发展规模成为产业发展的亮点。

在建筑节能方面,住房和城乡建设部数据显示,截至2009年底,全国城镇新建建筑设计阶段执行节能强制性标准的比例为99%,施工阶段执行节能强制性标准的比例为90%,而在2006年这两个数字分别为96%和54%。全国累计建成节能建筑面积为40.8亿m^2,占城镇建筑面积的21.7%,形成了年节能能力900万t,减少CO_2排放2340万t的能力。既有居住建筑供热计量及节能改造工作也取得较大进展,2009年,全国建筑太阳能光热应用面积为11.79亿m^2,浅层地能应用面积为1.39亿m^2,光电建筑应用装机容量为420.9MW,实现突破性增长。在引导绿色建筑上,截至2010年7月,住房和城乡建设部共评出43个绿色建筑评价标识项目,其中,公共建筑25项,住宅建筑18项。同时,住房和城乡建设部持续深入开展国家机关办公建筑和大型公共建筑节能监管体系建设工作。截至2009年底,全国共完成国家机关办公建筑和大型公共建筑能耗统计29359栋,确定重点用能建筑2647栋,完成能源审计2175栋,公示了2441栋建筑的能耗状况。

我国还积极加速城市园林绿地建设。国家林业局统计,截至2009年底,全国城市绿化覆盖面积达到230万hm^2,建成区绿化覆盖率达到38.22%,建成区绿地率达到34.13%,人均公园绿地面积达到10.66m^2。2008年世界金融危机以来,我国林业产业年产值增速未受影响,由2008年的约1.44万亿元增加到了2012年的3.7万亿元,比其他新兴产业的发展更为稳健。

6.3.3 低碳金融方面

我国低碳金融发展起步较晚,各个环境交易所都是在2008年以后建立。2008年设立的碳交易平台包括北京环境交易研究所、上海环境能源交易所、天津排放权交易所。其后,广州、武汉、杭州、大连、昆明、河北、新疆、安徽等省市也设立了相关环境交易平台,各个交易所虽然设置了较多的交易产品,但目前主要的交易品种仍然是碳排放产品。

我国在参与国际碳排放交易方面取得了较好的进展。截至 2009 年底，我国政府批准的清洁能源发展机制项目（CDM 项目）已达 1023 项，在联合国注册 663 项。另外，在标签计划、第三方融资工具方面，我国推出了《能源效率标识管理办法》和中国终端能效项目（EUEEP）、支持节能服务公司的发展等措施，极大地鼓励了地方政府和企业节能减排的积极性。同时加大财政税收工具力度，支持低碳经济发展。2007 年，中央财政安排 235 亿元，2008 年增加到 418 亿元用于支持节能减排，同时在增值税、消费税、企业所得税、资源税和出口退税方面都进一步明确，为发展低碳经济创造有利的政策支持。

6.4 典型城市低碳产业发展现状

6.4.1　保定

保定市低碳产业发展比较迅速，2001 年该市建立了高新技术加工区，2008 年成为中国低碳城市发展项目两个城市之一，拥有中国唯一的国家新能源及能源设备产业基地——中国电谷，是中国产业链最为完整的新能源产业基地。在新能源发展方面，保定市新能源与能源设备制造业已经形成规模，拥有光伏、风电、电池、节能、输变电及电力自动化等六大产业群，中航惠腾风电设备有限公司等 170 多家规模以上企业近年来的销售收入、利税等增速均保持在 50% 以上。2009 年，出口收入达 9.77 亿美元，比 2008 年增长 82.7%，占到保定市工业产值的 14%，成为保定市经济拉动力最大的支柱产业。新能源与能源设备制造业对工业的贡献率约为 23%，已成为该市建设低碳经济的重要支撑，并且成为经济发展中增长最快、拉动力最强的支撑产业。

在新能源研发领域方面，保定市拥有 6 个国家级、9 个省级及 25 个市级研发中心，并聘请了十几位院士级专家担任技术顾问。在新能源领域，如大型风机逆变与控制系统、大功率叶片关键性技术方面取得了较大的进展，达到了国内领先水平。

保定市对传统产业的改造取得了一定的效果。首先，加强对重点耗能企业的技术改造，进一步降低产品耗能，提高能源利用效率。2009 年，保定市对 14 个重点项目进行改造，其中，涞水县河北长城长电机有限公司炭素炉窑、保定天鹅化纤集团等 5 个项目达到要求，年节能达 6.6 万 t 标准煤。其次，淘汰污染严重、耗能高的企业，造纸、印染、水泥和钢铁等行业减排效果显著。如 2009 年拆除了河北八达集团白合水泥有限公司、顺平县蒲阳河水泥有限公司机立窑水泥生产线，淘汰落后产能达 28.8 万 t。据统计，2009 年单位工业增加值能耗为 1.497t 标准煤/万元，比

2008 年降低 10.04%。单位 GDP 能耗为 1.006t 标准煤/万元，比 2008 年降低 5.04%。第三，三大产业发展迅速，形成了三大产业为主导的产业结构。三大战略产业发展迅速，对整个规模以上工业增长贡献率达 65.1%，新能源行业工业增加值同比增长 24.7%，汽车工业增加值同比增长 29.6%，纺织服装业增加值同比增长 9%。一批能耗小、环境污染少的新型产业群正在形成，全市产业结构发生深刻变化，一、二、三产业占 GDP 比重由 2008 年的 15.6∶48.3∶36.1 调整为 2009 年的 14.9∶49.2∶35.9，第一产业所占比重的逐渐下降说明产业布局日趋合理。

在建筑节能方面，2008 年年底，保定市已有 90% 的主要路段、85% 的游园绿地、102 个主要交通路口、37 条主次干道的交通信号灯和部分居民小区都完成了太阳能应用的改造，并且全市累计有 36 个工程项目都设计采用了太阳能热水系统，其总建筑面积为 178.86 万 m^2，集热器总面积为 23368.6m^2，共有 18016 户。

6.4.2　无锡

根据 2009 年的无锡市能耗碳足迹调查报告显示，无锡市工业碳排放总量约占社会碳排放总量的 75% 左右。其中，电力、热力生产和供应业、黑色金属冶炼及压延加工业、化学原料及化学制品制造业、纺织业等五大产业碳排放量最大，约占工业碳排放总量的 80% 左右。2009 年以来，无锡集成电路制造技术和能力一直位居全国城市首位，近年来无锡政府持续推动集成电路设计基地建设，集成电路设计企业的数量和产业规模持续快速增长，人才聚集程度和产品技术水平也不断提升。2011 年，全国微电子产业规模约为 1700 亿元，无锡就占到 390 亿元。另一亮点是物联网，无锡于 2009 年 11 月经国务院批准建立国家传感网创新示范区，2011 年又被列入首批国家物联网应用示范工程，已逐步形成较为合理的物联网科研体系、产业体系和应用推广体系，并培育了一批拥有技术、品牌和市场优势的国内外物联网企业，2011 年的产业规模已突破 600 亿元。无锡目前围绕太阳能光伏、风能装备制造和生物质能发电产业的关键技术与关键设备展开了产品开发和技术升级，逐步扩大了太阳能、风能、生物质能等新能源的应用领域，已拥有完整的太阳能光伏产品产业链，其中，单晶硅和多晶硅太阳能电池产业化生产的平均光电转换率已处于国际领先水平，太阳能光伏制造技术和产值处于全国领先地位。

6.4.3　上海

作为 WWF 中国低碳城市发展项目的另一个试点城市，上海市以工业、交通、建筑、可再生能源、碳汇等五个领域为重点发展方向，借助"低碳世博"的历史发展机遇，特别是"十一五"规划以来以"CO_2 和其他污染物协同控制，城市环境问题与全球环境问题协同解决"为导向的节能减排，为上海建设低碳城市打下了很好的基础条件。上海确定三个区域为低碳示范区，分别是崇明、临港和虹桥商务区。通过加大对以服务经济为特色的低碳实践区建设的推广和支持力度，强化科技、人才、资金、政策等各项资源支撑，形成上海低碳城市的发展特色。崇明生态岛进行了低碳社区建设，将低碳技术运用到建筑、交通、能源、资源循环等领域，发展低碳农业，使岛上 80 万亩①农田实现现代化；探索新型旅游发展方式，在岛上引入交通诱导系统，减少私家车比例，提高新能源轿车的使用率，使崇明成为"绿色旅游"的榜样。临港新城以太阳能发电为发展特色，通过低碳产业园区的建设，大力发展高端制造业、港口服务业等低碳产业，促进低碳技术的集成应用，在风能、光电、智能化港区、绿色物流等方面推进低碳实践。虹桥商务区作为上海首个低碳商务区，主要表现在城市空间布局、交通组织、能源利用及建筑设计等四个方面，舒适的步行环境、节能通风的绿色建筑、发达的公共交通，其核心区内全部为国家标准一星级以上绿色建筑，二星级绿色建筑超过 50% 以上，三星级绿色建筑达 6 座以上。

6.4.4 天津

天津市着力构筑高端产业、自主创新、生态宜居三个"高地"，加快推进产业结构优化升级，大力发展战略性新兴产业和低耗能产业，逐步形成了航空航天、新能源、新材料、生物技术和现代医药等优势支柱产业，能耗"摊薄效应"明显；同时，加快推进产业聚集，形成了一批千亿级产业聚集区，完善了循环经济产业链，这些聚集区、示范园区产业关联度高、物流成本低，资源、能源"集约效应"、"节约效应"明显，为天津市构建低碳城市奠定了坚实的产业基础。天津市拥有国家间合作开发建设的生态城市——中新天津生态城，通过借鉴新加坡等先进国家和地区的成功经验，围绕生态环境健康、社会和谐进步、经济蓬勃高效和区域协调融合等四个方面，确定了 22 项城市低碳控制性指标和 4 项引导性指标。区内推行绿色建筑标准体系，通过制定绿色建筑的设计标准，鼓励节能环保型新技术、新材料、新工艺、新设备的应用以减少建筑热损失，其绿色建筑比例接近 100%；通过实行分质供水，建立城市直饮水系统，中水回用、雨水收集、海水淡化所占的比例超过

---

① 1 亩 ≈ 666.7m²。

50%。预计 2020 年，中新天津生态城将实现百万美元 GDP 碳排放强度低于 150t、可再生能源利用率不低于 20%、生活垃圾无害化处理率接近 100%、绿色出行比例达到 90% 等多个低碳城市控制性指标。

6.5 存在问题与建议

6.5.1 我国低碳产业发展存在的问题

第一，我国低碳产业技术有待进一步加强。发展低碳产业从根本上依靠高水平的低碳技术，无论是提高能源转换效率、减少能源消耗，还是开发利用可再生能源、优化能源结构，都依赖于先进技术的研究开发与推广。从专利检索结果来看，我国虽然在低碳技术发展方面取得了较多的进展，但无论是在技术数量还是技术质量上，我国仍然处在整体水平相对落后的阶段，特别是大量的技术集中在科研院所，而非企业自身技术创新，低碳技术在适应市场需求和产业化能力方面仍有待提高。而在低碳技术转移方面，中国引入先进低碳技术方面困难重重。一方面原因在于发达国家想要确保技术竞争优势，以保护知识产权的名义，限制先进低碳核心技术向中国转移，增加中国发展低碳技术的难度，确保低碳核心技术能够获得垄断利润；另一方面在于发达国家制造成本高昂，为了保持本国制造业竞争优势，通过主导低碳技术国际标准的制定，引导了低碳技术的发展方向，在技术标准方面设置贸易壁垒限制中国的产品输入，以消减中国低碳产品的出口能力，达到保护本国市场的目的。这都使得发达国家不愿将先进低碳技术转移到中国。

第二，我国发展低碳产业的资源禀赋不足。我国的资源禀赋是：水能资源居世界第一位，煤炭资源储量及石油储量分居世界的第三位和第十一位，但人均能源却位居世界末端，尤其当前我国煤能源供应占比过高，对我国低碳产业发展造成了不利影响。能源消费快速扩张，而这其中煤炭能源消费占比最高。国家统计局数据显示，2009 年我国能源消费量达到 31 亿 t 标准煤，其中，石油天然气合计占比 21.4%，而煤炭则达到 68.7%，石油占 18%，可再生能源消费比重仅为 9.9%，表明我国低碳能源供应方面存在对石化资源过度依赖的现状。尤其是我国当前正处于工业化和城市化的中期，城市居民的大量增加提高了交通设施、住房、医疗卫生等基础设施的需求，扩大了重工产业链条和产品需求，而这些部门不仅本身就是碳排放量高的行业，同时还是对高碳能源需求最高的行业，造成我国高碳能源需求居高不下，可以说是我国低碳产业发展中存在资源禀赋的先天不足。

第三，产业结构调整难度大。当前，我国三部门中，工业部门比重最高，农业部门和服务业部门发展不足。一方面是因为我国正处于工业化和城镇化快速发展的阶段，另一方面是因为工业部门的扩张对于保持经济发展速度与缓解庞大的就业压力具有至关重要的作用。然而，第二产业也是碳排放的最大来源，尤其是我国工业部门长期依靠高投入、高产出的粗放型经营方式，对于循环利用、节能减排的技术、生产方式技术储备不足，技术改造的成本压力巨大，使得众多制造业企业进行低碳生产的意愿不高。同时，在工业部门内部，我国钢铁产业、电解铝、有色金属、建材、化工行业等高耗能产业占工业部门比重较高、产能过剩，对其进行关、停、并、转的改造非一朝一夕之功，严重制约了我国低碳产业的发展。

第四，产业无序竞争，有些领域出现了产能过剩的情况。以多晶硅和风能设备制造为代表的新兴产业为例，出现了严重的重复建设和新的产能过剩。我国多晶硅项目如果全部投产，即使没有金融危机的影响，也已经达到了全球需求的 2 倍。我国多晶硅产业 97% 用于出口，在本次金融危机之前，全球能源价格高，欧洲一些国家政府对新能源进行了大规模的补贴，提升了需求；但金融危机到来后，西方各国纷纷调低了补贴水平，国外需求大幅降低，造成国内产能闲置严重；中国的风力发电行业刚刚进入开始阶段，发电设备的管理还在摸索，多种因素造成了风力发电实际需求低于预期，风电装备制造实际上出现的情况就是简单引进国外技术，进行快速地低水平重复建设，造成了产能扩张的失控。

第五，市场机制作用发挥不充分，政府政策扶持不到位。目前，我国低碳产业发展和节能减排的政策制定和执行由政府主导，以行政手段实施为主，主要依靠节能减排指标的层层分解来约束地方政府和企业。这种运作机制没有发挥出市场在配置资源中的基础性作用，以资源性产品为代表的要素价格机制还没有充分形成，目前的资源价格还没有反映出资源稀缺程度与环境损害成本的市场关系。我国应对气候变化的行政管理机构成立不久，管理能力面临严重考验；能源管理职责分散造成政出多门、缺乏协调和具有长远战略眼光的宏观调控；能源价格改革滞后不易形成对于节能、技术进步和结构调整的正向激励，各经济主体动力不足；法律体系不完善，不同法律之间相互抵触、各成体系，又缺乏必要的配套制度，严重削弱了法律制度的综合效率。

6.5.2　我国低碳产业发展建议

1. 制定低碳产业发展规划，完善法律法规政策支持体系

低碳产业是世界经济发展的主要趋势，推动低碳产业的快速发展，需要高屋建

瓶，统筹规划，制定合理的产业发展规划，在产业结构调整、区域产业布局、技术创新和基础设施建设等方面为低碳产业发展资源配置创造良好的条件。通过低碳产业规划明确低碳经济模式下不同产业的发展方向，有步骤、分层次地进行产业低碳化调整：重点发展清洁能源和可再生能源产业，如风电、水能、太阳能、生物秸秆、沼气、农林废弃物气化碳化、压缩成型技术产业；鼓励发展生态农业、绿色林业、医药产业、金融保险业、科学研究、卫生、体育、食品制造等低碳产业；限制和合理发展水泥、钢铁、建筑、交通运输、金属矿采选业等高耗能的行业；加快以低碳技术为主导的产业结构调整步伐，从源头上减少碳排放，限制高碳产业的市场准入，加大重点行业节能减排技术改造力度，淘汰高能耗的老旧设备和高污染项目建设，严格执行项目环境影响评价、节能评估审查和节能减排准入标准。通过产业低碳化和改变能源的利用方式，为低碳产业发展指明方向。同时，必须完善低碳经济法律法规政策支持体系：立法体现低碳理念，建立碳排放者付费的原则；在法律法规中体现倾向于低碳经济发展的指导原则；将低碳经济的实践经验提升为基本制度予以规范；强化执行监督，加大执法力力度。

2. 提高低碳技术创新能力，鼓励低碳技术产业化

低碳技术是低碳产业发展的核心。因此，必须站在全局的角度对低碳技术创新给予鼓励和支持，促进低碳技术产业的快速发展。首先，要形成有利于低碳技术创新的环境，除了在法律上完善低碳技术创新的地位、产权归属、融资体系等问题，还要在政府产业规划、财税支持、融资安排等方面给予支持，在宏观方面为低碳技术创新创造良好环境。其次，形成市场驱动、企业研发为主导的低碳技术创新模式，只有满足市场需求的、具备大规模商用基础的低碳技术才具备真正的产业推广价值，才是低碳技术行业的核心竞争力。最后，必须引导和发展低碳市场需求，推广低碳技术产业化、市场化，鼓励大范围的院校、企业结成技术联盟，形成高效的低碳技术研发机制和产业化机制，保障企业低碳技术合理竞争机制和技术回报环境。

3. 建立和健全碳排放交易体系

目前，我国在北京、上海、天津等地已经成立了碳排放交易市场，但还没有足够的经验，更没有完善的法律保证。逐步建立符合低碳经济发展需求和符合国际规则的碳排放交易体系是我国发展低碳产业所面临的重要问题。有了碳排放交易体系，低碳产业中的供求关系、竞争机制、定价机制、风险控制等才能够显现作用，才能创造出公平透明的交易环境，确保环境资源在低碳产业中得到最有效的配置，促进低碳产业健康发展。

4. 通过政策诱导，发挥市场机制在低碳产业发展中的基础性作用

政府政策引导是低碳产业发展的重要保障，而市场机制则是低碳产业持续健康发展的最有力保障。在成本方面，首先要充分释放资源要素价格的市场形成机制，使资源价格充分反映市场的供求状况，同时通过资源税等方式提高高耗能、高排放资源要素的价格，将资源利用的外部成本纳入资源价格体系，通过成本压力改善我国高碳能源供给占比较高的状况；在需求方面，低碳需求决定了低碳产品的数量和低碳产业的发展方向，当前，环境危机已经使社会各方面了解到了低碳发展的重要性，低碳消费、低碳生活已经逐渐成为潮流，为了加速这一趋势转化为低碳产业发展的核心动力，有必要通过低碳社会理念宣传，提高社会大众低碳消费、低碳生活的主动性和自觉性，同时政策上适当在低碳产品消费税收等方式降低低碳产品销售价格，提高整个社会对低碳产品的需求，从需求的角度打开低碳产业发展的潘多拉宝盒。同时，还要发挥市场竞争的优胜劣汰功能，在鼓励低碳技术创新的同时，使各种低碳技术、企业在同一平台进行充分竞争，使具有竞争优势、技术优势的企业能够迅速成长，通过兼并、重组手段淘汰落后产能，培育具有世界竞争力的低碳企业。

参 考 文 献

蔡林海 . 2009. 低碳经济绿色革命与全球创新竞争格局大格局 . 北京：经济科学出版社 .

郭晓玲 . 2012. 我国低碳金融发展现状及对策 . 合作经济与科技，（01）：66~67.

郭英，肖华茂 . 2011. 西方发达国家低碳产业集群发展经验及借鉴意义，商业时代，
（27）：130~131.

何一鸣，鲍泓 . 2011. 日本低碳产业国际竞争对策分析 . 现代日本经济，（03）：27~34.

李金辉，刘军 . 2011. 低碳产业与低碳经济发展路径研究 . 经济问题，（03）：37~40.

李启平，2010. 经济低碳化对我国就业的影响及政策因应 . 改革 . （1）：3944.

刘惠萍 . 2011. 上海临港产业区低碳实践探索与思考 . 上海节能，（09）：7~9.

刘少波，都宜金 . 2009. 低碳技术和产业发展的现状与对策 . 安徽科技，（12）：28~29.

孟鸿玲 . 2012. 低碳经济条件下我国产业结构调整研究 . 中国集体经济，（04）：27.

杨建龙 . 2011. 低碳产业将引领全球产业发展 . 中国制造业信息化，（12）：24.

尹政平 . 2012. 低碳经济与中国战略性新兴产业的发展 . 现代经济探讨，（05）：14~22.

赵刚，林源园，程建润 . 2009. 欧盟大力推进低碳产业发展，高科技与产业化，（12）：117~119.

周梅 . 2012. 低碳经济视角下的产业结构调整与金融支持研究 . 生产力研究，（03）：200~202.

朱晓燕 . 2010. 中国低碳产业发展的思考 . 中国集体经济，（12）：41~43.

第 **7** 章

低碳城市的社会生活

7.1 低碳城市的社会内涵

7.1.1 低碳城市产生的社会背景

1. 社会背景

首先，全球气候变暖对人类生存和发展形成严峻挑战，随着世界人口的不断增长和经济规模的日益扩张，能源使用带来的环境问题及大气中 CO_2 浓度升高带来的全球气候变暖已经引起了全人类的高度关注；其次，生产过程中粗放地使用能源、资源，GDP 单位能耗和单位资源耗量过高，这些都加速了自然资源枯竭的进程。正是基于全球气候环境恶化及能源资源枯竭的大背景，转变经济发展方式、推动低碳城市建设已经成为当前全球可持续发展的重大战略课题。

2. 发展进程

1992 年的 UNFCCC 和 1997 年的《京都议定书》最早提出"低碳减排"概念；

2003 年，英国政府发表《我们的能源未来：创建低碳经济》的《能源白皮书》，首次提出"低碳经济"概念。低碳经济是以低能耗、低污染为基础的经济，通过使用新能源，推动节能技术研发，提高能源利用效率，优化能源经济结构，推动能源技术创新和制度创新，在发展中以更少的资源能源消耗、最少的温室气体排放，减缓气候环境恶化，获得最大化的经济产出，创造实现更高的生活标准和更好生活质量的途径和机会，并为发展、应用和输出先进技术创造新的商机和更多的就业机会，最终促进人类的可持续发展。在全球生态环境恶化的背景下，表面而言，倡导低碳经济是一个环境治理的问题，然而透过现象看本质，低碳经济是人类经济发展方式的重大转型，是人类生活方式与消费理念的根本变革。因此，准确解读"低碳经济"的概念是正确理解低碳城市社会内涵的基本前提。

正是由于对全球能源资源枯竭及环境恶化的担忧，发展低碳经济、倡导低碳城市建设便成为各国的共识。在联合国的推动下，德国、美国、欧盟、日本等国先后行动，通过制定法律框架、强化财政扶持、扩大舆论宣传等方式，先后从高碳排放的粗放经营向低碳消费的生态文明转变。中国转型经济发展方式的需求更为强烈，三十多年改革开放红利带来经济的高速增长、物质财富的迅速膨胀，然而，粗放的经营方式带来资源的极大浪费与生态环境的迅速恶化。在改革开放向深水区推进之际，转变经济发展方式、建设生态低碳经济已经成为一项迫在眉睫的战略性任务。

7.1.2　低碳城市的概念界定

低碳城市是指城市在经济快速发展、物质财富迅速扩张的基础上，城市消费主体在满足自身需求时，以低碳经济为发展模式及方向，通过实现经济发展方式由粗放到集约的转变，研发并有效利用低碳技术，最大限度地减少 CO_2 等有害气体的排放；市民以低碳生活方式和消费模式作为自身的全新理念和行为特征，通常选择 CO_2 排放较低的消费资料或者消费方式；政府机构及其公务人员以低碳社会为建设目标，政府、企业、个人三位一体，通过发展低碳经济，创新低碳技术，改变生活方式，最终实现城市的低碳、生态、绿色及可持续发展。

7.1.3　低碳城市的社会内涵

第一，能源利用高效化。资源、能源是城市经济运行的动力，在城市建设过程中，城市主体应主动高效利用能源，节约运用资源，循环利用可再生能源，开发利用各种新能源，从某种程度而言，这是从源头上控制低碳排放，为城市低碳发展奠定重要基础。

第二，消费方式低碳化。首先，在国民经济分类的三大产业中，第二产业即工业发展的能耗总量与碳排总量都是最大的，因此，转型产业发展结构是城市低碳发展的重中之重；其次，广大市民的日常消费方式也极大地影响着低碳城市的建设进程，因此，倡导低碳理念、践行低碳消费方式也成为城市公众推动低碳发展的关键因素。

第三，气体排放控制化。企业与消费者个人等城市各主体应主动履行社会责任，尽量减少 CO_2 等有害气体的排放，共同维护城市生活环境。政府相关部门应充分发挥作用，制定低碳发展的法律法规，使低碳城市建设有法可依，在此基础上，定期发布城市生态环境污染指数、节能减排目标、治理的政策措施、碳排放相应的调研与评估报告，必要时应依法对重大碳排放主体实行强制措施，如关停一些高污染与产能过剩企业，对一些高排污企业征收排碳税以加大其生产成本，要求这些企业拨出专用款项对污染进行治理等具体措施。

城市是人类各种经济发展要素高度密集的区域，是人们经济、政治、文化等活动的中心和社会发展的心脏，也是人口聚集密度最大的场所。与农村相比，城市发展经济所进行的生产活动及居民日常生活所消耗的资源能源更多，排放的 CO_2 及其他有害气体总量也更大。因此，发展城市低碳经济、推广低碳消费模式、实现城市的可持续发展具有重要意义。

7.2 低碳生活方式

低碳生活是指人们在日常生活作息时所耗用的能量要尽力减少，从而减低碳，特别是 CO_2 的排放量，以减少对大气的污染，减缓城市生态环境的进一步恶化。

7.2.1 低碳生活方式转型的必要性

城市是人类文明与智慧的结晶，也理应成为人们追求幸福生活的美好家园。2010 年 5 月 1 日，上海世博会的主题敲定为"城市，让生活更美好"，深刻体现了城市的这一基本属性及人们的普遍愿望。

截至目前，我国城镇化仍在以惊人的速度与空前的规模快速推进。然而，在过分强调城市经济属性、片面追求经济效益的同时，却忽视了其生活功能与城市主体自身的满意度，高速发展的工业化和日益膨胀的物质财富与市民的生活质量、幸福指数、舒适度及认同、归属感并不完全同步。因此，在城市迅猛发展、城镇化快速推进时，大量的"城市病"接踵而至。原本令人神往的城市居民生活日益受到污染的环境、拥堵的交通、稀缺的资源、飙升的房价、孩子入托困难、家人就医无门、工作环境日益恶化、生活压力骤然加大等诸多困扰与挑战。

这些"城市病"如果得不到及时缓解与清除，不仅严重影响到居民的幸福指数与生活质量，还会大大降低城市的吸引力与活力，这与我国目前正在推进的城市化进程背道而驰，最终将成为我国改革开放向纵深推进的绊脚石。因此，发展低碳经济，倡导低碳生活，提升居民的幸福感与认同感，不仅顺应了全球可持续发展的大潮流，也是摆脱城市生活困境、治愈"城市病"的根本之道。

7.2.2　低碳生活方式转型的路径分析

政府、企业、个人三位一体，相互协作，共同完成低碳生活方式的转型。

1. 政府层面：加强低碳生活方式的制度建设与政策引导

第一，政府应进一步完善低碳生活方式的制度建设，确保城市主体转型有法可依。鉴于城市发展的自身特点及我国的具体国情，"城市病"是我国城市化推进过程中必须面对的普遍问题，对于一个人口众多且分布高度密集的大国，该问题尤其严重。因此，政府应当充分利用自身活动平台优势，通过加快制定各种有助于城市低碳经济发展方式转型的规章制度，对包括广大企业及市民在内的城市主体行为做出制度硬约束。

第二，政府应加大低碳生活方式的宣传力度，促使城市主体尽快树立低碳理念。在加大低碳生活制度建设的基础上，政府应注意自身推广低碳生活方式的手段，加强政策引导，加大宣传力度，提高公众对自身资源环境恶化的危机感，通过宣传、引导与规范企业与市民的行为，引导全社会珍惜资源环境，倡导低碳生活方式，积极参与节约集约利用资源，减少碳排放，打造生态宜居城市，推进城市低碳发展，构建合理的低碳发展模式与低碳生活方式。

第三，政府应加大低碳生活方式的政策倾斜力度，激发城市主体践行低碳生活的活力。政府应加大对低碳消费行为主体的财政投入和政策支持力度，对低碳消费的城市经营主体给以特殊的财政补贴与税收优惠，为低碳城市建设奠定坚实的物质基础，激发消费主体自觉主动采纳低碳消费模式的积极性。

第四，政府应主动采纳绿色采购。政府采购是影响非常大的经济行为，政府在选择产品和服务时，应主动践行环保、低碳消费模式，利用自身实际行动为其他企业践行低碳消费方式发挥示范效应。

2. 企业层面：勇于承担社会责任，加大低碳研发与创新

第一，摆脱粗放发展旧格局，打造集约发展新模式。企业应自觉履行节能减排新标准，关、停、并、转污染大、耗能高的工厂、企业。积极主动改造节能技术，实施资源回收，发展循环经济，维护环保设备，减少 CO_2 排放，最大限度地提高资源能源利用效率，向低能耗、低污染、低排放为基础的经济模式转型。在高效利用能源资源的基础上，大力开发清洁能源，创新能源利用及节能减排技术，重塑企业发展理念，调整优化产业发展结构，在为绿色 GDP 贡献自身力量的基础上，为低碳生活方式履行企业的社会责任。

第二，企业应加大研发与创新，打造低碳发展的高端品牌。首先，低碳生产是一种可持续的、贯穿企业全过程的生产，包括原料与燃料的购买、工具的选用、工艺流程的设计、最终产品的出炉等。为满足市场对低碳节能产品不断增加的需求，企业应树立公民意识，主动承担社会责任，加大对低碳节能产品的投入与研发力度，从产品的生产设计、生产原材料的采购、生产工艺的改进、最终产品的销售等全部流程着手，推动企业发展方式转型，坚持建立绿色、低碳、环保型企业。其次，企业应加大对低碳技术的研发与创新。在低碳城市建设向前推进的进程中，企业应依托大城市的科研机构、高等院校及本企业的科研技术骨干，通过整合科研队伍，搭建科技创新平台，走资源共享、优势互补、成果共创的研发之路，将低碳技术的产、学、研有机地融为一体。最后，要实现低碳生产，还必须实行循环经济和清洁生产，以最大限度地减少高碳能源的使用和 CO_2 的排放，这不仅能缓解城镇化推进过程中的各种困境，而且能创造出更具活力的城居环境。因此，城市要打造低碳品牌，创建宜居生态场所，就应该而且必须创新低碳科学技术，强化低碳发展、低碳生活的科技建设。

3. 个人层面：自觉竖立低碳理念、主动践行低碳生活

第一，自觉树立生态低碳新理念。作为一个拥有 13 亿人口的大国，每天消费的碳总量惊人。促进城市低碳发展不仅是政府和企业的职责，更是每一位市民应尽的责任与义务，需要个人的普遍参与，在全社会弘扬低碳理念，倡导低碳生活，树立低碳减碳的新理念，实施绿色低碳消费。

第二，主动践行绿色低碳新生活。主要从以下方面改变生活细节，如表 7.1 所示。

21 世纪是一个加快低碳经济转型、践行低碳生活方式的世纪，同时也是每一个城市主体的必要选择。因此，政府、企业与个人三位一体，各司其职，勇于承担社

会责任，共同打造现代化的"生态城"。

表 7.1　绿色低碳消费方式具体内容

消费方式	具体内容
节约原则	我国是一个人均自然资源占有量极端匮乏的国家，因此，公众在日常工作与生活中，不追求过度奢华的物质享受，对资源能源的利用应本着节约原则，循环利用各种资源
生活习惯	消费主体要养成良好的工作与生活习惯，水、电、煤、气等不用时应该随手及时关闭。空调温度适宜，不要过高或者过低，以免浪费能源
低碳出行	如果没有特别紧急的任务，公众在出行时，应主动选择步行、骑单车、乘坐公交车等方式，尽量避免打车，尽可能地减少自驾车出行，这样既减少能源的消耗，也降低了 CO_2 等有害气体的排放，同时也有益于自身的身体健康
循环消费	公众在日常工作与生活中，应该尽量减少"一次性"消费，对各种办公用具学会循环利用，如纸张双面使用，以尽量节省办公资源，这样既为公司发展降低了成本，同时也履行了节约原则
绿色消费	公众在日常生活中应该崇尚节俭，杜绝铺张浪费，外出饮食应选择有益身心健康的绿色食品
居民环境	消费主体在选择居住环境时，居住面积不宜过大，以免因追求过度享受而浪费资源。此外，消费者在日常消费时，应选择具有节能环保特点的商品，如太阳能热水器及 LED 灯等绿色、低碳产品。在住房各种指标上，应选择建筑节能、绿化、节水、碳指标上排放低的房子，以有利于自身健康

7.3　低碳城市的公众参与

7.3.1　低碳城市与公众参与

作为人们政治、经济、文化等活动的中心，低碳城市环境是公众的普遍追求和权利，是低碳城市建设的原动力。然而，在我国城镇化进程迅速推进之时，政府失灵、市场失灵等问题的存在严重阻碍了现代城市的低碳建设。因此，作为城市低碳发展最重要的利益相关方与受益主体，公众参与低碳城市建设迫在眉睫。

1. 低碳城市的公众参与主体

根据分类方式的不同，公众的涉及范围广泛，其主体大致可分为以下三类，如表7.2所示。

表7.2　低碳城市公众参与（一）

参与主体类别	参与主体内涵
公民个体	一切享有环境权益的民众
环保NGO	从事合理开发利用、保护、改善生态环境资源活动的非政府组织（第三部门）
社会自治组织（社区）	建立在一定地域利益关系上的有机结合体

2. 低碳城市公众参与的方式

公众参与低碳城市建设的方式多种多样，贯穿于城市主体日常行为的所有方面，具体主要包括但不限于以下方面，如表7.3所示。

表7.3　低碳城市公众参与（二）

参与类型	参与主体	参与方式
制度完善	政府、NGO、个人	充分发挥政府功能，制定、完善相关法律法规，对城市主体低碳行为予以鼓励、政策扶持、财政倾斜、税收优惠等
宣传引导	政府、NGO、个人	所有参与主体应充分承担社会责任，大力宣传、倡导低碳消费新理念
环保NGO	NGO	NGO应充分利用自身平台优势，大力倡导低碳生活，研发低碳技术，制作低碳标志，推广低碳产品等
技术研发	政府、NGO、个人	政府应组织和鼓励城市各主体主动参与低碳技术方面的研发与推广利用
生活方式	个人	个人应主动树立低碳消费新理念，自觉践行低碳生活方式，履行节约，循环利用各种物品
低碳自治	社区、个人	社区应充分发挥与居民沟通便利优势，广泛宣传低碳生活方式与产品，定期组织居民参加低碳方面的讨论，促使低碳生活深入人心

7.3.2　公众参与低碳城市建设的相关理论

1. 理论类型

公众参与低碳城市建设的相关理论主要包括以下三个方面，如表 7.4 所示。

表 7.4　公众参与低碳城市建设的相关理论

理论类型	提出者	提出时间	主要内容
环境公共财产论、公共委托论	美国密执安大学萨克斯教授	20 世纪 60 年代末	该理论认为，水、空气等资源是全民共有财产，全民将其委托给政府管理，国民与政府之间是委托人与受托人的关系。该理论合理解释了国家环境管理权力的来源和权力获得的正当性，同时也在国家和国民之间形成相应的法律关系
环境权理论	德国医生、日本学者	1960 年	1960 年，德国的一位医生最早提出环境权概念，之后日本学者又提出"环境共有原则"和"环境权为集体权力原则"，进一步发展了环境权理论。环境权理论的提出为公众参与低碳城市建设奠定了权利来源基础
利益相关者理论	斯坦福研究院	1963 年	利益相关者概念的内涵从最初与企业生存相互影响的投资者、企业员工、消费者、上下游合作者，进而延伸到自然环境、资源能源等

2. 相关评价

系列理论的发展一脉相承，为公民参与低碳生活实践、建设生态绿化城市提供了重大理论支撑。其中，环境公共财产论、公共委托论认为环境为全民公有，国民应该珍惜资源，保护环境，同时政府作为受托方，拥有管理环境资源的权利和义务，并且两者关系完全对等；环境权理论进一步明确了作为城市环境建设最重要的主体之一，公众对于环境改善、资源能源可持续等所拥有的权力与义务；随着工业化与现代城市的进一步发展，人类的生存环境日益恶化，资源能源等面临枯竭，利益相关者理论应运而生，该理论认为，公众是生态居住环境恶化的最直接受害者，同时也成为了低碳城市建设最大的利益相关者，相信在未来也将是低碳城市建设最为重要的动力源与建设主体。

7.3.3 我国公众参与低碳城市建设的现状与问题分析

1. 公众参与低碳城市建设现状

对于公众而言，在全球气候恶化、资源能源枯竭的大背景下，作为城市生存环境最为直接的利益相关者，我国公众树立低碳环保新理念的意识正在逐步觉醒，践行低碳生活方式的需求日益强烈。

对于政府而言，在经济发展方式转型与低碳城市建设向前推进的过程中，我国政府逐步意识到，公众才是低碳城市建设成功实现的最根本力量。因此，政府及其公职人员正在通过各种方式鼓励公众参与有关低碳公共决策的制定，鼓励科研人员参与生态技术的研发，倡导公众参与低碳理念的宣传推广，对低碳消费行为进行适当地财政倾斜与税收补贴等。

2. 公众参与低碳城市建设的问题分析

1）公众参与低碳城市建设的功利性强、热情不高

在城市化推进过程中，我国公众主动、自愿参与低碳消费方式的理念淡薄，行动更少。究其原因，主要包括以下几个方面：

第一，地域差距。就地域而言，一般情况下，与生活在中小城市相比，市民生活在大城市拥有更多的资源与先发优势，如作为利益相关者，最先感受到这种环境恶化的危机意识，最先拥有低碳消费新理念，最先占据践行低碳消费方式的平台。

第二，收入差距。与收入较低且收入来源单一的公众相比，拥有更高的工资与收入来源的消费主体在践行低碳消费方式不仅拥有坚实的物质基础，而且更注重自身健康，因此，更愿意接受并践行这种低碳消费方式。

第三，受教育程度差距。就自身素养而言，拥有更多的教育资源，自身文化层次较高的消费主体更容易接受这种新理念。

2）公众参与低碳城市建设的形式单一、渠道不畅

公众参与低碳城市建设的形式单一、途径不畅。就目前而言，受国情影响，我国公众参与的主要渠道依然是政府主导的自上而下式的参与，尽管该方式拥有政府主导组织力度较强等优势，不过存在的缺陷也相当明显：

第一，公众参与的方式受到行政部门的诸多牵制。各级部门在执行相应的决策时，由于缺乏相应的竞争机制，官僚气味浓重，办事效率低下，这不仅影响到低碳城市建设的进度，而且也打击了公众参与的热情。

　　第二，在参与低碳城市建设过程中，公众自身功利心理较强。受几千年传统文化的影响，公众普遍拥有"随大流"的心态，目光短视。关系到自身切身利益时，大声呼吁，积极行动；短期内不受直接影响时，事不关己、高高挂起，多一事不如少一事，不会轻易表达自己最真实的想法与利益诉求，严重缺乏对低碳城市建设的有效参与监督。

　　第三，公众参与低碳城市建设中存在严重的信息不对称。政府等部门的主导下，我国公众多以调查问卷、座谈会等方式参与，有关部门在后续的汇总信息、书写调查报告，甚至起草相应的政策法规时，公众知晓的信息越来越少，对有关部门这种表现出来的"雷声大、雨点小"的运作模式产生反感，感觉自己并未受到尊重，提出的意见可有可无，久而久之，公众参与热情受到相当大的打击。公众参与低碳城市建设的优势难以得到充分发挥。

　　3）环保 NGO 发展滞后、支持度不高

　　近年来，我国环保 NGO 发展势头迅猛，已经成为公众推动城市低碳建设又一重要力量。然而，随着低碳经济的进一步发展，在推动生态城市建设的过程中，一方面，公众主动参与的意识淡薄，功利性较强；另一方面，政府失灵及政府主导模式存在诸多缺陷，这些复杂因素的存在促使环保 NGO 的发展遭遇诸多瓶颈：

　　第一，在制度方面，环保 NGO 的地位"尴尬"。目前，由于政府部门的主导方向不明朗，环保 NGO 缺乏明确的法律保护与政策扶持。与经济粗放发展相比，低碳发展模式的转型成效在短期内难以立竿见影，各级政府出于自身业绩与所谓的"面子工程"考虑，对环保 NGO 的发展存在扶持力度不够、信息不够通畅、激励不完善等问题，这些都极大地限制了环保 NGO 功能的进一步发挥。

　　第二，在经济方面，环保 NGO 资金不足、筹资能力低下。目前，我国绝大部分环保 NGO 缺乏财政扶持，资金不足，经济拮据，没有固定的筹资渠道与收入来源，此外，我国部分消费主体目光短浅，看不到可持续的长远收益，因此，社会公益捐助意识淡薄。这些因素使得环保 NGO 的运作缺乏坚实的经济保障。

　　第三，在内部管理方面，由于我国环保 NGO 的资金紧缺，造成的后果是人力资源匮乏及其对本机构的管理运作能力低下。从事环保 NGO 工作收入较低，工作环境条件不高，因此，难以吸引并留住高层次的管理与技术人才，人力资源短缺并且层次不高的直接影响就是环保 NGO 运作能力低下，管理不完善，其存在及相应的成效难以得到政府部门与公众的普遍认可与大力支持，从而导致恶性循环。

7.3.4 公众参与低碳城市建设的若干政策建议

1. 鼓励公众树立低碳消费新理念，自觉践行低碳消费方式

改革开放三十多年来，依靠资源、能源的规模叠加，我国居民的物质财富迅速膨胀。然而，粗放的经济增长方式也使我国付出了生态环境恶化、资源与环境枯竭的惨重代价，目前不得不做出经济发展方式的重大调整。因此，包括政府、企业与个人在内的所有消费主体都需要跟随这一转变，自觉树立低碳、绿色的消费新理念，主动践行低碳消费方式，服务当代，利在千秋，这既是责任，也是义务。有关这个方面，前文已经多处提及，在此不多赘述。

2. 创新公众参与低碳城市建设的渠道向多元化方向合理发展

第一，大力推动"碳中和"、"碳补偿"等公益行动，开辟公众参与低碳城市建设的新途径。"碳中和"的概念源于1997年伦敦未来森林公司为消费者进行碳中和的商业策划，计算消费者个人日常生活制造的 CO_2 排放量，然后通过植树等方式予以抵消、中和，以达到节能减排效果。目前，该模式效果明显。为了进一步响应"碳中和"号召，2008年12月17日，我国发布了首个官方中国绿色碳基金补偿标志，通过参加碳补偿的各种活动，或者植树造林、认养树木，即可获取碳补偿标志（车贴）。这些都为公众参与低碳城市建设开辟新的途径与有效渠道。

第二，借助互联网等宣传工具，创新并拓宽低碳消费理念新渠道。在通信方式日新月异的现代社会，互联网等现代化媒体的兴起促使人们尤其是年轻人的交流与沟通方式发生了根本性的变革，成为公众快捷、有效、实用的沟通工具。在低碳城市推进的进程中，我们应利用好互联网这个全新的宣传平台。在合法的框架内，设立低碳城市发展的"专区"，号召大家进行网上发帖讨论，并提出相关的政策与建议，以此激发公众对于环境问题、资源能源问题、CO_2 等有害气体排放的关注；其次，政府等相关部门，高校、社会科研机构、环保NGO等相关机构与组织也可以在互联网上发布各种信息，方便公众能够及时了解到空气最新指数、最新节能减排技术的研发与推广、政府部门制定的最新措施、各种环保组织的最新活动，这种方便、快捷的信息沟通渠道有助于低碳生活理念和低碳生活方式在公众当中的快速传播。

3. 正确引导环保NGO健康发展，使其成为弥补政府与市场失灵的重大平台

第一，外部而言，政府应加大对环保NGO的政策扶持、财政倾斜力度。政府各部门应重新定位环保 NGO 在城市低碳发展中的重要地位与作用，通过制定相关法律、法规，为环保 NGO 的发展提供相应的制度与法律保障；通过财政专项拨款，为环保 NGO 的平稳运行提供坚实的经济基础；通过提升政府办事效率，增强互信，为环保 NGO 的发展壮大提供广阔的发展空间。

第二，内部而言，环保 NGO 应积极主动地提升自身综合管理水平。首先，环保 NGO 应主动开辟自身筹资渠道，扩大自身影响力，创新管理方式，提升管理水平；其次，环保 NGO 应加大对人力资本的吸收与管理，通过扩大宣传、高薪聘请等方式吸纳并留住人才，为员工提供良好的培训与发展空间；最后，环保 NGO 应加大对低碳节能技术的研发，通过与企业、高校、社会科研机构通力合作，搭建桥梁，"产、学、研"结合，为低碳城市建设提供强有力的技术支撑。

4. 对城市主体消费行为应该"赏""罚"分明

选择性激励理论认为，在日常消费行为中，需要按照一定的原则对公众进行区分，并根据个体表现赏罚严明，对于表现优秀者进行奖励，对于不服从游戏规则者加大处罚力度，该措施能够有效影响公众在社会行为中的具体表现。从某种程度上来讲，该理论能够成为低碳城市建设的理论指导。

第一，"赏"。政府各级机构、企业、环保 NGO 等各种机构与组织，在推动低碳城市建设的进程中，应制定各种激励性的规章制度，对于实施节能减排、履行低碳消费的各种行为主体予以荣誉与物质奖励，以调动这些消费主体的主动性与积极性，并对其他消费主体产生示范效应，最终为低碳城市建设创造良好的社会与人文环境；此外，在激励性的规章制度制定与实施的过程中，应鼓励公众积极参与监督。

第二，"罚"。在低碳城市建设的进程中，一些企业处于强势地位，为了实现本企业的眼前利润，采取粗放经营，严重浪费资源能源，破坏生态环境，这种高耗能、高排放的经营方式严重损害了人类的共同福利，政府对这样一些企业应极大处罚力度，征收重税，以加大这些企业的生产成本，如果达不到预期效果，对于这些高污染及产能严重过剩的企业应果断采取关、停、并、转等具体处罚，通过这些措施，不仅能够大大降低单位能耗，节省能源资源，而且能够降低 CO_2 排放量，保护城市生态环境。

5. 公众参与低碳城市建设应因地制宜、因时制宜

目前，我国城镇化进程快速推进，然而，在倡导公众参与低碳城市建设时，理应根据不同的情况，选择不同的消费行为与消费方式。城市发展所处的阶段、地域、层次、人文环境等各不相同，人们在选择低碳消费方式时，应因地制宜、因时制宜。

　　一方面，北京、上海等经济发达的一线城市，城市现代化程度高，市民的工资水平高，收入来源多元，消费能力强，应树立全新的低碳消费理念，调整自身的消费结构，采取低碳、环保的健康消费方式，承担低碳城市建设的责任义务；另一方面，在一些二、三线甚至经济发展水平更落后一些的城市，在低碳城市的建设中，政府主导部门应加大对城市公共基础设施的财政投入与政策倾斜力度，而且政府应采纳绿色采购，秉承节约精神，采用低碳环保的建筑材料，以基础产业带动整个供应链的需求，以此带动相关行业发展，在推动经济结构调整、转变经济增长方式的同时，增加居民的收入与消费能力，最终为低碳城市建设奠定坚实的基础。

参 考 文 献

蔡琴，刘志林，齐晔. 2008. 科学发展观背景下城市公共治理的挑战与对策. 城市发展研究，14（3）：140～158.

樊小贤. 2010. 低碳生活的环境道德诉求. 青海社会科学，（5）：160~161.

付蓉. 2009. 低碳城市建设中的公众参与研究. 武汉：华中科技大学硕士学位论文.

李松涛. 2010-10-08. 中国进入城市病集中爆发期严重影响居民生活质量. 中国青年报.

刘志林，戴亦欣，董长贵，等. 2009. 低碳城市理念与国际经验. 城市发展研究，（6）：2~3.

吴晓江. 2008. 转向低碳经济的生活方式. 社会观察，（6）：19~22.

中国21世纪议程管理中心，中国科学院地理科学与资源研究所. 2010. 低碳生活指南. 北京：社会科学文献出版社.

中国城市科学研究会. 2010. 低碳生态城市发展报告2010. 北京：中国建筑工业出版社.

Edward L G，Matth E W K. 2008. The greenness of city. Rappaport Institute Taubm an Center Policy Briefs，（3）：2~9.

Li J，Colombier M. 2009. Managing carbon emissions in China through building energy efficiency. Journal of Environmental Management，90（8）：2436~2447.

Peters G P，Hertwich E G. 2008. CO_2 embodied in international trade with implications for global climate policy. Environmental Science & Technology，（425）：1401~1407.

Ramaswami A，Hillman T. 2008. A demand- centered, hybrid life- cycle methodology for city- scale greenhouse gas inventories. Environmental Science & Technology，42（17）：6455~6461.

Stern N. 2007. The Economics of Climate Change：The Stern Review. Cambridge：Cambridge University Press.

UK Energy White Paper. 2003- 02- 24. Our Energy Future：Creating a Low Carbon Energy. http：// img. Hexun. com.

第 8 章

低碳城市的基础设施

8.1 低碳交通

8.1.1 国际低碳交通发展动向

2004 年，全球能源相关的温室气体排放中，交通系统所占比例将近 23%，其中，3/4 来自道路上的车辆。截至 2009 年的数据，95% 的交通能源来自汽油，能源消耗同样发生在道路、桥梁和铁路的建造过程中。追溯低碳交通的发展轨迹，最早为 1662 年 Blaise Pascal 发明公共巴士，1807 年运行第一辆电车，1825 年第一个铁路客运投运，而自行车则发明于 19 世纪 60 年代。自行车在第二次世界大战以前，是以大多数欧洲国家为代表的西方国家居民的个人交通工具选择，而对大多数发展中国家而言，有时也是唯一选择。然而第二次世界大战之后，人们的机动性和区域间货物交换需求不断增加，英国数据表明，英国国内 1979 年的汽车拥有量是 1950 年的 5 倍，这种趋势在其他西方国家同样存在。在各个发达国家和世界各大城市，大规模的城市道路、城乡公路、高速公路建设项目被批准和修建，支持了城市间和国家间的道路运输，成为经济增长和繁荣的一大支柱。

低碳交通受到普遍重视始于 1973 年和 1979 年的石油危机，油价高涨使得人们开始思考单一的汽车出行以外的替代模式。因此，步行和乘车等受到重视，然而步行和乘车在发展到一定程度后呈现下降趋势，2000~2009 年，美国步行和乘车出行比例下降了 25.9%。除步行和乘车外，交通需求管理也受到广泛重视，20 世纪 70 年代末，新加坡开始实施城市中心区的拥挤收费政策。同样，欧美等发达国家的整体公共交通水平也一直处于低谷，20 世纪 80 年代早期，巴西的库里蒂巴开始实施 BRT，并推广至欧美等发达国家，但总体来讲，公共交通在欧美的发展仍然较为缓慢，2009 年美国 30 个主要城市的公共交通出行比例较 2000 年下降 6.4%。

2004 年发表、2009 年更新的英国政府《综合运输白皮书》的前言里，首相布莱尔指出："我们认识到不能简单地通过建设道路来解决面临的困境，这是环境所不能承受的，这条路也是走不通的。"英国的白皮书还提供了一个名为《更聪明的选择》的研究报告，报告中指出通过一些规模不大、较为分散的可持续交通措施的试验，并综合应用推广这些技术，可以减少至少 20% 的高峰小时汽车出行量。美国联邦公路管理局同样制定了一系列应对能源危机的交通措施，并将低碳交通整合到整个国家综合交通战略中去。

8.1.2 我国低碳交通问题

以美国为代表的西方发达国家在 20 世纪 60 年代以后经历了一个大规模建设高速公路和郊区城市化的过程，因此，私人汽车逐步成为通勤和日常交通的主要出行模式。洛杉矶、旧金山、底特律等许多城市家庭拥有汽车的比例高达 90%，而这一比例在部分城市更高。法国、英国等欧洲国家家庭拥有车辆数量的比例甚至超过 100%。机动化的发展使人们不断搬离拥挤的城市中心，而这种城市的蔓延又促进了机动化的发展。在西方国家，这一城市化和机动化的过程已然呈现一种不可逆的过程。对我国来说，汽车交通的普及存在以下两个方面的问题：

（1）私人汽车出行带来的拥堵和停车问题突出。根据 2008 年交通拥堵的成本指数（福田指数）显示，北京人上下班的拥堵成本达到每月 375 元，其次是广州人，上下班拥堵成本为每月 273.8 元，上海人排第三，每月为 228.2 元。由于购车后，折旧、养护和保险的成本几乎恒定，因此年行驶里程越大，其平均每公里的成本越低，这就使得购车后的诱增出行增加，从而进一步加剧了拥堵的产生。

（2）我国 70% 的能源消耗依赖煤矿，使得交通的能源问题尤其突出。在商用、民用、工业、交通四大类能源主要消耗部门里，交通占所有能源消耗的比重为 15%~17%，占原油消耗的比例约为 50%，占污染源的比例约为 60%。根据国家发改委能源研究所所长周大迪预测，我国 2020 年的石油进口依存度将超过 60%，而这一数字在 2006 年仅为 47%，截至 2020 年，我国将每年进口 2.5 亿 t 原油。如果汽车大量进入家庭，势必导致石油消耗增长，导致我国的能源结构发生本质变化，对外来石油的依存度也将大大提高，能源安全问题突出。如果我国的家庭汽车拥有量按照美国的方式增长，那么石油的价格问题将造成用车成本大大增加。以美国近年石油价格上涨为例，2002 年每加仑①汽油售价 1.34 美元，至 2008 年其价格已上升至 4.07 美元。如果一个美国家庭平均年车行驶里程为 1.6 万英里，则年用车成本为 860 美金，油价上涨后其需要支付的用车费用为 2600 美金，上涨 3 倍。国际石油价格的上涨表征了能源的稀缺性，也促使我们重新思考汽车工业的发展之路。

因此，无论是现有的基础设施条件还是能源和环境条件，都表明我国难以承载西方国家一般的机动化增长。面对这样的挑战，我国政府适时地调整发展策略，强调发展清洁型汽车工业，这符合世界可持续交通发展的总体战略。根据《Mobility 2030》对未来汽车工业及交通产业的发展预测，为了应对能源危机，需要改变道路交通模式，转移汽车出行，对汽车产业本身的燃料技术进行革新。

8.1.3　低碳交通策略

1. 分布式交通体系

城市空间尺度和结构调整可以整体降低城市能耗。通过调整工作地点与居住地点之间的用地及交通结构，可以有计划地引导工商业企业的转移及相应居民的迁移，从而形成新的城市结构，提高通勤出行的有效性，降低延误时间，缓解拥堵，减少能源消耗。

分布式的交通系统强调一定居住组团内的职居平衡，通过步行和非机动车辆的短距离出行到达公交站点，再通过大运量的轨道和公交线路进行集中的长距离运输。德国的瓦邦、不莱梅等城市正通过单元城市的模式构建无车城市。调查数据显示，东京山手环线上的公交社区，居民到铁路车站的出行总量中，67.8% 为步行，24.7% 乘用公共汽车，仅有 6.1% 使用私人小汽车。

分布式交通系统的理念和如今的枢纽城市及航空领域里的支线机场、枢纽机场的理念类似，即通过整合资源提升规模效益，在减少能耗排放的同时提高社区本身的功能完整性。当然，分布式交通系统在节点衔接、绕行及延误等方面还需要进行

---

① 1 加仑（gal）= 3.8L。

优化改善，以提高效率。

图 8.1 所展示的分布式交通系统中，基于公共交通站点（TOD）发展的单元城市以步行和自行车的可接受距离为范围，构建单元化的城市格局和分布式的城市尺度，使得城市街区和步行、自行车等低碳出行方式得以复兴。结合公共自行、电动汽车共享、电动接驳巴士等新型交通模式，实现物联网在交通系统的综合应用，为个人（自驾车）和公共交通提供信息服务。在这样的单元型的城市格局下，实现分布式的交通系统，可以在城市层面和社区层面打造低碳、绿色、可持续的综合型交通系统。

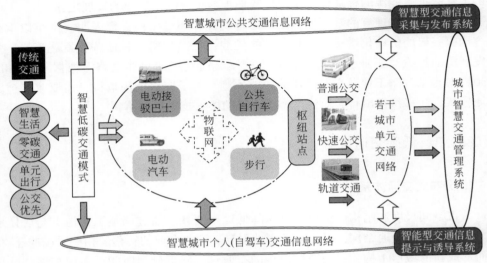

图 8.1　分布式交通系统的总体理念框架图

2. 公交优先

受制于人口、土地、资源等因素，我国居民不可能像美国一样普及私人汽车。尽管欧美等国家汽车普及，但大都市区（如纽约、华盛顿、东京等）的公共交通出行比例均接近和超过 50%。因此，目前广泛接受的观点是：鼓励私人汽车的拥有，通过停车、限行、拥挤收费等手段限制私人汽车的使用，转移这部分用车需求到便捷的轨道交通和公共交通上来。有条件的城市将建成以轨道交通为骨架、普通公交为主体的公共交通综合运输体系。

通过提升公交服务质量，转移出行方式，可以大大减少能源消耗。大力建设公交系统的理念与构建全国高速铁路系统的初衷类似，通过体量较大的铁路运送客流和货物，在城市内部通过出租车等手段解决外地游客的出行需求，可以避免长距离出行中过多采用私人汽车出行。

3. 新能源汽车

节能型和新能源车辆较传统车辆的环境影响更佳，但这种影响需要考虑其生命周期。电动汽车可以减少交通的 CO_2 排放，这取决于车载能源供应系统和电力供应的源头。混合动力车由于整合了传统燃油车引擎和电动机引擎，可以通过平衡两个引擎以期达到更好的能源效率，天然气车辆也得到广泛采用。生物质能用于车辆的案例较少，巴西在 2007 年实现了 17% 车辆的交通燃料采用生物质能，但世界能源基金会（OECD）的报告显示，其成功的原因缘于巴西特殊的地理条件和环境。从全球的情况来看，如果相比其经济性，考虑到其过高的成本，生物质能对温室气体排放的影响较小。OECD 曾有报告对全球 2050 年的汽车产量及类别作预测，新能源汽车将占绝大多数的比例，如图 8.2 所示。

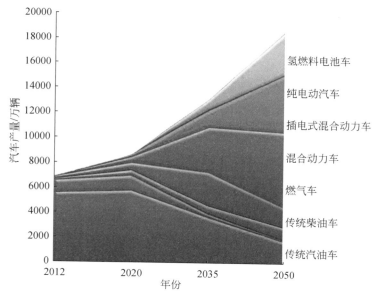

图 8.2　OECD 预测的 2050 年全球汽车产量及类别

尽管节能型及新能源车辆可以减少 CO_2 排放和能源消耗，但其能源效率的提高仅仅是较传统车辆而言，实际上不论其是否高效，仍然会对能源产生需求，且其本身并不能缓解交通拥堵和交通事故等问题。因此，在公共交通车辆中采用节能技术，或采用新能源的引擎，可以在减少交通出行的基础上，减少交通事故，节约用地。

绿色的公共交通车辆包括电气化的火车、城市电车、电动巴士等，还包括其他人力驱动的车辆或者动物驱动的车辆。

2010 年，我国全年私人汽车的产销量均已超过 1800 万辆。截至 2010 年 3 月，我国共有 1.92 亿辆机动车，其中，小型载客汽车保有量为 4500 余万辆。因此，有必要在改变道路交通模式、转移汽车出行的同时，对汽车产业本身的燃料技术进行革新。

4. 一体化交通信息系统

一体化的交通信息系统可以引导交通客货流的有序运行，实时的监控系统可以对整个系统进行动态调整，提高系统运行的效率，减少拥堵和延误，从而提高燃油使用的整体效用。通过道路网、公交网、出租车等交通数据信息，结合手机数据融合开发出实时的城市动态模型，可以实时了解路段的行驶状况，判断拥堵和事故的地点，了解居民不同时段不同出行模式和不同区域的出行特征。这些数据也可以与土地开发的数据结合，构建数字化都市系统。

通过对路段行程车速、公交运行时间、道路断面流量等数据的挖掘，可以描绘出单车的能耗轨迹、路段车辆的总体能耗轨迹，甚至捕捉整个城市的碳足迹。

5. 低碳物流系统

打造集货物订单处理、货物运输、仓储管理于一体的低碳物流系统将极大地改变货物运输的能源结构。与此同时，考虑到综合交通枢纽改善和货物运输方式的转移，如加强铁路运输效率、提高多式联运体系的衔接便利程度等可以从整体上降低能源排放。

对货物的运输模式和运输时间等进行合理规划，可以比选不同运营车辆的能源使用、碳和能源密集度（单位货物/能源），构建多式联运系统，寻找可替代燃料在货物运输体系中的应用可能性。此外，对物流系统的研究不应该只限于运输系统，应该将其拓展到整个城市服务业和工业能耗的监测中去，物流本身也是货物和商品流通的必经过程。

8.2 低碳水务

8.2.1 国际低碳水务发展动向

据不完全统计，全球还有超过 10 亿的人口用不上清洁的水，每年有 310 万人因饮用不洁水患病而死亡。因此，节约用水、珍惜水资源是确保城市水系统可持续发展的重要途径，节水意识和习惯的形成具有非常重要意义。

在日本，节水意识已经深入到包括厕所、浴室、厨房、学校、博物馆等在内的社会各个方面，具体体现在：①广泛使用节水器具，开发大量的节水产品，如节水洗碗机、节水洗衣机等；②使用再生水冲厕，爱知世博会期间，使用"生物厕所"，在世博会期间节约用水1000多吨；③泡澡水连着洗衣机，反复利用洗澡水；④充分利用雨水资源；⑤节水宣传，在学生使用的铅笔、尺子上等许多用品上印上节水标记。日本人节水不仅仅是为省钱，更是为了尽自己的社会责任。节约用水于己有利，同时也有益于社会的可持续发展，对个人来说是举手之劳，对全社会来说关系到人类的未来。

在美国，从三年级到六年级开设了节水课程，并对教师进行专业性培训。丹费市还摄制了纪录片《用水的愚蠢》，以幽默的方式讲述浪费水的种种行为。洛杉矶曾动员100人作了188次节水报告，并使7万名学生接受了节水宣传片的教育。纽约市长曾邀请全市儿童担任该市的"副市长"，以监督父母兄弟节约用水。为实现节约用水，环保署考虑到家庭用水的各个细节，提供了24条生活节水小提示，包括检查水龙头和水管渗漏、不将厕所当垃圾桶、检查厕所是否漏水、使用水表检查隐蔽的漏水现象、安装节水龙头和淋浴、缩短淋浴时间、在剃胡须时关闭水龙头等。

在德国，环境部通过互联网向公众介绍节约用水的小窍门。政府提倡个人改变用水习惯，如使用淋浴而不是盆浴，建议优先选用节水型产品。充分利用雨水，如用于冲厕等，部分当地政府还提供补贴，鼓励购买雨水收集设备。同时调节水价促进节约用水也是另一种重要手段。

在政府和广大环保公益组织的共同努力下，发达国家及地区的人们已经形成了很强的节水意识，其节水经验和措施可为我国提供宝贵的借鉴作用。

在节水意识的支配下，政府主导、协会大力推广应用新型节水材料和设备，推广使用节水型卫生器具和配水器具，以瓷芯节水龙头和充气水龙头代替普通水龙头。在水压相同的条件下，节水龙头比普通水龙头有着更好的节水效果，节水量可达到30%~50%，而大部分普通水龙头仅为20%~30%，且在静压越高、普通水龙头出水量越大的地方，节水龙头的节水效果越明显。通过水流作用方向和形态的优化设计，可以使用小容积水箱便器，目前普遍推广使用6L水箱节水型便器，但设计优异的便器可使每次冲洗水流降低到4.5L左右。以三口之家为例，若每人每天大便1次、小便4次，使用现有9L水箱，一天要用水135L；使用6L水箱，一天用水90L；而使用两档水箱，一天用水仅75L。

通过供热管路、供热压力和流量与温度调节的连锁智能控制等系统工程的改造，能使供热水得到最大程度的利用，杜绝热量的浪费。如热水系统的循环方式直接决定了无效冷水是否存在及冷水量的相对大小，实践结果表明，与干管循环相比，立管循环节水效果较好；与支管循环相比，立管循环具有较明显的经济优势。大量住宅公寓的集中热水供应系统中，不少系统因循环系统设置不当，每次用水放出的冷、温水量为 10～20L，通过热水管路循环设置，可在节约这些水流的同时满足人们使用的舒适度。

成熟实用的建筑节水的关键技术不断推出。科学的用水定额促使设计人员从技术上有满足节水用水定额实施的相应措施，如给水系统、热水系统的用水定额偏大，供水设备、设施、管径均偏大，既耗水又耗能、耗材、占地，同时为使用者浪费水资源提供依据，而制订一个合理的节水用水定额，可以使管理者有了限制用水量的依据。

城市污水是城市的重要水源，城市污水量几乎等于城市供水量，水中只含有不到 0.1% 的污染物，远低于海水中 3.5% 的杂质含量，且就近可得，易于收集，在近年来科技人员的不断努力下，其净化处理成本明显低于海水淡化。

8.2.2　我国低碳水务问题

我国《国民经济和社会发展第十二个五年规划纲要》指出，"十二五"期间，单位 GDP 能源消耗和单位工业增加值用水量需分别降低 16%、30%。为实现这一目标，平均每年节能节水目标分别为 3.2% 和 6%。为打造低碳城市，节水、节能减排任务十分繁重。

水资源的紧缺和水环境的污染程度严重制约这一目标的实现，我国的水资源总量占全球的 6%，而人口却高达全球的 1/5 以上，致使我国人均水资源量仅为世界平均值的 1/4，排在全球 12 位以后，还被列为世界 13 个人均水资源最贫乏的国家之一。更严峻的是，中国的人均淡水资源还在不断减少，从 2000 年的 2194m³ 下降到 2007 年的 1900m³ 左右，预计到 2030 年，我国人均淡水资源量还将进一步下降。

2011 年，长江、黄河、珠江、松花江、淮河、海河、辽河、浙闽片河流、西南诸河和内陆诸河等十大水系的 469 个国控断面中，Ⅰ～Ⅲ类、Ⅳ～Ⅴ类和劣Ⅴ类水质的断面比例分别为 61.0%、25.3% 和 13.7%，西南诸河水质为优，长江、珠江、浙闽片河流和内陆诸河水质总体良好；黄河、松花江、淮河、辽河总体呈轻度污染；海河总体为中度污染。在监测的 28 个湖泊（水库）中，富营养化状态的湖泊（水库）占 53.8%，其中，轻度富营养化状态和中度富营养化状态的湖泊（水库）比例分别为 46.1% 和 7.7%。在监测的 200 个城市 4727 个地下水监测点位中，优良、良好–较好水质的监测点比例为 45.0%，较差–极差水质的监测点比例为 55.0%。

在水资源紧缺和水环境还受污染的情况下，建设低碳城市就迫切需要加快低碳水务的进程，从政策扶持、技术进步、观念更新诸方面协调发展。

8.2.3 低碳水务策略

在低碳城市的建设过程中，水是命脉，水务贯穿在城市能源消耗、城市交通和城市建筑的全过程，水质跟人们的日常消费行为都紧密相关。

1. 城市水务的"转移碳排放"

水务过程从本义上讲不属于低碳，一个完整的水务过程是温室气体的排放过程。化学氧化、高级氧化、催化氧化、电化学氧化和好氧生物处理等步骤都是把水中的有机物氧化的过程，其氧化的终点是产生 CO_2，且释放到大气中去。厌氧生物处理过程产生 CH_4，CO_2 和 CH_4 都是温室气体，水中的 COD、BOD 降低了，但造成了碳排放。不过这个阶段的直接碳排放都不是水务产生的，而是一种生产过程转移的碳资源。水务过程的能耗则是自身产生的，因此，计算水务碳排放时要分清转移碳排放和直接碳排放。

2. 分离与资源利用

废污水在生产和生活过程产生，各种有机物和无机物进入水体，增加了环境水体的负荷。对废污水中的污染物经过专有技术的处理，能有效和清晰地与水分离，就一定实现资源化利用。如对各种优化过程产生的 CO_2 进行收集浓缩，然后进行碳化学的加工处理，又重新成为生产和生活的原料。

开发利用介孔材料，使之成为废水处理过程的吸附材料，如介孔碳吸附剂。以 MCM-48 氧化硅材料为模板，蔗糖做碳源，合成了有序介孔碳材料，并用硝酸氧化进而改变得到介孔碳的表面化学性质。把未处理的介孔碳和氧化处理后的介孔碳用于吸附水相中的多环芳烃化合物（萘、萘酚 1，5-二氨基萘），氧化处理过的有序介孔碳表现出更高的吸附容量。介孔碳表面的每一个官能团相当于一个活性位，在材料吸附有机物的过程中起了非常重要的作用。

鉴于新型吸附剂（介孔氧化硅、介孔碳等）合成过程的可控性，可以在合成过程中掺入杂原子（铁、钴等），掺杂磁性金属的吸附剂，达到吸附饱和后，通过外加磁场，可以很容易将其与溶液分离。

针对废水的组成，选择各种不同型号的吸附剂，吸附饱和后能方便地利用压力、温度等差异把吸附的物质解吸出来，废水的资源化利用就变成了现实，实现了废水的低碳处理。

3. 蒸发水的回收

冷却水在循环使用过程中为了移走热量，约有 0.5% ~1.5% 的水量汽化蒸发进入周边大气环境，既带走水资源又损失能量，也不是低碳过程。开发切实可行的蒸发水回用技术，就能实现冷却水循环过程的水质的基本稳定，不但回收收集到数量巨大的清洁水资源，还可以使目前靠水处理药剂维持正常运行的冷却水系统大大削减水处理药剂的用量。仅以一台 600MW 的发电机组来计算，一年的蒸发水量约 550 万 ~650 万 t。

4. 超高浓缩倍数的使用

当循环冷却水中不含硬度，并且系统超高浓缩倍数运行，冷却水的盐度一定很高，这样的水质在传热面上是不会结垢的，也很难有微生物生存。解决好高盐度水对金属的腐蚀，系统就能做到真正意义上的"零排放"，就能呈现低碳运行。

在"零排放"的实践中，特定水质还可实现超高浓缩倍数运行。美国加利福尼亚钢铁工业公司一冷却水系统采用软化冷却水超高浓缩零排放时系统的运行水质，其 TDS 达到 146000mg/L，浓缩倍数超过 580，pH>10。运行结果表明，在这样的系统中，运行时不加任何药剂，碳钢、镀锌铁、不锈钢、铜、铝等材料的设备均能得到很好的缓蚀保护，不因结垢而影响传热，高盐度阻止了微生物的生长；系统去除了钙镁不会有垢。这种零排放被认为是节水，性价比好，又是绿色的冷却水处理。补水中天然存在的 SiO_2 起了作用。可溶性 SiO_2 经高浓缩（>200mg/L），在高 pH 下可聚合成多硅酸及胶体 SiO_2，它们能在金属表面生成无孔的保护膜，对多种金属（碳钢、不锈钢、镀锌铁及铜等）有缓蚀作用，故"软化冷却水超高浓缩零排放"亦称"硅系缓蚀绿色液体零排放"。

5. 冷却水循环中的生物处理技术

城市污水处理厂的达标排水回用于循环冷却水体系中在我国已很常见，排水中的 COD 值和氨氮一般都比工业补水高。利用冷却塔的生物系统，控制好一定微生物浓度，在不影响传热的前提下，使冷却水中的有机物浓度有所下降。目前不少研究结果表明，冷却水的氨氮在循环过程中会逐渐低于某一个值。

6. 排放标准、排放总量和水环境承载力

我国目前执行的《城镇污水处理厂污染物排放标准》（GB18918—2002），像造纸等行业还有专用的排放标准，对企业来说，除了排放标准外还要执行总量控制，这对推进企业污染治理和保护环境起到了重要的作用。但排放标准的制订忽略了水环境的承载能力，所以我国的水环境形势依然很严峻。应以一座城市或更小的区域为例，研究其水体的承载能力来确定排放总量，再按总量进行合理配置，从而使水体保持长久活力而不降低其固有使用价值，并激励企业通过技术进步把多余的 COD 指标或碳排放指标进行市场化交易。

8.3 低碳能源

8.3.1　国际低碳能源发展动向

低碳城市的能源利用应有合理的政策导向，指导城市能源系统向低碳、节能、高效方向发展。国际上一些著名城市都制定了低碳城市的发展战略。

1. 纽约

纽约市为了进行低碳城市建设，制定了《2030 年长期可持续发展战略报告——更绿色更美好的纽约》，目标是到 2030 年，在 2005 年水平上减少 30% 的温室气体排放。报告内容包括土地、水资源、交通、能源、空气、气候变化等六个方面的政策，能源政策是其中的重要内容之一。

纽约市能源战略目标是："通过升级能源基础设施，为纽约市民提供一个更清洁、更可靠的电力。"围绕能源战略目标，提出四方面战略措施：提升能源规划水平，成立纽约市能源计划委员会；降低纽约市能源消费总量；提高城市清洁能源供给；提升电力基础设施现代化水平。主要措施有：①成立"能源规划部"，进行能源需求管理、扩大清洁能源供应、推广节约能源等工作；②政府拨款支持节能，用于研发技术和推广节能措施；③制定更严格的纽约市建筑物能源规定，提高建筑物能源效益；④增加清洁能源的供应，培育可再生能源市场；⑤针对政府、工商业、家庭、新建建筑及电器用品五大领域制定节能政策；⑥减少来自交通的温室气体排放。

2. 伦敦

英国伦敦为了实现低碳城市发展，制定了《2050 能源愿景》。到 2050 年，伦敦市要建立一个完全不同于 20 世纪的能源系统。新系统以可再生能源为主导，减少化石燃料应用，CO_2 减排量至少达到 2000 年排放量的 60%。伦敦政府认为，转用低碳技术的成本，比处理已排放的 CO_2 所需要的成本低。伦敦的低碳城市发展主要包括以下几项政策：①改善现有和新建建筑的能源效益。推行"绿色家居计划"，向伦敦市民提供家庭节能咨询服务；要求新发展计划优先采用可再生能源。②发展低碳及分布式的能源供应。在伦敦市内发展热电冷联供系统、小型可再生能源（风能和太阳能）装置等，代替部分由国家电网供应的电力，从而减低因长距离输电导致的损耗。③降低地面交通运输的排放。引进碳价格制度，根据 CO_2 排放水平，向进入市中心的车辆征收费用。④市政府以身作则。严格执行绿色政府采购政策，采用低碳技术和服务，改善市政府建筑物的能源效益，鼓励公务员习惯节能。

3. 东京

日本东京在 2007 年 6 月发表了《东京气候变化战略——低碳东京十年计划的基本政策》的低碳城市发展战略。东京政府的目标是：以 2000 年为基准，在 2020 年时减少 25% 的温室气体排放。东京政府的低碳能源政策主要包括以下四个方面：①协助私人企业采取措施减少 CO_2 排放，推行限额贸易系统，为企业提供更多减排工具，成立基金资助中小企业采用节能技术；②在家庭部门实现 CO_2 减排，以低碳生活方式减少照明及燃料开支，大力提倡使用节能灯照明，要求居民放弃浪费电力的钨丝灯泡，与家装公司合作，提醒客户在翻新住房时采取节能措施，如加装隔热窗户等；③减少由城市发展产生的 CO_2 排放，新建政府设施需符合节能规定，要求新建建筑物的节能表现必须高于目前的法定标准；④减少由交通产生的 CO_2 排放，制定有利于推广使用省油汽车的规则。

4. 新西兰

新西兰在 2007 年制定了新西兰能源战略及能源效率和保护战略，细化能源利用效率和可再生能源消费的具体政策，为新西兰能源产业指出了方向。新西兰政府的目标是：到 2025 年，使 90% 的电力生产来自于可再生能源；到 2040 年，将人均机动车的排放水平降低 50%。与此同时，新西兰政府决定采取行之有效的措施使 2040 年温室气体的排放保持在 2007 年的水平。

新西兰的能源战略主要采取如下措施：①加大提高能源利用效率方面的投入，

鼓励可再生能源、能源高效运输、可持续交通运输、能源高效利用及其他新技术投资；②在可以预见的未来，除了为保证能源安全供应而设立的冗余设施外，所有的电能都应该来自可再生能源，在未来十年内限制新的化石燃料发电站的建设与发展。

8.3.2　我国低碳能源现状

我国有丰富的新能源和可再生能源。统计显示，太阳能年日照时数在 2200 小时以上的地区约占国土面积的 2/3 以上，具有良好的开发条件和应用价值。可开发的风能资源储量为 2.53 亿 kW。地热资源远景储量相当于 2000 亿 t 标准煤，已勘探的40 多个地热田可供中低温直接利用的热储量相当于 31.6 亿 t 标准煤。

中国能源研究会的一项研究认为，从长远来看，新能源和可再生能源的开发利用可以逐步改善以煤炭为主的能源结构，促进常规能源资源更加合理有效地利用，缓解与能源相关的环境污染问题，使我国能源、经济与环境的发展相互协调，实现可持续发展目标。从近期来看，新能源和可再生能源的开发除了能增加和改善能源供应外，还将对解决边疆、海岛、偏远地区的用电用能等问题起到非常重要的作用。

测算表明，到 2015 年，新能源和可再生能源的利用将减少 3000 多万 t 碳的温室气体及 200 多万 t SO_2 等污染物的排放，提供近 50 万个就业岗位，为 500 多万户边远地区农牧民解决无电问题。

但从总体上来看，我国新能源产业整体实力不强，市场竞争能力弱，一些阻碍产业发展的关键问题没有从根本上得到解决，迫切需要加快技术进步和机制创新，以推动这一产业的迅速发展。

我国新能源开发缺乏统一规划，无序开发甚至开发过度。国务院 2007 年 6 月审议通过的《可再生能源中长期发展规划》中提出，到 2020 年建成风电 3000 万 kW的发展目标，而目前规划的风电装机容量却已达 12000 万 kW，过于迅猛的势头不利于其发展的可持续性。

行业标准不完善问题日渐凸显，并严重制约新能源发展。我国现行的《风电场接入电力系统技术规定》为指导性要求，不作强制执行要求，且对电网的调峰调频能力、低电压穿越能力等标准不严明，不能满足新能源大规模开发的要求。

政府相关政策不够完善，社会支持力度不够或无力支持。例如，我国一些地区电网电源结构单一、调峰手段有限，要保证新能源电量全额收购，需要付出很大代价，既不经济，也不安全。

8.3.3　低碳能源策略

1. 分布式热电冷联产技术

20 世纪末，随着天然气等优质燃料的广泛使用，以及高效的热、电、冷三联产技术的发展，在工业发达国家中逐步建立了一大批以居民小区为中心的分布式热、电、冷联产的中小型电站。由于小区的范围比较小，供热半径和供冷半径有限，可以比较便宜地建立供热和供冷网，再加上目前燃气轮机与柴油机的运行可靠性得到保障，天然气的价格较低廉，污染排放问题较容易得到控制，因而在居民小区修建分布式的热、电、冷联产的中小型电站，在经济上及燃料的有效利用方面，反而更为合算。兴建这类电站的浪潮正方兴未艾，甚至在某些大城市的机场、中心医院和地铁车站，都有使用这类三联产技术的先例。

分布式热电冷联产技术在能源转换效率方面具有的突出优势，使其在能源领域占据显著地位。欧洲委员会将热电联产技术放在"大气改变对策的能源框架"重要的位置，并认为该技术对实现减排目标具有巨大贡献。为了促进热电联产事业的发展，欧洲委员会在财政、税收、科研、政策等方面进行了大量工作。1977 年，成立了专门的咨询机构，对如何提高供热效率、加快热电联产的发展进行探讨。在技术开发与研究方面，欧盟国家在 1991 年就开始实施旨在提高能源效率的"SAVE 计划"，许多热电联产与区域供热的研究示范项目得到了该计划的资助。

我国有关部门制定了分布式热电冷联产鼓励政策，主要包括对分布式能源的投资进行优惠，对分布式能源运行进行补贴，对分布式能源国产设备的研发和推广进行引导和鼓励。

2. 燃料电池

燃料电池是一种直接将储存在燃料和氧化剂中的化学能高效地转化为电能的发电装置，这种装置的最大特点是由于反应过程不涉及燃烧，因此其能量转化效率不受"卡诺循环"的限制，能量转换效率高达 60% ~80%，实际使用效率是普通内燃机的 2 ~3 倍。

燃料电池可以应用到建筑供能系统，并容易形成商业化，因此，应优先发展利用燃料电池的建筑供能项目。

3. 整体煤气化联合循环发电技术

整体煤气化联合循环发电技术是煤炭行业清洁煤生产的主要技术手段，它是将煤气化技术和高效的联合循环相结合的先进发电系统，其既有高发电效率，又有极好的环保性能，是一种有发展前景的洁净煤发电技术。整体煤气化联合循环发电技术的工艺过程如下：煤经过气化成为中低热值煤气，再经过净化除去煤气中的硫化物、氮化物、粉尘等污染物，变为清洁的气体燃料，而后送入燃气轮机的燃烧室燃烧，加热气体工质以驱动燃气透平做功，燃气轮机排气进入余热锅炉加热水，产生过热蒸气驱动蒸汽轮机做功。

　　整体煤气化联合循环发电系统把煤炭气化和煤气净化与联合循环发电技术结合在一起，具有以下优点：①发电热效率高；②环保，几乎零排放；③耗水量少；④易于大型化，单机功率高；⑤可综合利用煤炭资源组成多联产系统。

4. 可再生能源利用

　　可再生能源利用包括了太阳能发电技术、风力发电、生物质能、低品位能源利用等形式。

　　太阳能发电技术是将太阳辐射能转换为电能的过程，主要有以下两种转换途径：一是将太阳能转换为热能，利用热能发电；二是将太阳辐射直接通过光电转换器件生产电能。

　　风力发电的原理在于风驱动风轮做功，风轮带动发电机转动发出电能，它是将风能转化为电能的过程。典型风力发电系统通常由风能资源、风力发电机组、控制装置、储能装置、备用电源及电能用户组成。现代大型风力涡轮机常被用于发电，或用于个人使用，或贡献给公用电力网。近年来，风力越来越多地成为一种可再生替代能源，也是世界上发展最快的能源。在风力强大且稳定的区域安放风力蒸汽轮机经济且环保。与传统能源相比，风力发电具有以下主要特点：①间歇性发电；②运行条件恶劣；③成本相对下降；④建设分散；⑤有利于环境保护。

　　生物质能源是一类可再生能源，它可以转化成常规的固态、液态和气态燃料，是解决未来能源危机最有潜力的途径之一。生物质能源指的是以生物质为载体的能量，即把太阳能以化学能形式固定在生物质中的一种能量形式，包括燃料乙醇、生物柴油、生物质发电及沼气等。生物质能源具有可再生、分布广、成本低的特点，受到人们的广泛关注。

　　低品位能源利用是指对地下和地表可再生能源（主要指储能）的综合利用，即将低品位冷量和热量用于建筑的空调系统中。热泵是利用低品位能源的主要方式，它是以消耗一部分高质能（机械能、电能）或高温位能，按照逆向热力循环，把热能由低温位物体转移到高温位物体的能量利用装置。热泵可以利用自然环境资源（如空气、水、地热能、太阳能等）等低品位热源，消耗较少的高品质能量，获得供热量，从而节约大量能源。

8.4 低碳垃圾处理

8.4.1 国际低碳垃圾处理发展动向

低碳垃圾处理在西方发达国家已经成为了可持续发展的一个重要标志，各国通过政策与技术的结合，已经形成了成熟的低碳垃圾处理体系。

美国于1965年制定了《固体废弃物处理法》，1969年制定了《环境保护法》。1970年，美国国家环保局成立后，根据《环境保护法》制定了一系列的环保政策、条款、罚则及标准，并对一些旧法进行了重新修订，于1976年颁布了《资源保护回收法》，将环境管理纳入法治的轨道，为全面实施环境法制化奠定了基础。90年代后，制定或修改的法律法规中提出了以预防为主的新观念，要求在有害物质对环境未造成恶劣影响之前，抑制有害物质的产生。在这一理念的主导下，1990年制定了《污染防治法》，以面向21世纪的污染防治为目标，以源头控制、节能及再循环为重点，对垃圾处理实行全方位的管理，将环境治理与社会的可持续发展紧密联系起来。

近年来，美国一直坚持垃圾减量、分流和再利用的主导理念，以废物资源化、废物能源化（焚烧和生物制肥）作为垃圾治理的主导方向。到目前为止，美国已有30多个州制定了城市固体废物再循环目标，所定再循环目标一般为15%~30%，垃圾回收利用率达到50%以上。

德国是欧盟城市生活垃圾管理最为成功的国家之一，首都柏林也是欧盟地区城市垃圾处理效率最高的城市之一。德国从1972年实施《废弃物处理法》，要求关闭垃圾堆放厂，建立垃圾中心处理站，进行焚烧和填埋。石油危机后，德国开始从垃圾焚烧中获取电能和热能。20世纪中后期，德国意识到简单的末端处理并不能从根本上解决问题，为此，德国在1986年颁布了新的《固体废物管理法》，试图解决垃圾的减量和再利用问题。1991年，德国通过了《包装条例》，该条例要求生产厂家和分销商对其产品包装进行全面负责，回收其产品包装，并利用或再循环其中的有效部分。1992年又通过了《限制废车条例》，规定汽车制造商有义务回收废旧车。1994年颁布的《促进废弃物闭合循环管理及确保环境相容的处置废物法》明确了"避免产生—循环利用—末端处理"的管理方式。1996年，德国提出了《循环经济与废弃物管理法》，将废弃物管理提高到发展循环经济的层面。目前，德国大约有

8000 部联邦和各州的环境法律法规，除此之外，欧盟还有 400 个法规，政府部门约有 50 万人在管理环保法律法规，德国是一个法治国家，环保法律很完善，对环保的投入也很大。此外，德国采取垃圾收费政策强制居民和生产商增加了对废弃物的回收和处理投入，为垃圾的治理积累了资金，推动了垃圾的减量化和资源化。据德国环保局统计，垃圾收费政策实施后，家庭庭院垃圾堆肥增多，餐厨垃圾减少了 65%；包装企业每年仅包装废弃物回收所交的费用已高达 2.5 亿~3 亿美元。

日本在环境保护方面，早在 1900 年就制定了《污染扫除法》。但由于两次世界大战的爆发，直到 20 世纪 50 年代初，日本政府在环境保护方面几乎没有制定出新的法律法规。直到 1946 年，日本开始走向了经济复兴之路，为后来的经济振兴打下了良好的基础。在处理经济和环境协调方面，日本政府制定了《清扫法》（1954年）、《废弃物处理法》（1970 年）、《恶臭防治法》（1971 年）、《自然环境保护法》（1972 年）及《公害健康赔偿法》（1973 年）等几十部关于环境和健康的法律法规。到了 20 世纪 90 年代，日本政府为了实现"零排放"的"循环型社会"的理想，又制定了多部与环境保护相关的法律，如《促进资源有效利用法》（1991 年）、《环境基本法》（1993 年）、《家用电器再利用法》（1998 年）、《绿色购买法》（2000 年）、《食品再利用法》（2000 年）、《土壤污染对策法》（2002 年）等。这些法律既有各自的针对性，又相互关联、相互制约，构成了一个完整的环保法律体系，运用这些法律可以在整个社会建立起遏制废弃物的大量生产、推动资源的再利用和防止随意投弃垃圾的管理体系。

日本政府为了实现环境保护的社会化和全民化，不断扩大产品设计和生产绿色程度及范围，并使之与垃圾分类处理、利用相配套。在处理城市生活垃圾方面，政府环保部门对市民有着严格的规定，要求当地居民必须按照规定行事。政府通过制定法律法规、宣传教育、细化规定、建立垃圾回收产业体系、支持环保产业、加大技术开发力度和资金支持等做法，使大多数日本公民能够有效遵守政府环保部门的要求和规定，积极、有效地配合环保人员的工作。

8.4.2　我国低碳垃圾处理的重点内容

近年来，国家和各级政府部门都非常重视城市生活垃圾处理问题。国家及住房和城乡建设部制定的我国城市环卫产业政策、垃圾处理技术政策及各项法律法规也推动了我国城市生活垃圾处理事业的发展。目前，很多城市都在利用有限的资金大力提高垃圾处理技术水平和垃圾无害化处理率。垃圾产业化是垃圾处理事业未来发展的一个方向，所以，住房和城乡建设部在规范环卫行业产业化过程方面做了很多努力。

此外，我国低碳垃圾处理还将实现以下几个重要目标：

（1）源头减量化。我国目前城市生活垃圾的管理理念仍然是末端处理模式，这实际上是一种被动的管理方式。根据发达国家的经验，应该重视垃圾的源头管理，从产品的研发、生产、流通、消费等源头的减量化管理开始。运用多种手段鼓励并促进研发部门在产品设计环节中提高其可降解性、可回收性等，要求企业在生产过程中简化包装，禁止生产一次性产品等。在垃圾产生后，需要强制实施分类收集方式，因为分类收集是实现垃圾减量化、无害化和资源化的关键环节。为了实现垃圾全过程的分类，以及垃圾分类收集、分类储存和分类运输，必须加强与分类收集相配套的基础设施建设，保障分类收集的切实执行。

（2）废旧资源化。加强垃圾中的废旧物质回收，对于减少垃圾总量、充分利用废旧资源、节省处理资金、提高无害化处理率、延长垃圾处理厂使用寿命、实现经济效益、社会效益和环境生态效益，都具有重要作用。调查显示，每回收利用 1 万 t 废旧物资，可以节约自然资源 4.12 万 t，节约能源 1.4 万 t，减少 6 万 ~10 万 t 垃圾处理量；每利用 1 万 t 废旧钢铁，可出钢 8500t，节约成品铁矿石 2 万 t，节能 0.4 万 t 标准煤，少产生 1.2 万 t 矿渣，比用铁矿石炼钢节约 2/3 的工时。为了推动资源节约型低碳城市建设，必须坚持循环经济（资源—产品—再生资源）的理念，尽可能使更多有用的垃圾作为二次资源进入新的产品生产循环。

（3）处理无害化。要实现垃圾的无害化处理，需要政府部门制定相应的法律法规，实行依法管理。各级管理部门需要根据我国的《环境保护法》、《固体废物污染防治法》、《城市市容和环境卫生管理条例》等法律的规定，进一步完善城市生活垃圾治理规划，统筹规划生活垃圾处理基础设施建设的布局、用地和规模，保证垃圾无害化处理的程序、规范、标准不因人而变。同时，需要结合城市生活垃圾成分的特点，尽量走垃圾分选、再生利用、有机垃圾堆肥、可燃物焚烧等综合处理技术路径，以便于实现优势互补，力争不断提高城市垃圾的无害化处理率。

（4）资源产业化。要实现垃圾资源的产业化，需要推行市场管理，改革现有垃圾经营管理体制，将垃圾的分类、收集、转运和处理等引入市场机制，建立垃圾从产生到末端处理的产业体系，形成产业链。垃圾资源产业化建设中关键是融资，要遵循市场规律，建立多元化投资体制，采取多种渠道在国内外广泛筹措资金，推动产业化建设中的基础设施建设。从现有的形势和发展趋势分析，城市生活垃圾产生量呈现不断增长的趋势，这也为垃圾处理产业化提供了丰富的原料来源。

8.4.3 低碳垃圾处理技术

1. 填埋处理技术

垃圾填埋技术较其他处理技术具有技术成熟可靠、处理成本和单位投资低等优点，但目前该技术在实际应用中仍然存在很多问题，如将原生垃圾的直接填埋导致渗滤液产生量较多、填埋气的回收利用较困难及填埋场的防渗和稳定化等。

目前，很多国家（包括中国）还存在将原生垃圾直接填埋的现象。原生垃圾直接填埋既占用大量土地，渗滤液也会严重污染土壤、地表水和地下水，并产生大量臭气和温室气体。因此，原生垃圾直接填埋的处理方式在很多发达国家已经设定法律相继禁止和限制。

如果在后续能够解决并高效回收垃圾填埋场的填埋气，则可以大大扩展填埋场的应用。填埋气的回收再利用不仅不存在对环境的二次污染，还将为填埋场周边地区带来明显的环境效益，如果能将填埋气应用于发电，或作为城市燃料及汽车燃料等，必将产生较好的经济效益。

在填埋处理的防渗及稳定化方面，一些国家正在研究生物反应器填埋场，试图通过改变垃圾体内氧气含量、生物菌种、水分等条件，促进垃圾降解，加速垃圾稳定化进程，以达到减少渗滤处理量、缩短产气时间和封场后的维护时间、降低垃圾处理成本的目的。如果该项研究获得成功，可以有效保障填埋场的安全、环保，同时有助于垃圾填埋处理技术的推广应用。

总体而言，若上述问题能够得到有效解决，卫生填埋处理技术将是未来垃圾处理必不可少的处理技术之一，并且是生活垃圾处理终端的安全处置方式，其不仅减少垃圾填埋场的占地面积和填埋量，还可以实现填埋处理的无害化和资源化。

2. 焚烧处理技术

焚烧处理技术减量效果好，焚烧后的垃圾体积减小 90%，重量减少 80%，并且可以有效利用焚烧余热供暖或直接发电，实现城市垃圾减量化、无害化和资源化，社会价值和经济价值较高。但是，焚烧过程中产生的二次污染问题也越来越受到重视，焚烧过程中产生的废水、废气、固废，特别是废气中的二恶英能否做到稳定达标排放及固废的稳定化，是关系到垃圾焚烧能否广泛应用于城市生活垃圾处理的一个关键问题。

垃圾焚烧厂的废气主要是指垃圾在焚烧过程中产生的烟气，主要污染物包括粉尘（颗粒物）、酸性气体（HCl、HF、SO_2 等）、重金属（Hg、Pb、Cr 等）和有机剧毒性污染物（二恶英等）。国内外现有的技术无法完全解决垃圾焚烧过程中产生的二恶英类物质，这已经成为制约垃圾焚烧发电发展的一个根本问题。从国内外实践经验可知，控制烟气污染物，特别是控制二恶英的产生，除了烟气净化处理外，还需要考虑减少炉内形成及避免炉外低温再合成，这主要通过控制焚烧条件、选择适当的焚烧炉炉型来实现。为控制烟气二次污染的产生，必须投入昂贵的尾气处理设备，这导致焚烧发电厂原本投资高、运行费用高的矛盾更加突出，同时，使用后的活性炭无法再生，成为一个新的毒源，必须小心处理，这也是垃圾焚烧技术要解决的难题。

生活垃圾焚烧处理产生的飞灰均运至危险废物安全填埋场填埋，但飞灰一般需要经过适当的稳定化预处理后，才可以进入危险废物填埋场处置。稳定化技术是用化学方法降低废物的危险潜在性的技术，可将废物内含的污染组分转化为难溶的、低迁移率或者低毒的物质状态，全过程无须改变废物的物理性质和原先特性。固化技术是将废物包封起来，形成固态物的技术，不强调污染物组分和固化添加剂之间内在的化学反应。固化后的废物状态可能是块状体、泥土状、颗粒状或者其他统称为固体的物理形状。稳定化/固化技术是废物与固化添加剂之间的化学反应或物理过程，污染物迁移被限制，是因减少外露表面积或低渗透性材料包封废物的表面。危险废物的稳定化/固化处理，有水硬性水泥体系、有机聚合物和类似材料。目前应用最广泛的是水泥系列材料。水泥固化飞灰技术是一种比较成熟的危险废物处理技术，在经济性、可操作性方面具有明显的优势，但水泥的用量高，导致固化体增容率高，随着时间推移，固化体部分有毒物质可能会逐渐溶出，对环境存在长期的、潜在的威胁。

目前，一些国家采用高效的化学药剂对含重金属废物进行无害化处理。化学药剂稳定化是利用化学药剂通过化学反应使有毒有害组分转变为低溶解性、低迁移性及低毒性组分的过程，同时也可以使废物少增容或不增容，从而提高危险废物处理处置系统的总体效率。我国也初步尝试在传统技术（水泥固化）沿用基础上，引用国外先进的处理技术，若该技术能够研制成功，将有助于扩大焚烧处理技术的应用范围。

3. 热解技术

垃圾热解处理技术是一种固体废物热化学处理技术，具有较低的污染排放和较高的能源回收率。热解法是利用垃圾中有机物的热不稳定性，在无氧或者缺氧条件下进行加热，将大分子的有机物转变为小分子的可燃气体、液体燃料和固体燃料。热解产物的产率取决于原料的化学结构、物理形态和热解的温度、速度。

热解技术具有减容量大、占地面积小、可燃性气体成分易控制、对于垃圾成分的适应能力强、热值波动时也能适应，最重要的是几乎不会造成二次污染等优点。但是，目前垃圾热解技术仍处于开发研究阶段，在具体运行中还存在一些问题。热解方法较其他处理方法更为复杂，特别是城市生活垃圾成分的不稳定性给热解法的稳定生产带来一定困难。随着城市生活垃圾分类的不断推广，该技术的应用空间逐步扩大，如果能够提高城市生活垃圾成分的稳定性，该技术将成为将来城市生活垃圾处理的主要技术之一。

4. 综合处理技术

根据生活垃圾分物理和化学成分组成及变化趋势、经济实力和投资能力、垃圾处理厂的位置、地形、工程地质和水文地质条件等因素，选择不同的综合处理方式。一般而言，综合处理垃圾方式主要包括垃圾前分选系统、高温制肥系统、焚烧处理系统、卫生填埋系统。前分选系统主要存在的问题包括垃圾腐蚀性强，需要经常检修部分构件；在分选垃圾时，还存在不能很好地区分有机物和无机物等，这些问题还需要进一步改进和完善。制肥系统一般由于垃圾分类不彻底，制肥原料中含有很多沙粒，运行较易出现设备磨损和腐蚀，这显著增加了维修工作量。另外，肥料中玻璃碎渣无法去除，这和垃圾源头分类收集、前处理关系密切，有待进一步在实践中解决。

综合处理方式可以有效应对垃圾处理过程中的各种情况，增加灵活性和可选性，能避免因为垃圾得不到及时处理，造成垃圾围城的突发事件。例如，当垃圾综合处理厂中有机肥销路不佳时，可以停止制肥系统，只运作焚烧处理系统和填埋系统；当焚烧处理系统检修时，可以运作分选系统和填埋系统；当焚烧、制肥、分选等系统都停运后，垃圾可以做填埋处理。因此，综合处理技术较适合于目前垃圾分类不彻底的情况，有助于实现垃圾减量化、无害化及资源化。该技术在短期内将会成为城市垃圾处理的主要技术之一。

5. 其他

除了上述主要处理技术外，在垃圾处理技术动向方面，还需要考虑提高垃圾的资源化利用率、应用物联网技术于城市生活垃圾处理系统及加强垃圾处理技术的评判和监管等，这些也是城市垃圾处理是否能够实现"四化"、是否能够低碳发展的关键因素。

参 考 文 献

曹克广，关存伊 . 2009. 现代高新技术概论 . 北京：化学工业出版社 .

陈东，谢继红 . 2006. 热泵技术及其应用 . 北京：化学工业出版社 .

陈砺，王红林，方利国．2009．能源概论．北京：化学工业出版社．

陈益华，李志红，沈彤．2006．我国生物质能利用的现状及发展对策．农机化研究，（1）：25~27．

邓博．2011．某湖水源热泵系统供暖特性及节能性研究．重庆：重庆大学硕士学位论文．

高虹，张爱黎．2007．新型能源技术与应用．北京：国防工业出版社．

高虎，王仲颖，任东明，等．2009．可再生能源科技与产业发展知识读本．北京：化学工业出版社．

国网能源研究院．2012-02-10．分布式能源的政策法规关键问题研究．http：//www. nea. gov. cn/2012-02/10/c_ 131402694. htm.

胡文举．2010．空气源热泵相变蓄能除霜系统动态特性研究．哈尔滨：哈尔滨工业大学博士学位论文．

华贲．2009．广州大学城分布式冷热电联供项目的启示．沈阳工程学院学报，（2）：97~102．

黄鑫，陶小马．2008．欧美国家节能政策演变趋势及对中国的启示．经济纵横，（9）：98~100．

纪云锋，张平．2008. 21世纪新洁净煤发电技术-IGCC．能源环境保护，（1）：9~10．

李文胜．2007．发电厂动力部分．北京：中国水利水电出版社．

李晓丹．2009．新能源汽车发展现状及应用前景．中国能源，（8）：43~45．

龙惟定，马宏权，梁浩．2010．上海世博园区能源规划：回顾与反思．暖通空调，（8）：61~69．

倪维斗，等．2001．热能动力工程现代文明的动力．济南：山东科学技术出版社．

邱树毅．2009．生物工艺学．北京：化学工业出版社．

沈辉，曾祖勤．2005．太阳能光伏发电技术．北京：化学工业出版社．

万福成．2008．自然科学基础．郑州：大象出版社．

王大中．2007. 21世纪中国能源科技发展展望．北京：清华大学出版社．

刑继俊，黄栋，赵刚．2010．低碳经济报告．北京：电子工业出版社．

张国强，李志生．2007．建筑环境与设备工程专业导论．重庆：重庆大学出版社．

张泉，叶兴平．2010．低碳城市规划．城市规划，（16）：13~18．

中国建筑设计研究院．2008．建筑机电节能设计手册．北京：人民交通出版社．

庄贵阳，谢倩漪，王伟光．2009-12-11．低碳经济转型的国际经验与发展趋势．http：//www. china. com. cn/international/txt/2009-12/11/content_ 19050525. htm.

左玉辉，孙平，柏益尧．2008．能源环境调控．北京：科学出版社．

Intergovernmental Panel on Climate Change. 2009. IPCC fourth assessment report：Mitigation of climate change，chapter 5，Transport and its infrastructure.

Transport Statistics Great Britain. 2008：Section 9. Vehicles，2009.

US Census Bureau. 2012-03-05. Census population estimates. http：//www. census. gov.

World Energy Council. 2009. Transport technologies and policy scenarios. Action Plan on Urban Mobility. http：//ec. europa. eu/transport/urban/urban_ mobility/action_ plan_ en. htm.

第 9 章

我国低碳城市评价体系研究

9.1 全球性低碳标准体系研究

9.1.1 全球性低碳城市指数体系

1. 全球性的低碳城市指数表征体系

全球性的低碳指数表征体系研究主要以联合国、世界银行、欧美、澳大利亚和日本等国家或机构制定的标准为主。国外低碳标准体系往往侧重将城市低碳发展与城市的可持续性、绿色、生态三个维度的指标整合,来一体化地反映城市的低碳发展指标。目前,联合国和世界银行分别建有"全球的城市指标数据库",而欧美、澳大利亚、日本等国也分别针对各国实际推出了"低碳城市发展指数"、"城市可持续发展指数"等指标体系。

2. 全球性的低碳城市指数监测体系

全球性的低碳指数监测体系与相对静态的全球性低碳指数表征体系不同,主要是为了支持全球各个实际开展的成功案例，来推广开发监测指标。其中，以近期的《哥本哈根宣言》为要。该指数侧重：①城市为减少直接和隐含排放而实施的政策，以及这些排放与低碳解决方案之间的关系；②包括直接和隐含排放在内的排放；③城市为确保未来减排而开展的各类投资，包括基础设施投资和教育投资。

9.1.2 全球性的低碳城市指数选取

1. 全球性城市层面代表性指标选取

在代表性指标选取上，比较有争议的是是否将用地、规划和城市形态的指数纳入低碳发展中来。公认的指标包括：①CO_2排放量；②能源消耗；③建筑；④交通运输；⑤水；⑥垃圾；⑦空气质量；⑧环境治理。这些指标还可以进一步细化，如交通运输指标中，将公共交通出行比例、步行和自行车通勤比例、公共交通线网长度、拥堵状况等指数纳入低碳发展指标中（表9.1）。

表9.1 世界银行全球城市与中国城市对标分析

	人均碳排放量/ （CO_2当量 t/人）	重庆	3.7	斯德哥尔摩	3.6
		北京	10.1	东京	4.9
		天津	11.1	新加坡	7.9
		上海	11.7	伦敦	9.6
				纽约	10.5
CO_2	CO_2强度/（CO_2当量 t/百万美元）	重庆	535	斯德哥尔摩	71
		北京	1063	哥本哈根	95
		天津	1107	香港	102
		上海	2316	东京	146
				伦敦	162
				纽约	173
	人均能源消耗/（GJ/人）	北京	80	伦敦	78
		天津	90	哥本哈根	81
		上海	93	奥斯陆	95
				斯德哥尔摩	105
				纽约	129

续表

能源	能源强度/(MJ/美元)	上海	8.5	伦敦	1.3
		北京	8.8	哥本哈根	1.4
		天津	18.7	斯德哥尔摩	2.0
				纽约	2.1
				新加坡	6.3
	可再生能源份额	北京：到 2010 年，4% 天津：滨海生态城，到 2020 年，20% 中国全国平均：目前，8%，到 2020 年，15%		奥斯陆	65%
				斯德哥尔摩	20%
				哥本哈根	19%
				伦敦	1.2%
交通	绿色交通方式所占份额（步行、骑车或乘公交上班的市民所占百分比）	上海	56%	斯德哥尔摩	93%
		北京	64%	香港	84%
		天津	92%	哥本哈根	68%
				圣保罗	66%
				伦敦	63%
土地利用	人口密度/(人数/hm²)	上海	286	首尔	322
		天津	228	新加坡	107
		北京	145	纽约	80
				伦敦	62

资料来源：世界银行，2012

2. 全球性社区层面代表性指标选取

由于城市的面积人口等较为密集，在城市层面很难将土地利用、城市规划等指数通过单一指标表征，相对来说，社区层面则更关注开发过程中的低碳发展指数与城市规划之间的关系，如美国的 LEED-ND 指数，将土地利用、建筑和交通几个主要指标进一步细化，引入了如土地利用的紧凑度、用地混合度、多社区中心、绿色建筑比例、集中供暖和制冷、可再生能源比例、减少停车位设置等指标纳入考量。

9.1.3　全球性的低碳城市综合评价及排名

各国根据本国的实际情况，参考国际通用的指标体系，在社区层面、城市层面、国家层面分别定期制订各不同范围的温室气体排放清单，并通过国际会议、国际论坛、学术和政治会议等形式，形成相对一致的指标体系，并逐步形成方法较为科学、一致，收集的数据可靠、透明，清单可复制并在时间上前后一致的指标体系，从而保证评价的科学性和可有效纵向对比性。

在全球范围内，还没有针对低碳的综合横向比较评价及排名，但如《城市温室气体核算国际标准》（联合国环境规划署，2013）的编制，则为全球建立通用的报告系统提供了参考。通过建立统一的排放清单，可将 CO_2 排放的相关指标进行定时地整理搜集，甚至发布到互联网。目前，Bader、Bleischwitz、Kennedy 等都在致力于构建相应的清单和模型。美国纽约市也非常重视低碳发展，其结合能源与市政数据，将耗电量、化石燃料消耗量、垃圾产生量等数据进行统计，进行初始基线清单的编著。东京则为高排放商用建筑物建立强制性监测、报告和碳排放交易系统。美国加利福尼亚州已经开发出计算工具，允许个人、家庭、公司和城市对其碳足迹进行计算，与标准进行对比和采取行动。

9.2 国内已有低碳标准研究

9.2.1 中国城市科学发展综合评级体系

中国城市发展研究院出版了关于我国城市科学发展的系列报告，其中包括《中国城市科学发展综合评级体系（E&G）设计》，采集了 261 个中国地级以上城市及其数据、信息，构建了由指标、子系统、母系统、数据及其计算、定量分析和定性分析、构权及综合指数构成的完整系统，其指标体系主要包括来源于统计数据的城市经济发展水平（25% 权重）、城市社会发展水平（15% 权重）、城市人居生活发展水平（30% 权重）和来源于调查的定性评价系统（30% 权重）四个维度，构建了 2 个母系统和 14 个子系统（表 9.2）。

表 9.2　中国科学发展十大优秀城市（2008 年数据）

排名	城市	综合指数
1	上海市	0.6922
2	杭州市	0.6912
3	无锡市	0.688
4	北京市	0.6798
5	东莞市	0.6742

排名	城市	综合指数
6	天津市	0.6582
7	深圳市	0.6576
8	苏州市	0.657
9	金华市	0.6546
10	宁波市	0.6542

9.2.2　中国城市竞争力综合评价体系

中国社会科学院财政与贸易经济研究所出版了《中国城市竞争力报告》，采集了 200 个中国城市，通过综合、增长、效率、效益、结构、质量等 6 个维度和人才本体竞争力、企业主体竞争力、主要产业本体竞争力、公共部门竞争力、生活环境竞争力、商务环境竞争力、创新环境竞争力、社会环境竞争力等 8 个指标进行了排名。除了对综合指标进行总体评价外，该报告还对不同地域分组进行了比较，针对东南地区（54 个城市）、环渤海地区（28 个城市）、东北地区（18 个城市）、中部地区（59 个城市）、西南地区（18 个城市）、西北地区（15 个城市）对不同城市进行了比较。除此之外，报告还对工业不同阶段的城市、不同行政级别城市进行了分类研究（表9.3）。

表 9.3　中国城市综合竞争力排名（2007 年数据）

城市	综合排名	增长指数排名	规模指数排名	效率指数排名	效益指数排名	结构指数排名	质量指数排名
香港	1	195	2	1	7	1	1
深圳	2	49	4	6	42	5	9
上海	3	161	1	10	60	2	11
北京	4	157	3	31	32	4	12
台北	5	198	7	2	4	3	4
广州	6	105	5	15	59	6	16
高雄	7	196	20	4	2	10	3
苏州	8	39	15	16	23	16	17
杭州	9	121	9	24	43	9	18
天津	10	61	6	33	36	8	35

9.2.3 中国可持续发展战略评价体系

中国科学院可持续发展战略研究组出版了关于中国可持续发展的系列报告，其中包括可持续发展能力指标体系，以直辖市和省、自治区为主要评价对象，通过生存支持系统、发展支持系统、环境支持系统、社会支持系统4个系统、16个状态、45个要素、233个指标进行了综合评价。报告还创造性地应用了经济学理论中资产负债表的形式，对可持续发展能力的输入输出参数进行了分析，从资源、能力、环境承载力几个方面对发展进行了全局的分析和比较（表9.4）。

表9.4　中国区域可持续发展总能力排名（2006年数据）

城市	综合排名	生存支持系统指数排名	发展支持系统指数排名	环境支持系统指数排名	社会支持系统指数排名	智力支持系统指数排名
上海	1	2	1	14	2	2
北京	2	1	2	16	1	1
天津	3	6	3	19	3	3
浙江	4	3	6	5	7	4
江苏	5	5	4	15	8	6
广东	6	12	5	10	9	5
山东	7	9	7	18	11	10
辽宁	8	11	8	25	4	9
福建	9	8	9	6	14	8
吉林	10	7	10	22	5	12

9.2.4 其他专项低碳年度发展评价体系

1. 中国建筑节能年度发展研究报告

中国工程院从建筑节能的角度，对全国不同区域、不同供暖类型的城市进行了建筑节能的分析。针对北方城镇采暖、夏热冬冷地区城镇采暖、城镇住宅除采暖外用能、农村住宅用能、公共建筑除集中采暖外用能进行了分析，并在定量分析和指标模型构建的基础上，提出了建筑节能方式方法。

2. 中国城市可持续交通发展研究报告

清华大学从交通可持续发展的角度，对城镇化发展过程中交通的可持续进行了研究，从土地利用与交通、地下空间与交通、交通需求管理、可持续交通规划、公交优先、清洁能源交通、交通环境影响、汽车技术与城市交通、可持续交通评价体系几个角度进行了分析。

9.3　城市低碳发展指标体系研究综述

9.3.1　构建城市低碳发展指标体系的意义

城市本身是一个非常复杂化的巨系统，总体来说包括城市的物质空间环境和社会关系总和两个层面。在城市的发展、建设及规划、相关研究领域，都涉及诸多学科，如生态、能源、政治、经济、文化、管理、工程等学科。由于城市所处的地域特征与文化区域特征各不相同，城市在发展与建设过程中面临的问题往往也各具特点。我国目前正处于快速的城市化进程中，同时城市化也是提高全社会生活水平的必由之路。在这一进程中，不同类型的城市，如何解决各自的问题，实现城市化进程整体的良性发展，实现城市的低碳化生存，将会是一个非常值得关注与研究的课题。目前，我国关于城市的低碳建设、生态建设正处于方兴未艾的阶段，理论研究大量出现，但在指导具体的城市建设与规划实践过程中，这些研究起到的作用仍然较小，迫切地需要有更加明确的发展目标、设计规划与评价标准，来引导城市能够将低碳发展的理念，落实到城市规划、城市建设及城市管理的各个环节。

长期以来，西方发达国家在城市的生态建设、低碳建设上一直走在世界的前列。不少低碳示范区、低碳示范项目在国外进行了大量的实践。然而，这些低碳发展实践往往停留在小范围的空间层次，并没有在国家和城市尺度上形成系统性的规划管理手段与评价方法。我国较早地提出以可持续发展战略作为我国重要的发展战略，并提出以"科学发展观"为指导，系统性地进行可持续发展社会的建设，在大范围、较高层次的低碳社会建设层面，对于我国城市的低碳发展与建设提出了更高的要求。全国各地也在这样的发展背景下展开了大量低碳城市、低碳示范区的建设。然而，到目前为止，全国范围内仍没有建立起一套全国性的低碳发展指标体系。因此，亟须我们建立一个具有普适性、科学性的城市低碳发展指标体系，来更好地指导城市的低碳发展。

中国科学院城市低碳发展指标体系具体来说有以下几个目标：

（1）建立一个全国性的"低碳城市"发展目标，共包括五个维度，即"经济发展、设施完善、智慧低碳、环境宜居、防灾安全"，并以这五个维度为原则，建立城市评价的五个领域，即"经济社会、城市建设、能源消耗、交通运输、环境影响"。通过这一系统性、分领域的发展目标的确定，使城市管理和决策部门能更好地把脉城市的低碳发展，从而在城市的各个领域上进行权衡和综合考虑，打造形成符合地方发展要求的"低碳城市"。

而本报告中，通过对全国城市各个领域数据的收集与综合评价，最终将通过城市的低碳发展指标体系评价出全国"低碳城市"排名。

（2）建立一个可以量化评价的指标体系框架，在全国地级市统计数据的基础上，对全国城市各个领域的低碳发展状况进行评价。在今后的发展中，也可以通过纵向数据的积累进行对比分析，从而更全面地了解全国城市低碳发展的现状，同时，也可以为我国的区域发展战略提供更好的支撑。

（3）建立城市各个领域低碳发展程度的分析方法框架，通过对不同城市类型的总结和对比，分析不同类型城市在低碳发展过程中，哪些是优势，哪些是短板，从而使城市的规划与管理更有针对性，更好地实现"低碳城市"的发展目标。

9.3.2　构建城市低碳发展指标体系的原则

在城市的低碳发展指标体系建立过程中，指标的筛选对于最终的指标体系评价效用至关重要。因此，在本次指标体系的构建过程中，我们借鉴了国内外指标体系，并根据城市发展与建设中的实际需求及我国目前城市数据的统计现状进行了指标选取，主要有以下原则：

（1）科学原则。即在指标的分析过程中，要采取明确的科学方法与统计方法，使得每一项指标能够反映城市在该领域的低碳发展状况；同时，在指标体系构建完成后，也应当采用科学的方法进行分析与成果检验，确保指标体系的科学性。

（2）实践原则。即在指标筛选的过程中，要尽量选取我国目前的统计口径下获取的数据，得出明确的分析结论，以更好地指导城市发展。

（3）发展原则。即指标体系的构建，要考虑今后指标体系进一步改进的空间与可能性，增加该指标体系与相关统计数据库、相关指标体系的可兼容性，从而使得该指标体系能够在未来更好的进化与发展。

9.3.3　城市低碳发展指标体系的技术路线

在充分借鉴国内外相关研究的基础上，结合目前我国城市的低碳发展现状与趋势，提出通过以下流程建立城市的低碳发展指标体系。

1. 明确城市低碳发展的目标——"低碳城市"

我们提出，城市低碳发展的目标并不是为了减少碳排放而遏制城市的发展甚至是不发展，而是通过低碳城市的建设，全面改善城市各个领域的建设状况与发展趋势，使得整个城市的发展能够更加可持续，同时为居民提供更好的城市空间与生活质量，从而把城市建设为更好的城市。

2. 明确评价的城市领域与指标维度框架

以"低碳城市"为本次指标体系评价的目标，以"低碳城市"的五个维度（经济发展、设施完善、智慧低碳、环境宜居、防灾安全）为本次指标体系框架的建立原则，建立起本次指标体系的评价领域，主要包括城市的五大领域，即经济社会、基础设施建设、能源消耗、交通运输与环境影响。

3. 以可操作性为原则选取相关指标

结合我国的《城市统计年鉴》与《城市建设统计年鉴》，选取有明确统计结果、可用的城市数据作为初步的数据指标库。

4. 采用科学的方法进行指标遴选

采用相关性分析排除法，结合问卷调查的层次分析法进行指标遴选，确定各个城市领域内的代表性指标数据。

5. 采用统计学方法对各项指标进行打分

通过统一的打分方法，对城市的各领域、各项指标进行打分，形成各指标得分，从而更直观地对城市各领域的低碳发展状况进行解析。

6. 综合各领域、各项得分，形成"低碳城市"排名

通过对城市各领域、各项指标的综合与评价，形成最终的城市低碳发展综合得分，并对全国 280 余个城市进行综合得分排名。

7. 深入分析评价结果

对于城市的综合得分结果，进行地区分异、类型分异的分析，从而得出"低碳城市"之所以好的优势在什么地方，同时分析不同的城市在低碳发展中的短板在哪里，从而更好地指导城市规划、城市管理与城市建设。

9.3.4 城市低碳发展指标体系的构建方法

1. 建立指标库

根据"低碳城市"的城市发展目标，以"低碳城市"的五个维度为指标选取原则，确定城市的低碳发展水平通过五大领域指标进行评价，即城市经济社会特征、基础设施建设特征、城市能源消耗特征、城市交通运输特征和城市环境影响特征。

城市的经济社会特征反映城市的经济社会发展是否低碳，包括城市各项经济指标（如城市的经济实力、城市的产业结构、城市总体的能源消耗现状等）和城市社会发展指标（如城市的失业人口状况、城市科研教育投资的状况、城市职工的平均工资等）。在城市发展的过程中，城市的产业构成对城市是否低碳起着重要的作用，在第二产业比重较高的城市，工业的生产等对环境的影响较大。城市的单位 GDP 能耗状况决定于城市的产业比重、城市的工业节能状况和城市居民生活耗能情况，是衡量整个城市低碳水平的重要指标。

基础设施建设特征反映了城市本身建设是否符合低碳建设的原则。基础设施建设的情况对城市是否低碳起到至关重要的决定性作用，如城市的路网形态决定了城市居民的主要出行特征，进而决定了城市的交通能耗；城市的绿化情况决定了城市的生态承载极限，决定了城市环境净化的能力。建设特征包括城市人口密度、城市的道路路网建设情况、城市的绿化水平等。

城市能源消耗特征是衡量城市低碳建设水平的重要指标，反映了城市生产生活的能源消耗的情况。在能耗越高的情况下，对环境的影响越大，此时的低碳水平也越低。城市能源消耗特征主要包括城市煤、天然气、水、石油液化气的使用情况等。

城市交通运输特征是衡量城市的客货运是否低碳的依据，包括城市的客运及货运总量、城市的公路货运所占的比例、城市的公共交通系统的使用状况及城市居民私人小汽车的使用量。城市交通的碳排放占城市碳排放的比重越来越高，与城市的货运交通状况和城市居民的出行特征密切相关，是评价城市低碳水平的重要指标。

城市环境影响特征主要反映城市居民生产生活对环境产生影响的评价和对城市环境进行治理做出的努力。随着环境保护意识的增强，我国所有城市近年来都加强了对环境的保护，这些努力对城市碳排放的控制具有非常积极的作用。

为了对五类指标进行评价，根据可以获取数据的情况，选择相应的评价指标。在各类评价指标中，一些指标具有非常明显的重复性或相关性，为了构建评价模型，需要对指标进行筛选。在筛选的过程中，因为目前指标较多，共有 96 个，首先用统计的方法，根据指标之间的相关性进行初步筛选，再根据指标的特性，结合低碳评价的目标，进行再次筛选。

2. 指标初步筛选

初步筛选采用相关分析的方法，对每类指标中相关性较高的评价指标进行剔除。相关分析是研究现象之间是否存在某种依存关系，对具体的依存关系的现象探讨其相关方向及相关程度，即是研究随机变量之间相关关系的一种统计方法。相关关系是一种非确定性的关系，例如，以 X 和 Y 分别记一个人的身高和体重，或分别记每公顷施肥量与每公顷小麦产量，则 X 与 Y 显然有关系，而又没有确切到可由其中的一个去精确地决定另一个的程度，这就是相关关系。任何事物的存在都不是孤立的，而是相互联系、相互制约的。在医学领域中，身高与体重、体温与脉搏、年龄与血压等都存在一定的联系，说明客观事物相互间关系的密切程度并用适当的统计指标表示出来，这个过程就是相关分析。

对于相关关系的分析，可以借助于若干分析指标（如相关系数或相关指数）对变量之间的密切程度进行测定，这种方法通常被称作相关分析（狭义概念），广义的相关分析还包括回归分析。对于存在的相关关系的变量，运用相应的函数关系来根据给定的自变量估计因变量的值，这种统计分析方法通常称为回归分析。相关分析和回归分析都是对现象之间相关关系的分析。广义的相关分析包括的内容如图 9.1 所示。

在各类指标中，一些指标存在明显的相关关系。在评价模型中，只能使用其中一个指标提高模型的精确性，所以，对每一类指标进行相关性分析，在 0.05 置信水平内如果高度相关的话，就考虑相应指标的剔除。

经济社会指标共有 24 个，如表 9.5 所示。

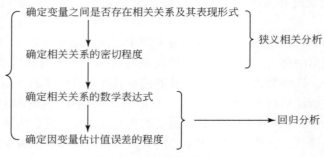

图 9.1 相关分析

表 9.5 经济社会类所有备选评价指标

序号	1	2	3	4	5	6
经济社会备选指标	人均 GDP/元	第二产业占 GDP 的比重/%	单位 GDP 能耗估算/t	全市城镇失业人口比例/%	科学教育支出占财政预算支出的比例/%	年末总人口/万人
序号	7	8	9	10	11	12
经济社会备选指标	年末城镇登记失业人员数/万人	第一产业从业人员比重/%	第二产业从业人员比重/%	第三产业从业人员比重/%	地区生产总值（当年价格）/万元	人均地区生产总值/元
序号	13	14	15	16	17	18
经济社会备选指标	地区生产总值增长率/%	第一产业占 GDP 的比重/%	第三产业占 GDP 的比重/%	工业总产值/(当年价格万元)	全社会固定资产投资总额/万元	房地产开发投资完成额/万元
序号	19	20	21	22	23	24
经济社会备选指标	地方财政一般预算内收入/万元	地方财政一般预算内支出/万元	科学支出/万元	教育支出/万元	在岗职工工资总额/万元	职工平均工资/元

对经济社会一组指标进行相关分析，结果如表 9.5 所示。将表中在 0.05 置信水平内高度相关的变量进行剔除，最终选出 13 个备选变量，如表 9.6 所示。

表 9.6　经济社会初选指标

序号	1	2	3	4	5	6	7
经济社会初选指标	人均 GDP /元	第二产业占 GDP 的比重/%	单位 GDP 能耗估算/t	全市城镇失业人口比例/%	科学教育支出占财政预算支出的比例/%	第二产业从业人员比重/%	第三产业从业人员比重/%
序号	8	9	10	11	12	13	
经济社会初选指标	地区生产总值（当年价格）/万元	第一产业占 GDP 的比重/%	第三产业占 GDP 的比重/%	工业总产值（当年价格）/万元	地方财政一般预算内收入/万元	职工平均工资/元	

能源消耗类所有备选指标如表 9.7 所示，采用同样相关分析的方法进行剔除，最终结果如表 9.8 所示，初选到 7 个指标。

表 9.7　能源消耗所有备选指标

序号	1	2	3	4	5	6	7	8
能源消耗所有备选指标	市辖区人均日城市供水总量/L	市辖区人均全社会用电量/kW·h	市辖区人均煤气用量/m³	市辖区人均石油液化气供气总量/m³	供水总量/t	居民生活用水量/t	全社会用电量/kW·h	工业用电/kW·h
序号	9	10	11	12	13	14	15	
能源消耗所有备选指标	城乡居民生活用电/kW·h	煤气供气总量/m³	家庭煤气使用量/m³	用煤气人口/人	液化石油气供气总量/m³	家庭液化石油气用量/m³	用液化气人口/人	

表 9.8　能源消耗初选指标

序号	1	2	3	4	5	6	7
能源消耗初选指标	市辖区人均日城市供水总量/L	市辖区人均全社会用电量（全年）/kW·h	市辖区人均煤气用量/m³	市辖区人均石油液化气供气总量/kg	用煤气人口/人	液化石油气的家庭用量/m³	用液化气人口/人

基础设施建设类所有备选指标如表 9.9 所示，共有 19 个备选指标，采用同样相关分析的方法进行剔除，最终结果如表 9.10 所示，初选到 11 个指标。

表 9.9　基础设施建设所有备选指标

序号	1	2	3	4	5	6	7	8	9	10
基础设施建设备选指标	市辖区人口密度/(人/km²)	市辖区人均绿地面积/m²	建成区绿化覆盖率/%	城市单位面积污水处理能力/(万 t/km²)	行政区域土地面积/km²	市辖区建成区面积/km²	市辖区建成区占市区面积比重/%	市辖区居住用地面积/km²	全市人口密度/(人/km²)	建成区人口密度/(人/km²)
序号	11	12	13	14	15	16	17	18	19	
基础设施建设备选指标	市辖区城市建设用地面积/km²	市辖区城市建设用地占市区面积比重/%	年末实有城市道路面积/m²	人均城市道路面积/km²	绿地面积/km²	公园绿地面积/km²	人均绿地面积/m²	建成区绿化覆盖面积/km²	建成区绿化覆盖率/%	

表 9.10　基础设施建设初选指标

序号	1	2	3	4	5	6
基础设施建设初选指标	市辖区人口密度/(人/km²)	市辖区人均绿地面积/m²	建成区绿化覆盖率/%	城市单位面积污水处理能力/(万 m³/日/km²)	市辖区建成区面积/km²	市辖区城市建设用地面积/km²
序号	7	8	9	10	11	
基础设施建设初选指标	年末实有城市道路面积/万 m²	人均城市道路面积/m²	绿地面积/hm²	公园绿地面积/hm²	建成区绿化覆盖面积/hm²	

交通运输类所有备选指标如表 9.11 所示，共有 25 个备选指标，采用同样相关分析的方法进行剔除，最终结果如表 9.12 所示，初选到 14 个指标。

表9.11 交通运输所有备选指标

序号	1	2	3	4	5	6	7
交通运输备选指标	人均货运总量/万t	铁路水运/公路货运量/万t	人均公交使用次数/全年公共汽车客运量市辖区人口数/(次/人)	千人拥有出租车数/辆	万人拥有公共汽车数/辆	客运总量/万人	铁路旅客运量/万人
序号	8	9	10	11	12	13	14
交通运输备选指标	公路客运量/万人	水运客运量/万人	民用航空客运量/万人	货运总量/万t	铁路货物运量/万t	公路货运量/万t	水运货运量/万t
序号	15	16	17	18	19	20	21
交通运输备选指标	民用航空货邮运量/万t	年末邮政局(所)数/个	邮政业务总量	电信业务总量	本地电话年末用户数	移动电话年末用户数	国际互联网用户数
序号	22	23	24	25			
交通运输备选指标	年末实有公共汽(电)车营运车辆数/辆	全年公共汽(电)车客运总量/万人	年末实有出租汽车数/辆	每万人拥有公共汽车/辆			

表9.12 交通运输初选指标

序号	1	2	3	4	5	6	7
交通运输初选指标	人均货运总量/万t	铁路水运/公路货运量	人均公交使用次数/全年公共汽车客运量市辖区人口数/(次/人)	千人拥有出租车数/辆	万人拥有公共汽车数/辆	客运总量/万人	铁路旅客运量/万人
序号	8	9	10	11	12	13	14
交通运输初选指标	公路客运量/万人	水运客运量/万人	货运总量/万t	公路货运量/万t	水运货运量/万t	年末邮政局(所)数(处)/个	邮政业务总量/万元

环境影响类所有备选指标如表9.13所示,共有13个备选指标,采用同样相关

分析的方法进行剔除，最终结果如表 9.14 所示，初选到 9 个指标。

表 9.13　环境影响所有备选指标

序号	1	2	3	4	5	6	7
环境影响备选指标	单位面积工业废水排放量/(L/m²)	单位面积二氧化硫排放量/(kg/km²)	单位面积工业烟尘排放量/(kg/km²)	工业固体废弃物综合利用率/%	生活垃圾处理率/%	生活污水处理率/%	三废综合利用产品产值/万元
序号	8	9	10	11	12	13	
环境影响备选指标	工业废水排放量/万 t	工业废水排放达标量/万 t	工业 SO_2 去除量/t	工业 SO_2 排放量/t	工业烟尘去除量/t	工业烟尘排放量/t	

表 9.14　环境影响初选指标

序号	1	2	3	4	5
环境影响初选指标	单位面积工业废水排放量/(L/m²)	单位面积二氧化硫排放量/(kg/km²)	单位面积工业烟尘排放量/(kg/km²)	工业固体废弃物综合利用率/%	生活垃圾处理率/%
序号	6	7	8	9	
环境影响初选指标	生活污水处理率/%	工业废水排放量/万 t	工业废水排放达标量/万 t	工业烟尘排放量/t	

经过相关分析的筛选，初选得到的评价指标一共有 54 个指标，为使最终的指标评价体系更简洁、更直观地反映城市各领域低碳发展状况，还需要进行进一步的筛选与指标体系的简化。

3. 问卷调查再次筛选

经过指标体系的初步筛选，与专家组商讨，共有五大领域 65 项指标属于备选范围。其后，课题组对相关领域的专家组织了问卷调查，采用 9 分制进行打分。本次调查共发放调查问卷 200 余份，回收有效问卷 154 份，用于指标体系的再次筛选与确定。

同时，我们希望在今后的指标体系调整与修改过程中，能够采取基于德尔菲法的专家问卷调查来进行进一步的指标选取与权重确定，使得最终的指标体系更加科学与完善。

通过本次问卷调查最终确定指标体系，如表 9.15 所示。

表 9.15　评价指标体系

指标类型	指标名称	提及次数%	平均分数
经济社会特征	人均 GDP/元	98	8.2
	第二产业占 GDP 比重/%	92	7.5
	单位 GDP 能耗/t 标准煤万元	94	8.3
	城镇失业人口占全市人口的比例/%	86	6.6
	科学教育支出占财政预算支出的比例/%	92	7.7
城市建设特征	市辖区人口密度/（人/km²）	84	8.3
	市辖区人均绿地面积/m²	94	8.8
	建成区绿化覆盖率/%	96	6.7
	城市单位面积污水处理能力/（万 m³ 日 km²）	98	8.5
资源消耗特征	市辖区人均日城市用水量/L	100	7.8
	市辖区人均全社会用电量（全年）/kW·h	100	8.8
	市辖区人均煤气用量/m³	98	7.6
	市辖区人均石油液化气用量/kg	94	6.8
交通运输特征	人均货运总量/万 t	90	6.5
	铁路货运量+水运货运量/公路货运量/万 t	86	6.9
	人均公交使用次数（全年公共汽车客运量/市辖区人口数）/（次/人）	92	7.8
	千人拥有出租车数/辆	85	5.6
	万人拥有公共汽车数/辆	84	7.6
环境影响特征	单位面积工业废水排放量/（L/m²）	100	8.8
	单位面积 SO₂ 排放量/（kg/km²）	100	8.6
	单位面积工业烟尘排放量/（kg/km²）	100	8.4
	工业固体废弃物综合利用率/%	92	7.4
	生活垃圾处理率/%	98	7.9
	生活污水处理率/%	98	7.8

4. 指标具体说明及初步分析

最终确定的指标如表 9.15 所示，接下来将对各个指标及其基准值的计算进行介绍。

1）经济社会

经济社会指标包括城市人均 GDP、二产 GDP 比重、单位 GDP 能耗、城镇失业人口占全市人口比例及科学教育支出占财政预算支出的比例，这些指标反映了城市的经济发展水平、城市经济产业结构、城市整体能耗及城市社会对城市低碳建设水平的影响。

（1）人均 GDP。人均 GDP 常作为发展经济学中衡量经济发展状况的指标，是人们了解和把握一个国家或地区的宏观经济运行状况的有效工具，也是衡量一个城市经济发展的重要指标。

人均 GDP 这个指标衡量了城市经济发展水平对城市低碳建设的影响。根据环境库兹涅茨曲线，一个国家或者地区随着人均收入的增加，环境污染由低增高；但经济发展到一定的水平时，到达某个点后，随着人均收入的增长，环境污染的程度也会由重变轻。基准值取全国均值，即 39152.24 元/人·年。

根据分数，对全国 285 个城市进行排名，选取其中前 30 名作图 9.2（如无特殊说明，以下指标皆同）。

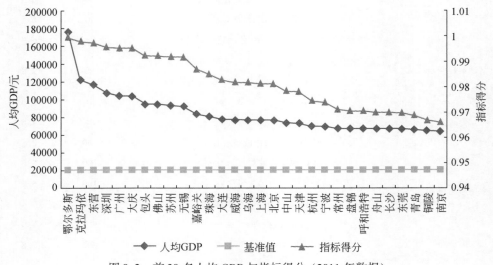

图 9.2　前 30 名人均 GDP 与指标得分（2011 年数据）

（2）第二产业占 GDP 比重。二产 GDP 比重是第二产业 GDP 占城市 GDP 的比重，这个指标是衡量城市经济结构是否低碳的重要指标。高的二产 GDP 比重意味着高的工业污染，即使城市的低碳水平降低。基准值取值为全国城市平均水平，即46.8%（图9.3）。

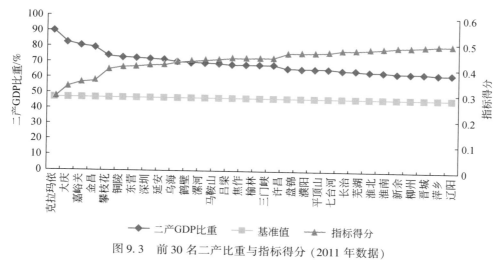

图9.3 前30名二产比重与指标得分（2011年数据）

（3）单位 GDP 能耗。单位 GDP 能耗是指一定时期内一个国家（地区）每生产一个单位的国内（地区）生产总值所消耗的能源。

$$单位 GDP 能耗（t 标准煤/万元）= \frac{能源消费总量（万 t 标准煤）}{GDP（亿元）}$$

单位 GDP 能耗的大小是决定城市碳排放的一个重要因素，也是反映城市低碳化程度的重要指标。

由于我国各城市能耗情况难以获得，需要通过相关数据根据回归计算的方法间接获得。

根据《单位 GDP 能耗的数学模型探讨》（王勇，2011），城市单位 GDP 能耗大小的决定因素有城市产业结构的调整、第二产业的节能状况、市民生活能耗的情况。目前，可以获得的能耗数据是全国各省和直辖市的数据，所有采用各省和直辖市的单位 GDP 能耗与城市的 GDP（反映了城市的经济发展水平）、城市二产和三产的 GDP 比重（反映了城市的产业结构）、城市职工收入（反映了城市的消费水平）及城市工业用电量（反映了城市第二产业的节能状况）。使用 SPSS 回归得到的方程如表9.16、表9.17所示。R^2 为0.752，说明模型具有较好的预测性，进而根据回归标定结果计算出各城市的单位 GDP 能耗。

表 9.16 单位 GDP 能耗回归结果（Ⅰ）

模型汇总				
模型	R	R^2	调整 R^2	标准估计的误差
1	0.867	0.752	0.695	0.331813

表 9.17 单位 GDP 能耗回归结果（Ⅱ）

系数						
模型		非标准化系数		标准系数	t	Sig.
		B	标准误差	试用版		
1	模型常量	−1.927	2.190	—	−0.880	0.388
	GDP/万元	0.000	0.000	−0.302	−2.386	0.026
	二产比重/%	4.665	2.875	0.613	1.623	0.119
	三产比重/%	3.254	2.734	0.546	1.190	0.247
	职工平均工资/元	0.000	0.000	−0.561	−2.717	0.013
	单位二产 GDP 工业用电/kW·h	12.058	1.975	0.709	6.107	0.000

单位 GDP 能耗与城市低碳发展水平呈现负相关的关系。单位 GDP 能耗越高，城市发展过程中产生的排放越高。基准值取全国水平，即 1.476t 标准煤/万元（图 9.4）。

（4）城镇失业人口占全市人口的比例。全镇事业人口占全市人口是衡量城市社会的指标。基准值取全国城市平均值（图 9.5）。

（5）科学教育支出占财政预算支出的比例。科学教育支出占财政预算支出的比例用于衡量城市对于居民低碳教育水平的高地。科学教育支出越高，则居民对城市环境建设的意识越高，即科学教育支出占财政预算指出的比例与城市低碳水平呈正相关的关系。科学教育支出占财政预算支出的基准值取全国城市的平均水平（图 9.6）。

2）城市建设

城市建设特征指标包括城市市辖区人口密度、市辖区人均绿地面积、建成区绿化覆盖率及城市单位面积污水处理能力，这些指标分别反映了城市建设特征对低碳建设水平的影响。

（1）市辖区人口密度。市辖区人口密度越高越与城市低碳水平呈正相关的关

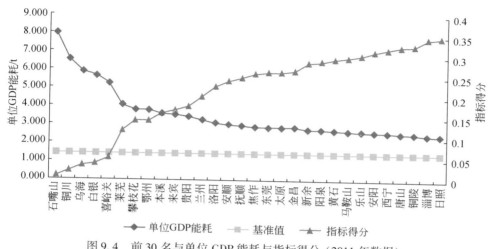

图 9.4　前 30 名与单位 GDP 能耗与指标得分（2011 年数据）

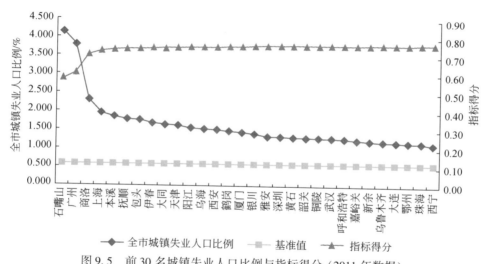

图 9.5　前 30 名城镇失业人口比例与指标得分（2011 年数据）

系，即市辖区人口密度越高，城市低碳建设水平越高。城市高密度发展是实现城市低碳交通前提条件，对低碳城市建设起到积极作用。市辖区人口密度基准值取所有城市平均值（图 9.7）。

（2）市辖区人均绿地面积。市辖区人均绿地面积是城市居民人均拥有的绿地面积。城市的绿化水平越高，则对于环境的净化作用越好，所以，这一指标与城市低碳水平呈正相关的关系。广州、东莞、上海、大连、威海、青岛、厦门等城市在人

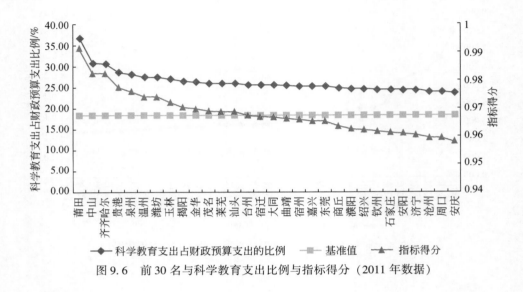

图9.6 前30名与科学教育支出比例与指标得分（2011年数据）

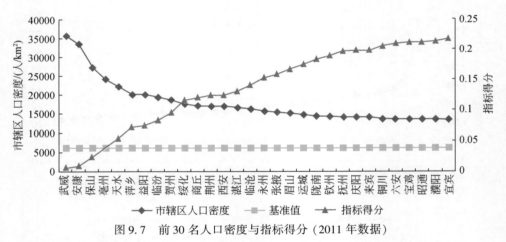

图9.7 前30名人口密度与指标得分（2011年数据）

均绿地面积这一指标的得分较高，而汕头、中山等一些城市则较低。基准值取绿地面积标准值即30m²/人（图9.8）。

（3）建成区绿化覆盖率。建成区绿化覆盖率是城市绿地面积站建成区面积的比例，这一指标反映了城市绿化情况。建成区绿化覆盖率越高，则低碳水平得分越高。指标基准值取所有城市平均值。同样，鄂尔多斯、广州、东莞、上海、大连、青岛等城市绿化建设水平较高，该项指标得分较高。

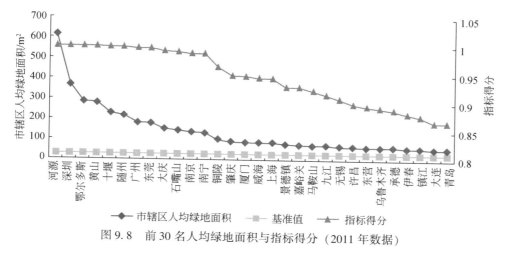

图 9.8　前 30 名人均绿地面积与指标得分（2011 年数据）

（4）城市单位面积污水处理能力。此项指标反映了城市对于污水的处理能力，与城市低碳水平呈正相关的关系，其基准值取各城市平均值（图 9.9）。

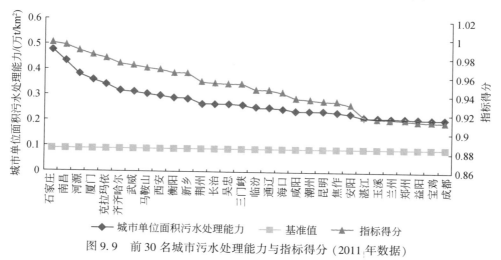

图 9.9　前 30 名城市污水处理能力与指标得分（2011 年数据）

3）资源消耗

资源消耗类指标描述城市对于水、电、煤气、石油液化气的使用量情况。另外，石油消耗量也是对城市低碳建设至关重要的指标，但由于没有相应的数据来源，暂且认为涵盖在 A 类指标中的单位 GDP 能耗中。

（1）市辖区人均日城市用水量。市辖区人均城市用水量反映了城市耗水的情况，体现了城市居民的节水意识，与城市低碳水平呈现出负相关的关系。城市耗水量越高，则城市低碳水平越低。其基准值取为《中国国家标准城市居民生活用水量标准》（GB/T 50331—2002）中节水指标范围的最大值。可以看出，一般大城市的供水量较小城市高（图9.10）。

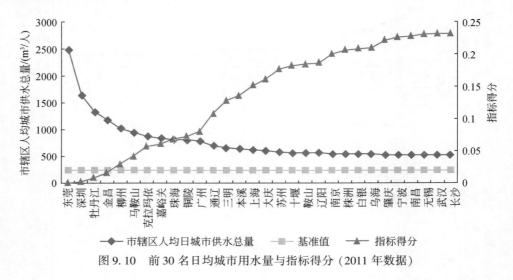

图9.10　前30名日均城市用水量与指标得分（2011年数据）

（2）市辖区人均全社会用电量。全社会用电量指第一、二、三产业等所有用电领域的电能消耗总量，包括工业用电、农业用电、商业用电、居民用电、公共设施用电及其他用电等。

工业用电反映了城市中工业生产的耗能情况，是城市中电能消耗的重要组成部分。生活用电主要包括空调、照明、家电等用电。生活消费用电量主要由当地气候与经济发展程度决定。其中，空调能耗受气候因素影响较大，家电等用电受经济发展水平影响较大，这里用空调度日数来衡量当地的气候影响。空调度日数为一年中当某天室外日平均温度高于26℃时，将高于26℃的度数乘以1天，再将此乘积累加，其单位为℃·d。而经济发展水平用人均工资来衡量。人均工资较高时，居民会购买较多的家用电器。

全社会用电量与城市低碳建设水平呈负相关的关系，城市全社会用电量越高，则其低碳建设水平越低，此项指标的基准值取全国所有城市的平均值。可见，大城市人均全社会耗电量较小城市要高。东莞、鄂尔多斯、深圳等这样的经济发达城市在电能消耗方面排在全国最前面（图9.11）。

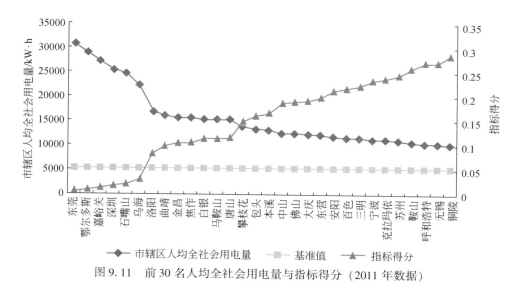

图 9.11　前 30 名人均全社会用电量与指标得分（2011 年数据）

（3）市辖区人均煤气用量。煤气是以煤为原料加工制得的含有可燃组分的气体。煤气使用量越高，则城市的碳排放越高（图 9.12）。

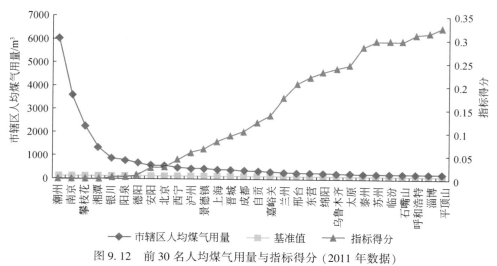

图 9.12　前 30 名人均煤气用量与指标得分（2011 年数据）

（4）市辖区人均石油液化气用量。随着石油化学工业的发展，液化石油气作为一种化工基本原料和新型燃料，已愈来愈受到人们的重视。在化工生产方面，液化石油气经过分离得到乙烯、丙烯、丁烯、丁二烯等，用来生产合塑料、合成橡胶、合成纤维及生产医药、炸药、染料等产品。用液化石油气作燃料，由于其热值高、无烟尘、无炭渣、操作使用方便，已广泛进入人们的生活领域。人均石油液化气的消耗量与城市低碳水平呈负相关性，此指标的基准值取各城市的平均值。深圳、广州、东莞、大连、武汉、厦门等城市的人均石油液化气消耗较多（图9.13）。

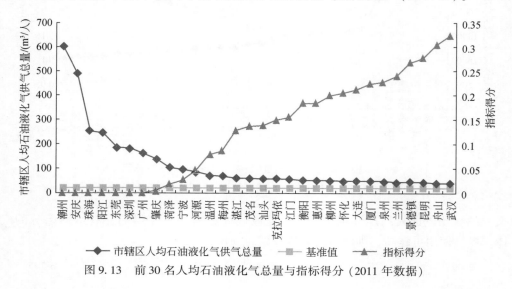

图9.13　前30名人均石油液化气总量与指标得分（2011年数据）

4）交通运输

城市中交通能耗比例越来越高。据预测，全球能源消耗总量中交通运输业所占的份额将从1997年的28%上升到2020年的31%。尽管人们可以使用替代的燃料，但石油仍然将是交通业的主导能源。预计2020年运输业将占世界石油需求总量的一半以上。除了石油依赖造成的能源安全外，土地资源的占用、环境污染等均与可持续发展有关，据粗略估计，与世界能源相关的CO_2排放量的四分之一来之于交通业。

城市的交通运输特性是衡量城市是否低碳的一个重要标准，在此类指标中主要引入了人均货运总量、铁路和水运货运量与公路货运量的比值、人均公交使用次数及千人拥有出租车数和万人拥有公共汽车数。

（1）人均货运总量。人均货运总量反映了城市货运出行的量。货运量越高，则交通能耗越高，相应的排放也就越高。所以，人均货运量与城市低碳水平呈负相关的关系。人均货运总量的基准值取所有城市的平均值（图9.14）。

（2）（铁路货运量+水运货运量）/公路货运量。铁路与水运货运耗能小，排放少，而公路货运则相反，所以，衡量一个城市货运交通结构需要这样一个指标。该

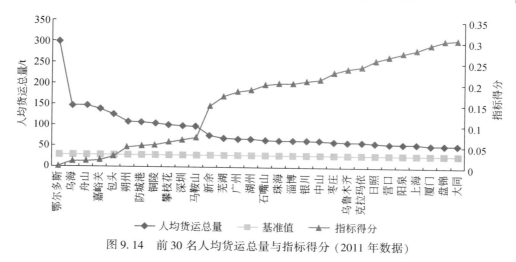

图 9.14　前 30 名人均货运总量与指标得分（2011 年数据）

项指标取值越大，则城市低碳水平越低。该项指标的基准值取所有城市的平均值。上海、宁波、天津、武汉等城市由于水运发达，此项指标的得分较高（图 9.15）。

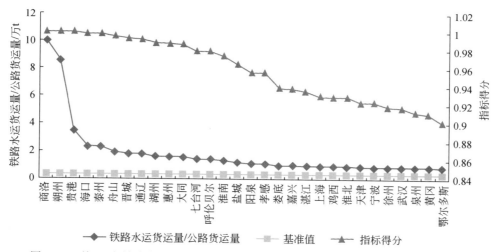

图 9.15　前 30 名铁路水运货运量之和与公路货运量之比与指标得分（2011 年数据）

（3）人均公交使用次数。城市公共交通出行的比重反映了城市交通低碳水平，是衡量城市低碳水平的重压指标。人均公交使用次数反映了城市居民对公共交通出行的态度和交通低碳的意识。计算中采用公共交通客运总量除以城区人口与暂住人口之和的方法。

$$人均公交使用次数 = \frac{公共交通客运总量}{城区人口 + 暂住人口}$$

城市人均公交使用次数与城市低碳水平呈现出正相关的关系，人均公交使用次数越高，则城市低碳水平越高，而基准值取全国各城市数据的平均水平（图9.16）。

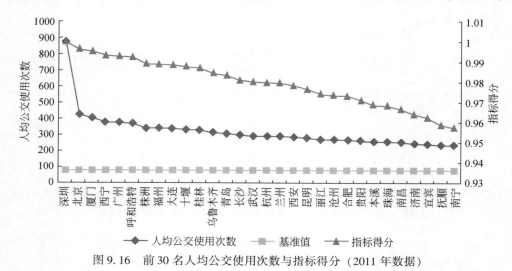

图9.16　前30名人均公交使用次数与指标得分（2011年数据）

（4）千人拥有出租车数。城市中出租车空驶率高，平均载客量较少，是城市交通中能耗和排放的重要组成部分。千人拥有出租车数这一指标拥有反映城市对于出租车的需求，从而确定城市中出租车出行的比重情况。千人拥有出租车数与城市低碳建设呈现出负相关的关系，这一指标取值越高，则城市的低碳建设水平越低。其基准值取全国所有城市的平均值。北京、天津、上海、深圳、东莞等经济发达的城市出租车拥有量较高（图9.17）。

（5）万人拥有公共汽车数。城市公共交通的供给情况反映了城市交通建设的低碳水平，是衡量城市低碳水平的重要指标。万人拥有公交车数正是衡量城市公共交通供给情况的指标，该项指标取值越大，则城市低碳水平越高。每万人拥有公共汽车数测量的是公共汽车系统的运营能力，对监控旅行需求、制定城市公共交通发展政策具有重要意义。这里的公交汽车数没有包括轨道交通。

公交汽车的数量与经济发展水平存在着正相关关系。经济较发达的地区，政府才有余力推广公共交通。由于中国目前仍有许多城市人均GDP较低，不具备充分发展公交系统的能力。另一方面，较富裕的地区对于交通的需求量也较大。因此，基准值以人均GDP进行校核。注意，当公交数量达到饱和值，即满足人们的出行需求

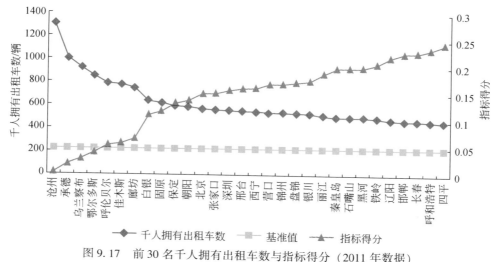

图 9.17　前 30 名千人拥有出租车数与指标得分（2011 年数据）

后，则基准值应为饱和值。这里因为中国目前所有城市的公交数量都还有努力的空间，因此没有考虑公交数量的饱和值（图 9.18）。

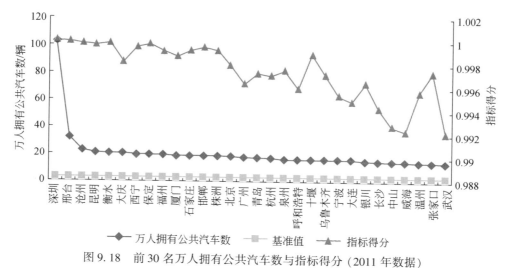

图 9.18　前 30 名万人拥有公共汽车数与指标得分（2011 年数据）

根据全国历年人均与每万人拥有公共汽车数，建立对数回归模型如下（图 9.19）：

$$\ln（每万人拥有公共汽车数）= 0.526\ln（人均\ GDP）-2.882$$

则城市每万人拥有公共汽车数的基准值为：$x = e^{0.526\ln(GDP)-2.882}$。

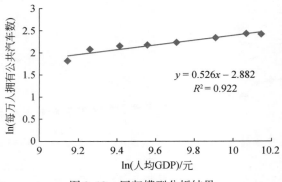

$y = 0.526x - 2.882$
$R^2 = 0.922$

图 9.19　回归模型分析结果

5）环境影响

环境影响是衡量城市环境污染、环境保护、环境治理的工作对于城市低碳建设的影响，包括单位面积工业废水排放量、单位面积 SO_2 排放量、单位面积工业烟尘排放量、工业固体废弃物综合利用率、生活垃圾处理率及生活污水处理率六项指标。

（1）单位面积工业废水排放量。工业废水的排放量与城市低碳建设是负相关的关系。基准值取为所有城市的平均值。可以看出，三亚、北京单位面积工业废水排放量较低（图 9.20）。

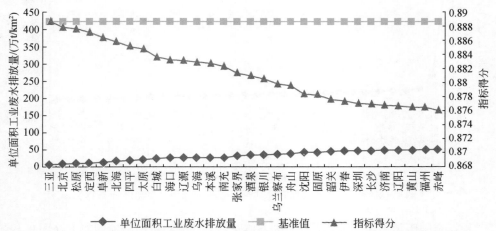

图 9.20　前 30 名单位面积工业废水排放量与指标得分（2011 年数据）

（2）单位面积 SO_2 排放量。SO_2 是空气污染中很重要也很严重的一类污染物。单位面积工业 SO_2 排放量反映了当地每平方公里面积的 SO_2 排放量。这里以城市面积作为分母，主要考虑到 SO_2 主要排放到空气中，面积较大的城市，空气可容忍的 SO_2 不一样。如果选取 SO_2 处理率作为指标，则对那些排放量不高、处理率较低的非工业型城市不公平。

该项指标打分较高的城市，除了少数经济不发达城市外，多数为没有重工业的旅游城市或者 SO_2 处理率较高的城市。

工业 SO_2 排放量与城市低碳建设水平成负相关的关系，其基准值取全国平均值。从结果来看，三亚、北京、上海、南京、东莞的单位面积 SO_2 排放量较低（图9.21）。

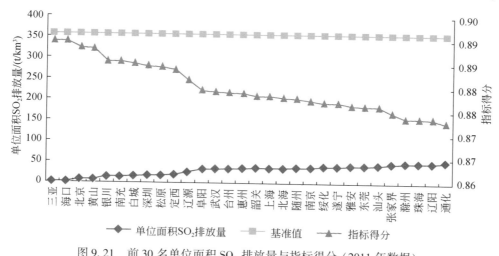

图 9.21　前 30 名单位面积 SO_2 排放量与指标得分（2011 年数据）

（3）单位面积工业烟尘排放量。单位工业烟尘排放量与城市低碳建设水平呈现出负相关的关系，其基准值取所有城市平均值。从结果可以看出，海口、三亚、北京、南京、上海、厦门等城市的工业烟尘排放量较低（图9.22）。

（4）工业固体废物综合利用率。工业固体废物综合利用率指每年综合利用工业固体废物的总量与当年工业固体废弃物产生量和综合利用往年贮存量总和的百分比，反映当地工业对垃圾处理的重视程度与回用意识。

煤矸石、粉煤灰、钢铁渣、尾矿、工业副产石膏等都是较为常见的易于回收利用的工业固体废物。工业废物经过适当的工艺处理，可成为工业原料或能源，较废水、废气容易实现资源化。但由于工业废物受工业生产过程等因素的影响，成分常有变化，给处理和利用造成困难。目前，国内很多个城市的固废利用率达到100%。

基准值取全国均值，即82.8%（图9.23）。

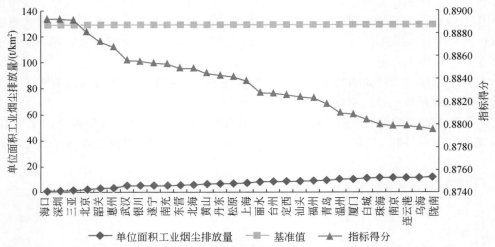

图9.22　前30名与后30名单位面积工业烟尘排放量与指标得分（2011年数据）

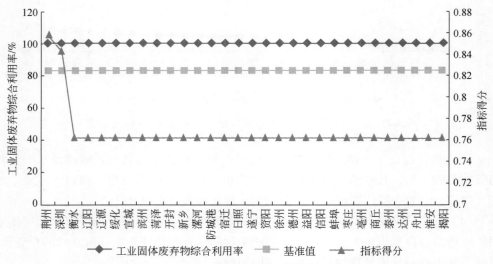

图9.23　前30名工业固体废弃物综合利用率与指标得分（2011年数据）

（5）生活垃圾处理率。生活垃圾是指在日常生活中或者为日常生活提供服务的活动中产生的固体废物及法律、行政法规规定视为生活垃圾的固体废物。垃圾产量激增，严重危害环境，不仅占用了宝贵的土地资源，而且对环境造成了严重的二次污染。生活垃圾处理情况对于一个城市的环境质量的衡量非常重要。

日生活垃圾无害化处理量指城市每日进行无害化处理的垃圾量，该项指标反映当地政府对生活垃圾处理的重视程度与投入的努力。

生活垃圾处理率与城市低碳建设水平呈负相关的关系。我国86个城市的生活垃圾处理率已经达到100%。近150个城市的生活垃圾处理率达到90%以上。但一些小城市的处理率基地，如四川宜宾只有14.5%。生活垃圾处理率的基准值取90%。

（6）生活污水处理率。随着人们生活水平的提高，生活污水排放越来越严重。我国污水处理产业发展起步较晚，新中国成立以来到改革开放前，我国污水处理的需求主要是以工业和国防尖端使用为主。改革开放后，国民经济的快速发展，人民生活水平的显著提高，拉动了污水处理的需求。进入20世纪90年代后，我国污水处理产业进入快速发展期，污水处理需求的增速远高于全球水平。我国城市污水处理率平均在70%左右，还需要进一步发展。引入生活污水处理率这样一个指标来评价城市生活污水的处理情况，其是评价城市环境治理的指标。基准值取为全国城市平均水平，即72.6%（图9.24）。

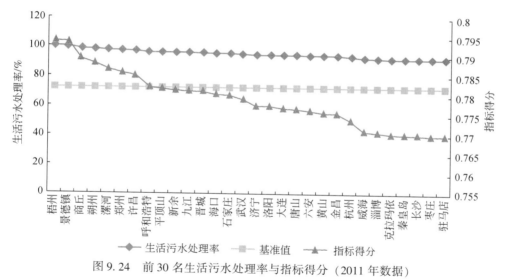

图9.24 前30名生活污水处理率与指标得分（2011年数据）

5. 指标处理

本研究采用"低碳发展综合指数"进行评价。低碳发展综合指数是衡量一个城市在可持续发展的前提下，在低碳建设方面所做出的努力程度。在确定好评价指标的基础上，采用主成分分析法对城市低碳建设水平进行打分。打分过程主要分为三个步骤，即数据标准化、单个指标打分和主成分分析法计算低碳发展指数。其中，数据标准化消除了数据量纲的影响，得到以基准值为标准的相对值；在此基础上，根据所标定的打分模型进行单个指标的打分；在指标打分的基础上进行主成分分析法的计算，得到最终综合评分。

1）指标数据标准化

在多指标评价体系中，由于各评价指标的性质不同，通常具有不同的量纲和数量级。当各指标间的水平相差很大时，如果直接使用原始值进行分析，就会突出数值较高的指标在综合分析中的作用，相对削弱数值水平较低指标的作用。因此，为了保证结果的可靠性，需要对原始指标数据进行标准化处理。这里，我们使用的指标数据标准化计算公式为

$$X_i = \frac{x_i - x_i^b}{x_i^b}$$

式中，x_i 为指标原始数据；x_i^b 为指标基准值；X_i 为标准化后的指标。

基准值数据的选取需要考虑相应的国家标准。另外，很多情况下要考虑客观因素校正值。例如，人均最终消费与当地经济水平有关，基准值为使用全国历年人均消费与人均 GDP 数据回归得到的相应线性回归值。在指标基本不受客观因素影响时，可选取当年全国均值。

经过标准化后的数据消除了数据的量纲，表示出了数据相对于国家标准值的关系，为接下来各指标的打分做准备。

评价指标与指标基准值的选取如表 9.18 所示。

表 9.18　指标与其基准值

指标分类	指标	2012 年基准值	基准值由来	指标定性
经济社会特征	单位 GDP 能耗/(t 标准煤/万元)	0.67	平均值	负
	全市第二产业占 GDP 比重/%	45.30	全国水平	负
	人均 GDP/元	38354.00	原值	正
	全市城镇失业人口占全市人口比例/%	0.62	平均值	负
	科学教育支出占财政预算支出的比例/%	18.92	平均值	正
城市建设特征	市辖区人均绿地面积/m²	41.55	平均值	正
	建成区绿化覆盖率/%	39.20	全国水平	正
	市辖区人口密度/(人/km²)	6212.25	平均值	正
	城市单位面积污水处理能力/t	0.10	平均值	正

指标分类	指标	2012 年基准值	基准值由来	指标定性
资源消耗特征	市辖区人均全社会用电量（全年）/kW·h	5438.75	平均值	负
	市辖区人均日城市供水总量/L	300.00	假设	负
	市辖区人均煤气用量/m³	142.20	平均值	负
	市辖区人均石油液化气供气总量/kg	23.36	平均值	负
交通运输特征	万人拥有公共汽车数/辆	7.53	平均值	正
	人均公交使用次数	113.40	平均值	正
	铁路与水运货运量之和/公路货运量/万 t	0.29	全国水平	正
	人均货运总量/t	29.89	平均值	正
	千人拥有出租车数/辆	221.71	平均值	正
环境影响特征	单位面积工业废水排放量/(t/m²)	418.91	平均值	负
	单位面积 SO₂ 排放量/(t/km²)	354.99	平均值	负
	单位面积工业烟尘排放量/(t/km²)	128.56	平均值	负
	工业固体废弃物综合利用率/%	83.17	平均值	正
	生活垃圾处理率/%	83.06	平均值	正
	生活污水处理率/%	73.12	平均值	正

2）单个指标打分

在标准化基础上对单个指标数据进行打分，为此需构造相应的打分模型。

（1）当指标与低碳水平得分呈现出正相关的关系时，需要满足以下要求：①当指标取值已经等于标准值时，即指标值等于指标基准值，标准化后为零，则得分为0.7 分。②如果指标取值大于标准值，则指标得分大于 0.7 分，但指标得分上升的速度逐渐变缓，且最多只能无限接近 1 分。③如果指标取值小于国家标准值，则指标得分小于 0.7 分，且最小只能无限接近 0 分。借鉴概率论中负指数概率模型，得到指标与低碳水平正相关时的标定函数如下（图 9.25）：

$$S = \begin{cases} 1 - 0.3e^{-X_i}, & X_i > 0 \\ 0.7e^{X_i}, & X_i \leqslant 0 \end{cases}$$

（2）当指标与低碳水平得分呈现出负相关的关系时，需要满足以下要求：①当指标取值已经等于标准值时，即指标值等于指标基准值，标准化后为零，则得分为0.7 分。②如果指标取值小于标准值，则指标得分大于 0.7 分，但指标得分上升的速度逐渐变缓，且最多只能无限接近 1 分。③如果指标取值大于国家标准值，则指

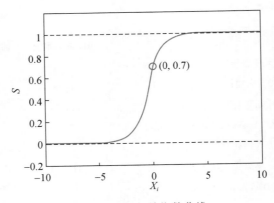

图9.25 正相关指数曲线

标得分小于0.7分，且最小只能无限接近0分。借鉴概率论中负指数概率模型，得到指标与低碳水平正相关时的标定函数如下（图9.26）：

$$S = \begin{cases} 1-0.3e^{X_i}, & X_i<0 \\ 0.7e^{-X_i}, & X_i \geqslant 0 \end{cases}$$

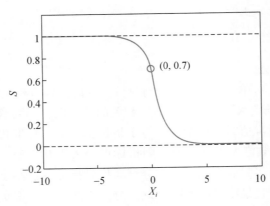

图9.26 负相关指数曲线

（3）当指标与低碳水平呈现出正相关，而指标受客观因素限制，导致许多城市该项数据值较低时，要求指标分数不能过低，如限制指标分时大于等于0.6，则此时调整模型为（图9.27）

$$S = \begin{cases} 1-0.3e^{-X_i}, & X_i>0 \\ 0.1X_i+0.7, & X_i \leqslant 0 \end{cases}$$

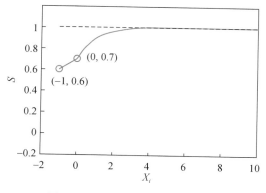

图 9.27　正相关指数受限时曲线

9.4 低碳城市评价及排名

1. 前十名排序

通过系统分析，可得出全国低碳城市发展的综合指数，并对其进行了全国排名。其中，省会城市中，安徽合肥、广东广州、江苏南京排名前三。直辖市中，上海和北京分列第五和第八。其他的一些城市如福州、青岛、大连、厦门、济南也排名前十（表 9.19）。

表 9.19　全国低碳城市发展综合指数前十名（2012 年数据）

排名	名称	省份	低碳发展指数	城市特点
1	合肥	安徽	0.8369	四方交融/科技新城
2	广州	广东	0.8366	对外贸易/航运中心
3	南京	江苏	0.8212	山水江南/古都名城
4	福州	福建	0.8169	海西中心/科教文化
5	上海	上海	0.8142	经济中心/金融展览
6	青岛	山东	0.8141	山地城市/文化名城
7	大连	辽宁	0.8114	港口制造业/金融会展
8	北京	北京	0.8009	政治中心/文化产业
9	济南	山东	0.7963	北方山城/内涵之都
10	厦门	福建	0.7943	对外门户/锦绣名都

2. 全国综合指标排名

从全国城市综合低碳发展指标分布图 9.28 可以看出，深色为低碳，浅色为高碳，主要的低碳城市集中在东部沿海地区，包括环渤海湾经济区、长三角经济区、珠三角经济区。

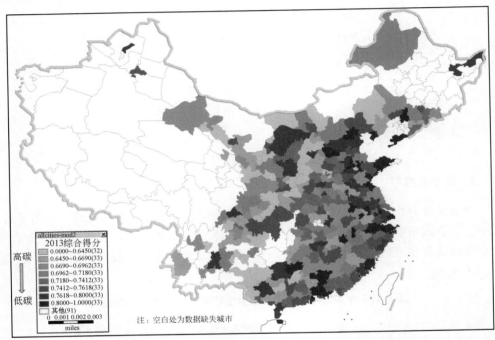

图 9.28 全国城市综合低碳发展指标分布图（2012 年数据）

3. 经济社会发展指标分析

相比综合低碳发展指标而言，经济社会发展指标显示的低碳水平呈现出东部水平高于西部、南部水平高于北部的普遍规律（图 9.29）。

4. 城市建设指标分析

城市建设指标显示的低碳水平体现出集中在几个重要的城市区域，如环渤海湾经济区、长三角经济区和珠三角经济区（图 9.30）。

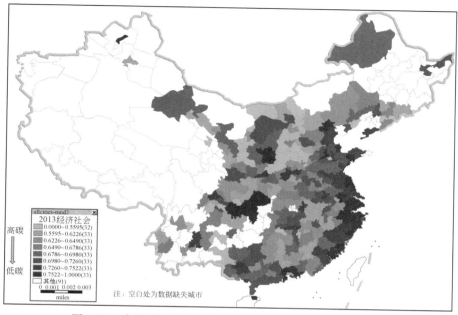

图 9.29　全国城市经济社会发展指标分布图（2012 年数据）

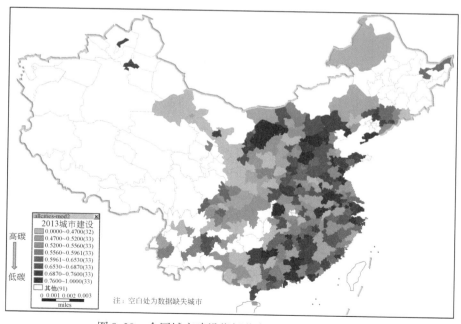

图 9.30　全国城市建设指标分布图（2012 年数据）

5. 资源消耗指标分析

从全国的资源消耗指标显示的低碳水平可以看出，黑龙江、辽宁、内蒙古、甘肃、山西、贵州、云南等地的水平明显高于其他各地（图9.31）。

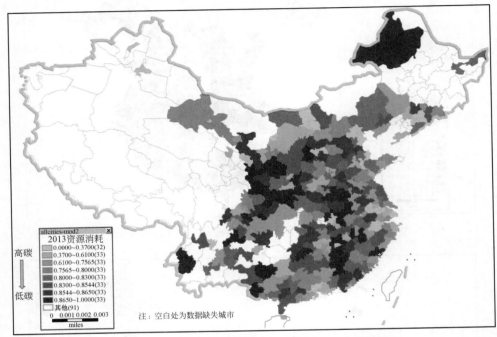

图9.31 全国城市资源消耗指标分布图（2012年数据）

6. 交通运输指标分析

从全国的交通运输指标显示出的低碳水平可以看出，沿几条铁路主干线路上的城市低碳发展程度较高，如哈尔滨—北京—深圳线、北京—西安—兰州线，此外，东部沿海一线低碳水平也较高（图9.32）。

7. 环境影响指标分析

从全国的环境影响指标显示出的低碳水平可以看出，东部发达地区在对环境影响上的低碳水平显著低于中西部地区，唯有东南沿海一带依旧体现出较高的低碳水平（图9.33）。

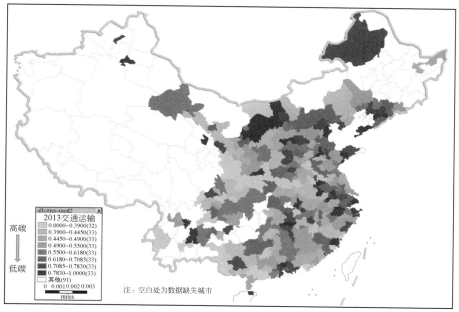

图 9.32　全国城市交通运输指标分布图（2012 年数据）

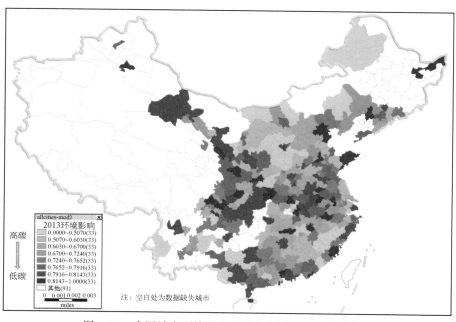

图 9.33　全国城市环境影响指标分布图（2012 年数据）

附录9.1 全国低碳城市指标分项测算结果及城市低碳发展水平排名（基于2012年统计数据）[*]

附录9.1.1　部分省会、副省级城市及以上城市分项指标测算结果

城市	所属省	城市描述	综合指标	经济社会指标	城市建设指标	资源消耗指标	交通运输指标	环境影响指标
合肥	安徽	省会城市	0.8369	0.7367	0.7875	0.8038	0.7683	0.8519
广州	广东	省会城市	0.8366	0.7957	0.7211	0.7245	0.8506	0.8654
南京	江苏	省会城市	0.8212	0.7785	0.7559	0.5547	0.8545	0.8437
福州	福建	省会城市	0.8169	0.7720	0.6755	0.8150	0.8033	0.7966
上海	上海	直辖市	0.8142	0.8015	0.7473	0.5227	0.8508	0.8342
青岛	山东	副省级城市	0.8141	0.8013	0.6392	0.7789	0.8239	0.8272
大连	辽宁	副省级城市	0.8114	0.7518	0.7162	0.7110	0.8087	0.8057
北京	北京	直辖市	0.8009	0.8454	0.6720	0.5961	0.7265	0.8224
济南	山东	省会城市	0.7963	0.7523	0.6444	0.7597	0.8541	0.8385
厦门	福建	副省级城市	0.7943	0.8096	0.6340	0.6936	0.7006	0.6976
石家庄	河北	省会城市	0.7923	0.7051	0.7503	0.8337	0.5244	0.6098
宁波	浙江	副省级城市	0.7873	0.7690	0.6391	0.6889	0.7949	0.7793
沈阳	辽宁	省会城市	0.7839	0.7226	0.7122	0.6492	0.7275	0.8259
杭州	浙江	省会城市	0.7817	0.8069	0.5970	0.7067	0.7007	0.7276
南昌	江西	省会城市	0.7739	0.7159	0.6818	0.6867	0.7121	0.7857
长春	吉林	省会城市	0.7655	0.7318	0.6236	0.7322	0.7249	0.8119
长沙	湖南	省会城市	0.7645	0.7480	0.6195	0.6283	0.7808	0.8511
哈尔滨	黑龙江	省会城市	0.7621	0.7449	0.5782	0.7746	0.7607	0.7999
武汉	湖北	省会城市	0.7599	0.7372	0.6232	0.5635	0.8493	0.8379
昆明	云南	省会城市	0.7541	0.7309	0.5944	0.7368	0.7511	0.7370
深圳	广东	副省级城市	0.7449	0.7518	0.5659	0.5793	0.8170	0.8430
成都	四川	省会城市	0.7447	0.7348	0.5870	0.6493	0.7192	0.8202
郑州	河南	省会城市	0.7400	0.7311	0.5613	0.7063	0.7297	0.7974

---

* 按综合指标数值排名。

续表

城市	所属省	城市描述	综合指标	经济社会指标	城市建设指标	资源消耗指标	交通运输指标	环境影响指标
西安	陕西	省会城市	0.7328	0.7341	0.5287	0.7120	0.7451	0.8404
银川	宁夏	省会城市	0.7264	0.6227	0.6548	0.6728	0.7314	0.8268
重庆	重庆	直辖市	0.7240	0.7550	0.5567	0.5864	0.7276	0.7959
乌鲁木齐	新疆	省会城市	0.7194	0.6099	0.6629	0.5961	0.7917	0.8655
天津	天津	直辖市	0.7190	0.7455	0.5032	0.6267	0.8516	0.8392
太原	山西	省会城市	0.7122	0.6574	0.5869	0.5739	0.8440	0.8442
呼和浩特	内蒙古	省会城市	0.6948	0.7103	0.4697	0.6856	0.7317	0.8315
兰州	甘肃	省会城市	0.6369	0.6314	0.4308	0.5409	0.7410	0.8107
西宁	青海	省会城市	0.6193	0.4540	0.5736	0.6549	0.6679	0.7166

附录 9.1.2　部分东部地区地级及以上城市分项指标测算结果

城市	所在区域	综合指标	经济社会指标	城市建设指标	资源消耗指标	交通运输指标	环境影响指标
广州	珠三角地区	0.8366	0.7957	0.7211	0.7245	0.8506	0.8654
南京	长三角地区	0.8212	0.7785	0.7559	0.5547	0.8545	0.8437
福州	东部地区	0.8169	0.772	0.6755	0.815	0.8033	0.7966
上海	长三角地区	0.8142	0.8015	0.7473	0.5227	0.8508	0.8342
青岛	东部地区	0.8141	0.8013	0.6392	0.7789	0.8239	0.8272
北京	京津冀地区	0.8009	0.8454	0.672	0.5961	0.7265	0.8224
济南	东部地区	0.7963	0.7523	0.6444	0.7597	0.8541	0.8385
厦门	东部地区	0.7943	0.8096	0.634	0.6936	0.7006	0.6976
珠海	珠三角地区	0.7931	0.8158	0.7656	0.6449	0.7667	0.8337
石家庄	京津冀地区	0.7923	0.7051	0.7503	0.8337	0.5244	0.6098
秦皇岛	京津冀地区	0.7893	0.7203	0.7841	0.6911	0.7403	0.7196
宁波	长三角地区	0.7873	0.769	0.6391	0.6889	0.7949	0.7793
杭州	长三角地区	0.7817	0.8069	0.597	0.7067	0.7007	0.7276
连云港	长三角地区	0.7772	0.7395	0.8051	0.6532	0.8024	0.797
惠州	珠三角地区	0.776	0.7719	0.7483	0.6777	0.8264	0.8095
烟台	东部地区	0.7606	0.7329	0.7159	0.7905	0.7848	0.7945

城市	所在区域	综合指标	经济社会指标	城市建设指标	资源消耗指标	交通运输指标	环境影响指标
中山	珠三角地区	0.7563	0.7958	0.7065	0.805	0.4753	0.526
绍兴	长三角地区	0.7561	0.7723	0.7863	0.7296	0.3721	0.4454
无锡	长三角地区	0.7479	0.7748	0.7261	0.6173	0.6435	0.7282
淄博	东部地区	0.7463	0.7319	0.701	0.5538	0.6616	0.7523
揭阳	珠三角地区	0.7452	0.6735	0.7859	0.566	0.6001	0.7052
深圳	珠三角地区	0.7449	0.7518	0.5659	0.5793	0.817	0.843
廊坊	京津冀地区	0.7437	0.7342	0.7775	0.6462	0.5482	0.6384
威海	东部地区	0.7403	0.777	0.6011	0.8222	0.7704	0.7887
徐州	长三角地区	0.7402	0.7262	0.6943	0.713	0.7729	0.7767
枣庄	东部地区	0.7361	0.679	0.7249	0.595	0.6624	0.7569
日照	东部地区	0.7342	0.7322	0.7103	0.5983	0.7652	0.7525
嘉兴	长三角地区	0.7326	0.7527	0.7112	0.7383	0.4791	0.4649
保定	京津冀地区	0.7313	0.6773	0.7882	0.7274	0.5278	0.6237
镇江	长三角地区	0.7294	0.7613	0.7054	0.5818	0.6304	0.7107
德州	东部地区	0.7269	0.7255	0.6971	0.741	0.5807	0.6807
台州	长三角地区	0.7263	0.7739	0.6557	0.533	0.7891	0.7794
韶关	珠三角地区	0.7249	0.6454	0.8185	0.5904	0.6377	0.6462
苏州	长三角地区	0.7205	0.7751	0.6896	0.6887	0.3922	0.491
天津	京津冀地区	0.719	0.7455	0.5032	0.6267	0.8516	0.8392
宿迁	长三角地区	0.7184	0.7285	0.7	0.5802	0.6951	0.7088
邯郸	京津冀地区	0.7173	0.5583	0.8101	0.7456	0.5645	0.5306
泰安	东部地区	0.7145	0.7192	0.6983	0.6286	0.6118	0.7124
承德	京津冀地区	0.7143	0.6406	0.7278	0.792	0.7008	0.773
舟山	长三角地区	0.7139	0.793	0.529	0.672	0.8799	0.8589
沧州	京津冀地区	0.7117	0.727	0.6912	0.749	0.4698	0.5173
汕头	珠三角地区	0.7088	0.7145	0.7188	0.44	0.7321	0.7618
温州	长三角地区	0.7084	0.7677	0.552	0.7427	0.7662	0.7673
湖州	长三角地区	0.7079	0.7524	0.6315	0.6175	0.6676	0.6451
阳江	珠三角地区	0.7059	0.7247	0.705	0.4897	0.6542	0.7223

续表

城市	所在区域	综合指标	经济社会指标	城市建设指标	资源消耗指标	交通运输指标	环境影响指标
潍坊	东部地区	0.7034	0.7093	0.7237	0.6507	0.418	0.5098
泰州	长三角地区	0.7019	0.735	0.6461	0.6901	0.545	0.523
漳州	东部地区	0.7015	0.7299	0.7206	0.6028	0.3725	0.3996
济宁	东部地区	0.7007	0.6948	0.6942	0.7277	0.484	0.5334
扬州	长三角地区	0.7001	0.7323	0.6169	0.5965	0.7481	0.7463
南通	长三角地区	0.6967	0.7515	0.6222	0.6067	0.5997	0.6196
梅州	珠三角地区	0.6919	0.6628	0.6913	0.6525	0.6127	0.6994
丽水	长三角地区	0.6908	0.7451	0.658	0.6756	0.3606	0.4375
江门	珠三角地区	0.6899	0.7209	0.6358	0.5805	0.6353	0.6396
聊城	东部地区	0.6897	0.6939	0.6675	0.5928	0.6212	0.7288
茂名	珠三角地区	0.6859	0.7245	0.629	0.5472	0.6634	0.7188
邢台	京津冀地区	0.6856	0.6155	0.7918	0.7587	0.3103	0.3234
常州	长三角地区	0.6831	0.7465	0.5719	0.6363	0.6254	0.7051
金华	长三角地区	0.6822	0.7591	0.588	0.6508	0.4882	0.5827
宁德	东部地区	0.6816	0.7296	0.6045	0.5869	0.6539	0.6606
南平	东部地区	0.681	0.7331	0.6749	0.6157	0.3474	0.3993
菏泽	东部地区	0.678	0.6882	0.7003	0.5577	0.4332	0.5329
衡水	京津冀地区	0.6753	0.6458	0.6828	0.6403	0.5913	0.6456
肇庆	珠三角地区	0.6752	0.7254	0.596	0.5755	0.622	0.6436
盐城	长三角地区	0.6744	0.7617	0.5952	0.5576	0.5096	0.4954
淮安	长三角地区	0.6732	0.7346	0.5663	0.5375	0.7355	0.7339
河源	珠三角地区	0.6691	0.6862	0.6067	0.667	0.6006	0.7015
临沂	东部地区	0.668	0.681	0.5907	0.6517	0.6539	0.7447
佛山	珠三角地区	0.6672	0.7884	0.5076	0.589	0.5755	0.6312
滨州	东部地区	0.6643	0.7081	0.57	0.761	0.4334	0.5361
龙岩	东部地区	0.6592	0.7502	0.5309	0.6859	0.4872	0.5387
云浮	珠三角地区	0.6591	0.655	0.7134	0.5738	0.3418	0.367
张家口	京津冀地区	0.6574	0.5771	0.6744	0.6783	0.7038	0.6828
潮州	珠三角地区	0.657	0.6837	0.5688	0.5912	0.6901	0.7188

城市	所在区域	综合指标	经济社会指标	城市建设指标	资源消耗指标	交通运输指标	环境影响指标
东营	东部地区	0.6544	0.7711	0.4618	0.5812	0.6893	0.774
衢州	长三角地区	0.6297	0.6703	0.5505	0.6957	0.414	0.4789
清远	珠三角地区	0.6295	0.6125	0.5764	0.6151	0.6799	0.7196
三明	东部地区	0.6213	0.6918	0.5502	0.7358	0.2497	0.2636
唐山	京津冀地区	0.5934	0.5786	0.5636	0.5924	0.6051	0.5557
莱芜	东部地区	0.5392	0.4767	0.4942	0.5909	0.6496	0.6872

附录 9.1.3　部分西部地区地级城市分项指标测算结果

城市	省域	综合指标	经济社会指标	城市建设指标	资源消耗指标	交通运输指标	环境影响指标
西安	陕西	0.7328	0.7341	0.5287	0.712	0.7451	0.8404
银川	宁夏	0.7264	0.6227	0.6548	0.6728	0.7314	0.8268
乌鲁木齐	新疆	0.7194	0.6099	0.6629	0.5961	0.7917	0.8655
呼和浩特	内蒙古	0.6948	0.7103	0.4697	0.6856	0.7317	0.8315
兰州	甘肃	0.6369	0.6314	0.4308	0.5409	0.741	0.8107
西宁	青海	0.6193	0.454	0.5736	0.6549	0.6679	0.7166
鄂尔多斯	内蒙古	0.748	0.7086	0.7411	0.7997	0.7416	0.6392
克拉玛依	新疆	0.7108	0.7603	0.6543	0.5176	0.6965	0.8007
延安	陕西	0.6859	0.7661	0.51	0.6822	0.7546	0.7694
金昌	甘肃	0.6748	0.6353	0.7339	0.5467	0.5777	0.6433
咸阳	陕西	0.6607	0.6673	0.6061	0.6669	0.5848	0.6823
包头	内蒙古	0.6578	0.5995	0.5854	0.5192	0.7769	0.7669
宝鸡	陕西	0.6524	0.6824	0.5452	0.6637	0.6686	0.7711
固原	宁夏	0.6489	0.5506	0.7064	0.5733	0.6912	0.792
通辽	内蒙古	0.6466	0.6540	0.5232	0.4776	0.739	0.7095
呼伦贝尔	内蒙古	0.6452	0.6870	0.5698	0.7272	0.4161	0.3797
武威	甘肃	0.6338	0.6925	0.4926	0.581	0.7239	0.8126
天水	甘肃	0.6277	0.6681	0.5096	0.5918	0.67	0.7685

续表

城市	省域	综合指标	经济社会指标	城市建设指标	资源消耗指标	交通运输指标	环境影响指标
榆林	陕西	0.6253	0.6922	0.5728	0.6094	0.4275	0.3804
铜川	陕西	0.622	0.655	0.5054	0.5806	0.7357	0.7906
酒泉	甘肃	0.6189	0.6869	0.4225	0.709	0.6874	0.7783
安康	陕西	0.6148	0.6244	0.5341	0.547	0.6916	0.7884
汉中	陕西	0.5908	0.6065	0.5168	0.5906	0.5789	0.6562
赤峰	内蒙古	0.5904	0.6309	0.5242	0.5609	0.6151	0.5183
商洛	陕西	0.5843	0.6866	0.4889	0.5561	0.3192	0.4004
张掖	甘肃	0.57	0.6129	0.433	0.5775	0.6249	0.7079
渭南	陕西	0.5694	0.4901	0.6176	0.5743	0.4495	0.519
定西	甘肃	0.5652	0.563	0.4800	0.549	0.6646	0.7561
吴忠	宁夏	0.5618	0.3117	0.7493	0.7328	0.4154	0.5039
平凉	甘肃	0.5567	0.5531	0.4905	0.6106	0.4836	0.4803
乌兰察布	内蒙古	0.5509	0.4628	0.618	0.5712	0.5286	0.4662
巴彦淖尔	内蒙古	0.5352	0.5125	0.5519	0.5244	0.3047	0.4189
嘉峪关	甘肃	0.5326	0.4774	0.4192	0.3824	0.8027	0.8368
石嘴山	宁夏	0.5207	0.3793	0.5798	0.4131	0.7737	0.7966
乌海	内蒙古	0.5157	0.3412	0.4998	0.5596	0.6491	0.6521
中卫	宁夏	0.4784	0.4565	0.4036	0.6319	0.4108	0.4423

附录 9.1.4　部分中部地区地级城市分项指标测算结果

城市	省域	综合指标	经济社会指标	城市建设指标	资源消耗指标	交通运输指标	环境影响指标
合肥	安徽	0.8369	0.7367	0.7875	0.8038	0.7683	0.8519
武汉	湖北	0.7599	0.7372	0.6232	0.5635	0.8493	0.8379
郑州	河南	0.74	0.7311	0.5613	0.7063	0.7297	0.7974
太原	山西	0.7122	0.6574	0.5869	0.5739	0.844	0.8442
淮北	安徽	0.7757	0.6331	0.7991	0.7184	0.8355	0.8159
滁州	安徽	0.7636	0.6953	0.7961	0.7823	0.705	0.7812

城市	省域	综合指标	经济社会指标	城市建设指标	资源消耗指标	交通运输指标	环境影响指标
芜湖	安徽	0.762	0.71	0.7714	0.6692	0.8723	0.842
蚌埠	安徽	0.7567	0.6505	0.7278	0.7155	0.8275	0.8462
洛阳	河南	0.7289	0.7329	0.6139	0.7206	0.6426	0.7325
漯河	河南	0.7128	0.6014	0.8013	0.6636	0.6657	0.7491
宜昌	湖北	0.7112	0.6474	0.7762	0.738	0.4944	0.5337
晋城	山西	0.7108	0.629	0.7445	0.6838	0.5197	0.39
淮南	安徽	0.7089	0.6427	0.6621	0.5963	0.744	0.7254
安庆	安徽	0.7067	0.591	0.8307	0.5536	0.71	0.7955
随州	湖北	0.7063	0.6714	0.7012	0.6738	0.6677	0.7522
焦作	河南	0.6985	0.65	0.6433	0.6711	0.6007	0.6794
新乡	河南	0.6937	0.6277	0.6503	0.7609	0.4693	0.5726
阜阳	安徽	0.6927	0.6596	0.6949	0.5889	0.7281	0.8045
黄山	安徽	0.6861	0.6555	0.6644	0.6349	0.7246	0.8286
濮阳	河南	0.6849	0.6289	0.7031	0.6214	0.6759	0.7337
十堰	湖北	0.6847	0.5729	0.6991	0.8304	0.6685	0.7509
开封	河南	0.6836	0.6817	0.6357	0.6974	0.5923	0.6879
驻马店	河南	0.6824	0.6832	0.6799	0.5782	0.5646	0.6426
南阳	河南	0.6822	0.6452	0.7209	0.5606	0.6148	0.704
许昌	河南	0.6804	0.6894	0.5857	0.7393	0.6585	0.7574
周口	河南	0.6665	0.7165	0.594	0.5931	0.5516	0.5641
鹤壁	河南	0.6636	0.6709	0.6055	0.6054	0.6562	0.7478
荆州	湖北	0.6625	0.6934	0.5709	0.7713	0.4682	0.4775
襄樊	湖北	0.6593	0.6743	0.5858	0.6085	0.6617	0.7394
六安	安徽	0.6517	0.6992	0.5301	0.5597	0.7542	0.812
亳州	安徽	0.6501	0.7113	0.5413	0.5263	0.6789	0.7697
信阳	河南	0.65	0.6854	0.5542	0.5496	0.7304	0.7463
咸宁	湖北	0.6468	0.7152	0.521	0.5893	0.6587	0.7402
大同	山西	0.6454	0.5486	0.5746	0.6788	0.7532	0.7172
阳泉	山西	0.6434	0.6014	0.5262	0.6422	0.7317	0.6996

城市	省域	综合指标	经济社会指标	城市建设指标	资源消耗指标	交通运输指标	环境影响指标
马鞍山	安徽	0.6421	0.5952	0.5355	0.5859	0.7392	0.7639
长治	山西	0.6404	0.5064	0.692	0.7232	0.5024	0.3457
平顶山	河南	0.64	0.6087	0.6276	0.6707	0.563	0.5723
池州	安徽	0.6374	0.7132	0.4575	0.5865	0.8132	0.8112
铜陵	安徽	0.6365	0.6355	0.5868	0.5012	0.736	0.8215
黄冈	湖北	0.6348	0.6066	0.5734	0.6022	0.7728	0.7597
宿州	安徽	0.6342	0.7049	0.5495	0.5473	0.5481	0.6409
三门峡	河南	0.6281	0.6719	0.5825	0.7227	0.3126	0.2642
黄石	湖北	0.6243	0.5596	0.639	0.6464	0.5658	0.6017
宣城	安徽	0.6243	0.6402	0.5425	0.5591	0.7092	0.7
荆门	湖北	0.6235	0.6377	0.5218	0.6994	0.6306	0.6702
孝感	湖北	0.6231	0.6424	0.5797	0.6306	0.4672	0.4386
朔州	山西	0.623	0.6488	0.5348	0.5643	0.6861	0.6419
商丘	河南	0.6185	0.6678	0.5053	0.6529	0.5063	0.6023
安阳	河南	0.6112	0.5474	0.5849	0.5706	0.4914	0.5212
鄂州	湖北	0.5913	0.6103	0.4524	0.5963	0.7343	0.7286
晋中	山西	0.5898	0.5361	0.5884	0.665	0.6148	0.4586
运城	山西	0.5328	0.4947	0.4889	0.6153	0.4961	0.5063
吕梁	山西	0.5213	0.4477	0.5475	0.5736	0.549	0.3855
临汾	山西	0.5111	0.4337	0.5506	0.5368	0.5162	0.4274
忻州	山西	0.4997	0.4851	0.4308	0.5468	0.6065	0.4419

附录 9.1.5　部分中南部地区地级城市分项指标测算结果

城市	省域	综合指标	经济社会指标	城市建设指标	资源消耗指标	交通运输指标	环境影响指标
南昌	江西	0.7739	0.7159	0.6818	0.6867	0.7121	0.7857
长沙	湖南	0.7645	0.748	0.6195	0.6283	0.7808	0.8511
景德镇	江西	0.7371	0.6921	0.7205	0.6313	0.5573	0.6346

续表

城市	省域	综合指标	经济社会指标	城市建设指标	资源消耗指标	交通运输指标	环境影响指标
衡阳	湖南	0.713	0.6444	0.7437	0.6845	0.6865	0.7621
吉安	江西	0.707	0.6752	0.7387	0.5917	0.6399	0.6134
湘潭	湖南	0.7069	0.6685	0.727	0.6645	0.6054	0.6281
常德	湖南	0.6938	0.6936	0.6842	0.6086	0.586	0.6066
株洲	湖南	0.6896	0.7016	0.6288	0.7397	0.5445	0.6324
岳阳	湖南	0.6851	0.7024	0.6072	0.7233	0.6032	0.5906
赣州	江西	0.6706	0.5996	0.7328	0.6999	0.5228	0.567
鹰潭	江西	0.6668	0.6151	0.6856	0.6745	0.5337	0.6074
益阳	湖南	0.666	0.7024	0.5124	0.6292	0.5575	0.6053
邵阳	湖南	0.6638	0.6454	0.6643	0.6128	0.541	0.6355
郴州	湖南	0.65	0.6889	0.5598	0.741	0.4923	0.5721
萍乡	江西	0.6499	0.5484	0.7635	0.5431	0.5635	0.5934
九江	江西	0.6465	0.6168	0.6077	0.7148	0.5912	0.6247
张家界	湖南	0.6419	0.6502	0.5758	0.577	0.6654	0.7501
新余	江西	0.6416	0.5711	0.6908	0.5332	0.6226	0.7022
永州	湖南	0.6346	0.6196	0.6025	0.6337	0.6105	0.6578
怀化	湖南	0.6287	0.677	0.5171	0.7386	0.507	0.536
宜春	江西	0.6259	0.6258	0.6364	0.5697	0.3865	0.4208
抚州	江西	0.6248	0.6397	0.5602	0.5639	0.6272	0.7181
上饶	江西	0.6237	0.6115	0.5967	0.654	0.5275	0.6016
娄底	湖南	0.605	0.5035	0.6555	0.6616	0.5226	0.5295

附录9.1.6　部分西南部地区地级城市分项指标测算结果

城市	省域	综合指标	经济社会指标	城市建设指标	资源消耗指标	交通运输指标	环境影响指标
昆明	云南	0.7541	0.7309	0.5944	0.7368	0.7511	0.737
成都	四川	0.7447	0.7348	0.587	0.6493	0.7192	0.8202
重庆	重庆	0.724	0.755	0.5567	0.5864	0.7276	0.7959

续表

城市	省域	综合指标	经济社会指标	城市建设指标	资源消耗指标	交通运输指标	环境影响指标
柳州	广西	0.7358	0.7181	0.7465	0.5957	0.7193	0.7807
自贡	四川	0.73	0.7084	0.662	0.5851	0.7005	0.7846
绵阳	四川	0.6984	0.6387	0.6397	0.7116	0.5979	0.6986
梧州	广西	0.6901	0.6888	0.6607	0.6565	0.5928	0.5963
曲靖	云南	0.6722	0.667	0.6727	0.7102	0.5181	0.4446
北海	广西	0.6615	0.6526	0.6212	0.5366	0.7634	0.8073
广元	四川	0.645	0.6329	0.6016	0.5558	0.7175	0.7452
德阳	四川	0.6439	0.6761	0.5961	0.5151	0.5773	0.6594
玉溪	云南	0.6414	0.6445	0.5978	0.569	0.6593	0.7509
雅安	四川	0.6409	0.656	0.6355	0.5464	0.6341	0.5793
巴中	四川	0.6342	0.6473	0.5595	0.5468	0.6883	0.767
泸州	四川	0.6324	0.6074	0.5848	0.5883	0.7188	0.7435
内江	四川	0.628	0.5595	0.6677	0.6504	0.4943	0.5795
遂宁	四川	0.627	0.6489	0.5294	0.5508	0.7063	0.7654
南充	四川	0.6187	0.6161	0.5319	0.5985	0.7085	0.7588
丽江	云南	0.6175	0.6467	0.4639	0.717	0.6718	0.7641
临沧	云南	0.6172	0.6781	0.6107	0.5513	0.1838	0.2936
资阳	四川	0.6159	0.7017	0.4482	0.5489	0.681	0.7707
玉林	广西	0.6148	0.6861	0.4752	0.5503	0.6686	0.7664
贵港	广西	0.6124	0.641	0.4971	0.5394	0.7398	0.7099
昭通	云南	0.6123	0.6777	0.4746	0.5651	0.6682	0.7365
眉山	四川	0.6007	0.5888	0.5377	0.5675	0.6548	0.7089
广安	四川	0.594	0.5089	0.5677	0.5338	0.5247	0.5624
遵义	贵州	0.5923	0.5967	0.4789	0.6868	0.5788	0.6664
达州	四川	0.5904	0.5811	0.5465	0.6256	0.5052	0.5834
崇左	广西	0.5858	0.6943	0.4801	0.5327	0.349	0.4354
贺州	广西	0.5812	0.6294	0.4619	0.5381	0.5863	0.6742
保山	云南	0.5801	0.6213	0.5414	0.5658	0.293	0.3974
来宾	广西	0.5686	0.7104	0.4231	0.593	0.1864	0.2454

续表

城市	省域	综合指标	经济社会指标	城市建设指标	资源消耗指标	交通运输指标	环境影响指标
乐山	四川	0.5671	0.5352	0.5259	0.5487	0.6143	0.6554
六盘水	贵州	0.5481	0.3828	0.6331	0.7359	0.4352	0.4686
攀枝花	四川	0.5248	0.4717	0.4709	0.5487	0.6952	0.698

附录9.1.7 部分东北部地区地级城市分项指标测算结果

城市	省域	综合指标	经济社会指标	城市建设指标	资源消耗指标	交通运输指标	环境影响指标
大连	辽宁	0.8114	0.7518	0.7162	0.711	0.8087	0.8057
沈阳	辽宁	0.7839	0.7226	0.7122	0.6492	0.7275	0.8259
长春	吉林	0.7655	0.7318	0.6236	0.7322	0.7249	0.8119
哈尔滨	黑龙江	0.7621	0.7449	0.5782	0.7746	0.7607	0.7999
双鸭山	黑龙江	0.7475	0.6788	0.6971	0.7457	0.7192	0.7255
佳木斯	黑龙江	0.7450	0.7206	0.6786	0.6117	0.7269	0.7930
牡丹江	黑龙江	0.7449	0.7027	0.6832	0.6235	0.7582	0.7826
营口	辽宁	0.7422	0.6858	0.6461	0.7457	0.7988	0.8305
大庆	黑龙江	0.7377	0.6871	0.6751	0.6099	0.7897	0.8098
鞍山	辽宁	0.7333	0.7155	0.6459	0.6593	0.7318	0.8111
齐齐哈尔	黑龙江	0.7161	0.6595	0.6547	0.6447	0.7483	0.789
鸡西	黑龙江	0.7137	0.6261	0.6214	0.7644	0.8283	0.8046
辽源	吉林	0.7084	0.6773	0.6591	0.732	0.7661	0.7919
阜新	辽宁	0.7004	0.6833	0.6892	0.602	0.687	0.7006
辽阳	辽宁	0.6913	0.6049	0.6446	0.6202	0.7531	0.8115
盘锦	辽宁	0.6856	0.673	0.6194	0.6515	0.7789	0.8768
抚顺	辽宁	0.6779	0.6565	0.557	0.6118	0.7672	0.8414
鹤岗	黑龙江	0.6777	0.5874	0.5973	0.7121	0.7894	0.7543
吉林	吉林	0.6754	0.6984	0.5985	0.6161	0.7406	0.7376
通化	吉林	0.6697	0.6184	0.6028	0.7549	0.4674	0.4589
白城	吉林	0.6683	0.7217	0.5176	0.7257	0.7201	0.7373

续表

城市	省域	综合指标	经济社会指标	城市建设指标	资源消耗指标	交通运输指标	环境影响指标
丹东	辽宁	0.6634	0.6674	0.5928	0.7348	0.6315	0.6944
铁岭	辽宁	0.6626	0.6222	0.639	0.7021	0.6549	0.7161
黑河	黑龙江	0.6588	0.7367	0.5148	0.6215	0.6723	0.6532
朝阳	辽宁	0.6462	0.6877	0.4706	0.5958	0.6933	0.7154
绥化	黑龙江	0.643	0.7204	0.5104	0.567	0.6323	0.7159
七台河	黑龙江	0.631	0.4983	0.6396	0.6834	0.8443	0.8202
白山	吉林	0.6152	0.5721	0.4827	0.6239	0.7458	0.7672
本溪	辽宁	0.6001	0.4828	0.6117	0.6227	0.8163	0.8023
葫芦岛	辽宁	0.577	0.4984	0.5619	0.6056	0.676	0.7574

附录 9.1.8　部分全国地级及以上城市分项指标测算结果及综合指标排名

排名	城市	综合指标	经济社会指标	城市建设指标	资源消耗指标	交通运输指标	环境影响指标
1	合肥	0.8369	0.7367	0.7875	0.8038	0.7683	0.8519
2	广州	0.8366	0.7957	0.7211	0.7245	0.8506	0.8654
3	南京	0.8212	0.7785	0.7559	0.5547	0.8545	0.8437
4	福州	0.8169	0.7720	0.6755	0.8150	0.8033	0.7966
5	上海	0.8142	0.8015	0.7473	0.5227	0.8508	0.8342
6	青岛	0.8141	0.8013	0.6392	0.7789	0.8239	0.8272
7	大连	0.8114	0.7518	0.7162	0.7110	0.8087	0.8057
8	北京	0.8009	0.8454	0.6720	0.5961	0.7265	0.8224
9	济南	0.7963	0.7523	0.6444	0.7597	0.8541	0.8385
10	厦门	0.7943	0.8096	0.6340	0.6936	0.7006	0.6976
11	珠海	0.7931	0.8158	0.7656	0.6449	0.7667	0.8337
12	石家庄	0.7923	0.7051	0.7503	0.8337	0.5244	0.6098
13	秦皇岛	0.7893	0.7203	0.7841	0.6911	0.7403	0.7196
14	宁波	0.7873	0.7690	0.6391	0.6889	0.7949	0.7793
15	沈阳	0.7839	0.7226	0.7122	0.6492	0.7275	0.8259

续表

排名	城市	综合指标	经济社会指标	城市建设指标	资源消耗指标	交通运输指标	环境影响指标
16	杭州	0.7817	0.8069	0.5970	0.7067	0.7007	0.7276
17	连云港	0.7772	0.7395	0.8051	0.6532	0.8024	0.7970
18	惠州	0.7760	0.7719	0.7483	0.6777	0.8264	0.8095
19	淮北	0.7757	0.6331	0.7991	0.7184	0.8355	0.8159
20	南昌	0.7739	0.7159	0.6818	0.6867	0.7121	0.7857
21	长春	0.7655	0.7318	0.6236	0.7322	0.7249	0.8119
22	长沙	0.7645	0.7480	0.6195	0.6283	0.7808	0.8511
23	滁州	0.7636	0.6953	0.7961	0.7823	0.7050	0.7812
24	哈尔滨	0.7621	0.7449	0.5782	0.7746	0.7607	0.7999
25	芜湖	0.7620	0.7100	0.7714	0.6692	0.8723	0.8420
26	烟台	0.7606	0.7329	0.7159	0.7905	0.7848	0.7945
27	武汉	0.7599	0.7372	0.6232	0.5635	0.8493	0.8379
28	蚌埠	0.7567	0.6505	0.7278	0.7155	0.8275	0.8462
29	中山	0.7563	0.7958	0.7065	0.8050	0.4753	0.5260
30	绍兴	0.7561	0.7723	0.7863	0.7296	0.3721	0.4454
31	昆明	0.7541	0.7309	0.5944	0.7368	0.7511	0.7370
32	鄂尔多斯	0.7480	0.7086	0.7411	0.7997	0.7416	0.6392
33	无锡	0.7479	0.7748	0.7261	0.6173	0.6435	0.7282
34	双鸭山	0.7475	0.6788	0.6971	0.7457	0.7192	0.7255
35	淄博	0.7463	0.7319	0.7010	0.5538	0.6616	0.7523
36	揭阳	0.7452	0.6735	0.7859	0.5660	0.6001	0.7052
37	佳木斯	0.7450	0.7206	0.6786	0.6117	0.7269	0.7930
38	深圳	0.7449	0.7518	0.5659	0.5793	0.8170	0.8430
39	牡丹江	0.7449	0.7027	0.6832	0.6235	0.7582	0.7826
40	成都	0.7447	0.7348	0.5870	0.6493	0.7192	0.8202
41	廊坊	0.7437	0.7342	0.7775	0.6462	0.5482	0.6384
42	营口	0.7422	0.6858	0.6461	0.7457	0.7988	0.8305
43	威海	0.7403	0.7770	0.6011	0.8222	0.7704	0.7887
44	徐州	0.7402	0.7262	0.6943	0.7130	0.7729	0.7767

续表

排名	城市	综合指标	经济社会指标	城市建设指标	资源消耗指标	交通运输指标	环境影响指标
45	郑州	0.7400	0.7311	0.5613	0.7063	0.7297	0.7974
46	大庆	0.7377	0.6871	0.6751	0.6099	0.7897	0.8098
47	景德镇	0.7371	0.6921	0.7205	0.6313	0.5573	0.6346
48	枣庄	0.7361	0.6790	0.7249	0.5950	0.6624	0.7569
49	柳州	0.7358	0.7181	0.7465	0.5957	0.7193	0.7807
50	日照	0.7342	0.7322	0.7103	0.5983	0.7652	0.7525
51	鞍山	0.7333	0.7155	0.6459	0.6593	0.7318	0.8111
52	西安	0.7328	0.7341	0.5287	0.7120	0.7451	0.8404
53	嘉兴	0.7326	0.7527	0.7112	0.7383	0.4791	0.4649
54	保定	0.7313	0.6773	0.7882	0.7274	0.5278	0.6237
55	自贡	0.7300	0.7084	0.6620	0.5851	0.7005	0.7846
56	镇江	0.7294	0.7613	0.7054	0.5818	0.6304	0.7107
57	洛阳	0.7289	0.7329	0.6139	0.7206	0.6426	0.7325
58	德州	0.7269	0.7255	0.6971	0.7410	0.5807	0.6807
59	银川	0.7264	0.6227	0.6548	0.6728	0.7314	0.8268
60	台州	0.7263	0.7739	0.6557	0.5330	0.7891	0.7794
61	韶关	0.7249	0.6454	0.8185	0.5904	0.6377	0.6462
62	重庆	0.7240	0.7550	0.5567	0.5864	0.7276	0.7959
63	苏州	0.7205	0.7751	0.6896	0.6887	0.3922	0.4910
64	乌鲁木齐	0.7194	0.6099	0.6629	0.5961	0.7917	0.8655
65	天津	0.7190	0.7455	0.5032	0.6267	0.8516	0.8392
66	宿迁	0.7184	0.7285	0.7000	0.5802	0.6951	0.7088
67	邯郸	0.7173	0.5583	0.8101	0.7456	0.5645	0.5306
68	齐齐哈尔	0.7161	0.6595	0.6547	0.6447	0.7483	0.7890
69	泰安	0.7145	0.7192	0.6983	0.6286	0.6118	0.7124
70	承德	0.7143	0.6406	0.7278	0.7920	0.7008	0.7730
71	舟山	0.7139	0.7930	0.5290	0.6720	0.8799	0.8589
72	鸡西	0.7137	0.6261	0.6214	0.7644	0.8283	0.8046
73	衡阳	0.7130	0.6444	0.7437	0.6845	0.6865	0.7621

续表

排名	城市	综合指标	经济社会指标	城市建设指标	资源消耗指标	交通运输指标	环境影响指标
74	漯河	0.7128	0.6014	0.8013	0.6636	0.6657	0.7491
75	太原	0.7122	0.6574	0.5869	0.5739	0.8440	0.8442
76	沧州	0.7117	0.7270	0.6912	0.7490	0.4698	0.5173
77	宜昌	0.7112	0.6474	0.7762	0.7380	0.4944	0.5337
78	克拉玛依	0.7108	0.7603	0.6543	0.5176	0.6965	0.8007
79	晋城	0.7108	0.6290	0.7445	0.6838	0.5197	0.3900
80	淮南	0.7089	0.6427	0.6621	0.5963	0.7440	0.7254
81	汕头	0.7088	0.7145	0.7188	0.4400	0.7321	0.7618
82	辽源	0.7084	0.6773	0.6591	0.7320	0.7661	0.7919
83	温州	0.7084	0.7677	0.5520	0.7427	0.7662	0.7673
84	湖州	0.7079	0.7524	0.6315	0.6175	0.6676	0.6451
85	吉安	0.7070	0.6752	0.7387	0.5917	0.6399	0.6134
86	湘潭	0.7069	0.6685	0.7270	0.6645	0.6054	0.6281
87	安庆	0.7067	0.5910	0.8307	0.5536	0.7100	0.7955
88	随州	0.7063	0.6714	0.7012	0.6738	0.6677	0.7522
89	阳江	0.7059	0.7247	0.7050	0.4897	0.6542	0.7223
90	潍坊	0.7034	0.7093	0.7237	0.6507	0.4180	0.5098
91	泰州	0.7019	0.7350	0.6461	0.6901	0.5450	0.5230
92	漳州	0.7015	0.7299	0.7206	0.6028	0.3725	0.3996
93	济宁	0.7007	0.6948	0.6942	0.7277	0.4840	0.5334
94	阜新	0.7004	0.6833	0.6892	0.6020	0.6870	0.7006
95	扬州	0.7001	0.7323	0.6169	0.5965	0.7481	0.7463
96	焦作	0.6985	0.6500	0.6433	0.6711	0.6007	0.6794
97	绵阳	0.6984	0.6387	0.6397	0.7116	0.5979	0.6986
98	南通	0.6967	0.7515	0.6222	0.6067	0.5997	0.6196
99	呼和浩特	0.6948	0.7103	0.4697	0.6856	0.7317	0.8315
100	常德	0.6938	0.6936	0.6842	0.6086	0.5860	0.6066
101	新乡	0.6937	0.6277	0.6503	0.7609	0.4693	0.5726
102	阜阳	0.6927	0.6596	0.6949	0.5889	0.7281	0.8045

续表

排名	城市	综合指标	经济社会指标	城市建设指标	资源消耗指标	交通运输指标	环境影响指标
103	梅州	0.6919	0.6628	0.6913	0.6525	0.6127	0.6994
104	辽阳	0.6913	0.6049	0.6446	0.6202	0.7531	0.8115
105	丽水	0.6908	0.7451	0.6580	0.6756	0.3606	0.4375
106	梧州	0.6901	0.6888	0.6607	0.6565	0.5928	0.5963
107	江门	0.6899	0.7209	0.6358	0.5805	0.6353	0.6396
108	聊城	0.6897	0.6939	0.6675	0.5928	0.6212	0.7288
109	株洲	0.6896	0.7016	0.6288	0.7397	0.5445	0.6324
110	黄山	0.6861	0.6555	0.6644	0.6349	0.7246	0.8286
111	延安	0.6859	0.7661	0.5100	0.6822	0.7546	0.7694
112	茂名	0.6859	0.7245	0.6290	0.5472	0.6634	0.7188
113	邢台	0.6856	0.6155	0.7918	0.7587	0.3103	0.3234
114	盘锦	0.6856	0.6730	0.6194	0.6515	0.7789	0.8768
115	岳阳	0.6851	0.7024	0.6072	0.7233	0.6032	0.5906
116	濮阳	0.6849	0.6289	0.7031	0.6214	0.6759	0.7337
117	十堰	0.6847	0.5729	0.6991	0.8304	0.6685	0.7509
118	开封	0.6836	0.6817	0.6357	0.6974	0.5923	0.6879
119	常州	0.6831	0.7465	0.5719	0.6363	0.6254	0.7051
120	驻马店	0.6824	0.6832	0.6799	0.5782	0.5646	0.6426
121	金华	0.6822	0.7591	0.5880	0.6508	0.4882	0.5827
122	南阳	0.6822	0.6452	0.7209	0.5606	0.6148	0.7040
123	宁德	0.6816	0.7296	0.6045	0.5869	0.6539	0.6606
124	南平	0.6810	0.7331	0.6749	0.6157	0.3474	0.3993
125	许昌	0.6804	0.6894	0.5857	0.7393	0.6585	0.7574
126	菏泽	0.6780	0.6882	0.7003	0.5577	0.4332	0.5329
127	抚顺	0.6779	0.6565	0.5570	0.6118	0.7672	0.8414
128	鹤岗	0.6777	0.5874	0.5973	0.7121	0.7894	0.7543
129	吉林	0.6754	0.6984	0.5985	0.6161	0.7406	0.7376
130	衡水	0.6753	0.6458	0.6828	0.6403	0.5913	0.6456
131	肇庆	0.6752	0.7254	0.5960	0.5755	0.6220	0.6436

续表

排名	城市	综合指标	经济社会指标	城市建设指标	资源消耗指标	交通运输指标	环境影响指标
132	金昌	0.6748	0.6353	0.7339	0.5467	0.5777	0.6433
133	盐城	0.6744	0.7617	0.5952	0.5576	0.5096	0.4954
134	淮安	0.6732	0.7346	0.5663	0.5375	0.7355	0.7339
135	曲靖	0.6722	0.6670	0.6727	0.7102	0.5181	0.4446
136	赣州	0.6706	0.5996	0.7328	0.6999	0.5228	0.5670
137	通化	0.6697	0.6184	0.6028	0.7549	0.4674	0.4589
138	河源	0.6691	0.6862	0.6067	0.6670	0.6006	0.7015
139	白城	0.6683	0.7217	0.5176	0.7257	0.7201	0.7373
140	临沂	0.6680	0.6810	0.5907	0.6517	0.6539	0.7447
141	佛山	0.6672	0.7884	0.5076	0.5890	0.5755	0.6312
142	鹰潭	0.6668	0.6151	0.6856	0.6745	0.5337	0.6074
143	周口	0.6665	0.7165	0.5940	0.5931	0.5516	0.5641
144	益阳	0.6660	0.7024	0.5124	0.6292	0.5575	0.6053
145	滨州	0.6643	0.7081	0.5700	0.7610	0.4334	0.5361
146	邵阳	0.6638	0.6454	0.6643	0.6128	0.5410	0.6355
147	鹤壁	0.6636	0.6709	0.6055	0.6054	0.6562	0.7478
148	丹东	0.6634	0.6674	0.5928	0.7348	0.6315	0.6944
149	铁岭	0.6626	0.6222	0.6390	0.7021	0.6549	0.7161
150	荆州	0.6625	0.6934	0.5709	0.7713	0.4682	0.4775
151	北海	0.6615	0.6526	0.6212	0.5366	0.7634	0.8073
152	咸阳	0.6607	0.6673	0.6061	0.6669	0.5848	0.6823
153	襄樊	0.6593	0.6743	0.5858	0.6085	0.6617	0.7394
154	龙岩	0.6592	0.7502	0.5309	0.6859	0.4872	0.5387
155	云浮	0.6591	0.6550	0.7134	0.5738	0.3418	0.3670
156	黑河	0.6588	0.7367	0.5148	0.6215	0.6723	0.6532
157	包头	0.6578	0.5995	0.5854	0.5192	0.7769	0.7669
158	张家口	0.6574	0.5771	0.6744	0.6783	0.7038	0.6828
159	潮州	0.6570	0.6837	0.5688	0.5912	0.6901	0.7188
160	东营	0.6544	0.7711	0.4618	0.5812	0.6893	0.7740

续表

排名	城市	综合指标	经济社会指标	城市建设指标	资源消耗指标	交通运输指标	环境影响指标
161	宝鸡	0.6524	0.6824	0.5452	0.6637	0.6686	0.7711
162	六安	0.6517	0.6992	0.5301	0.5597	0.7542	0.8120
163	亳州	0.6501	0.7113	0.5413	0.5263	0.6789	0.7697
164	信阳	0.6500	0.6854	0.5542	0.5496	0.7304	0.7463
165	郴州	0.6500	0.6889	0.5598	0.7410	0.4923	0.5721
166	萍乡	0.6499	0.5484	0.7635	0.5431	0.5635	0.5934
167	固原	0.6489	0.5506	0.7064	0.5733	0.6912	0.7920
168	咸宁	0.6468	0.7152	0.5210	0.5893	0.6587	0.7402
169	通辽	0.6466	0.6540	0.5232	0.4776	0.7390	0.7095
170	九江	0.6465	0.6168	0.6077	0.7148	0.5912	0.6247
171	朝阳	0.6462	0.6877	0.4706	0.5958	0.6933	0.7154
172	大同	0.6454	0.5486	0.5746	0.6788	0.7532	0.7172
173	呼伦贝尔	0.6452	0.6870	0.5698	0.7272	0.4161	0.3797
174	广元	0.6450	0.6329	0.6016	0.5558	0.7175	0.7452
175	德阳	0.6439	0.6761	0.5961	0.5151	0.5773	0.6594
176	阳泉	0.6434	0.6014	0.5262	0.6422	0.7317	0.6996
177	绥化	0.6430	0.7204	0.5104	0.5670	0.6323	0.7159
178	马鞍山	0.6421	0.5952	0.5355	0.5859	0.7392	0.7639
179	张家界	0.6419	0.6502	0.5758	0.5770	0.6654	0.7501
180	新余	0.6416	0.5711	0.6908	0.5332	0.6226	0.7022
181	玉溪	0.6414	0.6445	0.5978	0.5690	0.6593	0.7509
182	雅安	0.6409	0.6560	0.6355	0.5464	0.6341	0.5793
183	长治	0.6404	0.5064	0.6920	0.7232	0.5024	0.3457
184	平顶山	0.6400	0.6087	0.6276	0.6707	0.5630	0.5723
185	池州	0.6374	0.7132	0.4575	0.5865	0.8132	0.8112
186	兰州	0.6369	0.6314	0.4308	0.5409	0.7410	0.8107
187	铜陵	0.6365	0.6355	0.5868	0.5012	0.7360	0.8215
188	黄冈	0.6348	0.6066	0.5734	0.6022	0.7728	0.7597
189	永州	0.6346	0.6196	0.6025	0.6337	0.6105	0.6578

续表

排名	城市	综合指标	经济社会指标	城市建设指标	资源消耗指标	交通运输指标	环境影响指标
190	宿州	0.6342	0.7049	0.5495	0.5473	0.5481	0.6409
191	巴中	0.6342	0.6473	0.5595	0.5468	0.6883	0.7670
192	武威	0.6338	0.6925	0.4926	0.5810	0.7239	0.8126
193	泸州	0.6324	0.6074	0.5848	0.5883	0.7188	0.7435
194	七台河	0.6310	0.4983	0.6396	0.6834	0.8443	0.8202
195	衢州	0.6297	0.6703	0.5505	0.6957	0.4140	0.4789
196	清远	0.6295	0.6125	0.5764	0.6151	0.6799	0.7196
197	怀化	0.6287	0.6770	0.5171	0.7386	0.5070	0.5360
198	三门峡	0.6281	0.6719	0.5825	0.7227	0.3126	0.2642
199	内江	0.6280	0.5595	0.6677	0.6504	0.4943	0.5795
200	天水	0.6277	0.6681	0.5096	0.5918	0.6700	0.7685
201	遂宁	0.6270	0.6489	0.5294	0.5508	0.7063	0.7654
202	宜春	0.6259	0.6258	0.6364	0.5697	0.3865	0.4208
203	榆林	0.6253	0.6922	0.5728	0.6094	0.4275	0.3804
204	抚州	0.6248	0.6397	0.5602	0.5639	0.6272	0.7181
205	黄石	0.6243	0.5596	0.6390	0.6464	0.5658	0.6017
206	宣城	0.6243	0.6402	0.5425	0.5591	0.7092	0.7000
207	上饶	0.6237	0.6115	0.5967	0.6540	0.5275	0.6016
208	荆门	0.6235	0.6377	0.5218	0.6994	0.6306	0.6702
209	孝感	0.6231	0.6424	0.5797	0.6306	0.4672	0.4386
210	朔州	0.6230	0.6488	0.5348	0.5643	0.6861	0.6419
211	铜川	0.6220	0.6550	0.5054	0.5806	0.7357	0.7906
212	三明	0.6213	0.6918	0.5502	0.7358	0.2497	0.2636
213	西宁	0.6193	0.4540	0.5736	0.6549	0.6679	0.7166
214	酒泉	0.6189	0.6869	0.4225	0.7090	0.6874	0.7783
215	南充	0.6187	0.6161	0.5319	0.5985	0.7085	0.7588
216	商丘	0.6185	0.6678	0.5053	0.6529	0.5063	0.6023
217	丽江	0.6175	0.6467	0.4639	0.7170	0.6718	0.7641
218	临沧	0.6172	0.6781	0.6107	0.5513	0.1838	0.2936

续表

排名	城市	综合指标	经济社会指标	城市建设指标	资源消耗指标	交通运输指标	环境影响指标
219	资阳	0.6159	0.7017	0.4482	0.5489	0.6810	0.7707
220	白山	0.6152	0.5721	0.4827	0.6239	0.7458	0.7672
221	安康	0.6148	0.6244	0.5341	0.5470	0.6916	0.7884
222	玉林	0.6148	0.6861	0.4752	0.5503	0.6686	0.7664
223	贵港	0.6124	0.6410	0.4971	0.5394	0.7398	0.7099
224	昭通	0.6123	0.6777	0.4746	0.5651	0.6682	0.7365
225	安阳	0.6112	0.5474	0.5849	0.5706	0.4914	0.5212
226	娄底	0.6050	0.5035	0.6555	0.6616	0.5226	0.5295
227	眉山	0.6007	0.5888	0.5377	0.5675	0.6548	0.7089
228	本溪	0.6001	0.4828	0.6117	0.6227	0.8163	0.8023
229	广安	0.5940	0.5089	0.5677	0.5338	0.5247	0.5624
230	唐山	0.5934	0.5786	0.5636	0.5924	0.6051	0.5557
231	遵义	0.5923	0.5967	0.4789	0.6868	0.5788	0.6664
232	鄂州	0.5913	0.6103	0.4524	0.5963	0.7343	0.7286
233	汉中	0.5908	0.6065	0.5168	0.5906	0.5789	0.6562
234	达州	0.5904	0.5811	0.5465	0.6256	0.5052	0.5834
235	赤峰	0.5904	0.6309	0.5242	0.5609	0.6151	0.5183
236	晋中	0.5898	0.5361	0.5884	0.6650	0.6148	0.4586
237	崇左	0.5858	0.6943	0.4801	0.5327	0.3490	0.4354
238	商洛	0.5843	0.6866	0.4889	0.5561	0.3192	0.4004
239	贺州	0.5812	0.6294	0.4619	0.5381	0.5863	0.6742
240	保山	0.5801	0.6213	0.5414	0.5658	0.2930	0.3974
241	葫芦岛	0.5770	0.4984	0.5619	0.6056	0.6760	0.7574
242	张掖	0.5700	0.6129	0.4330	0.5775	0.6249	0.7079
243	渭南	0.5694	0.4901	0.6176	0.5743	0.4495	0.5190
244	来宾	0.5686	0.7104	0.4231	0.5930	0.1864	0.2454
245	乐山	0.5671	0.5352	0.5259	0.5487	0.6143	0.6554
246	定西	0.5652	0.5630	0.4800	0.5490	0.6646	0.7561
247	吴忠	0.5618	0.3117	0.7493	0.7328	0.4154	0.5039

续表

排名	城市	综合指标	经济社会指标	城市建设指标	资源消耗指标	交通运输指标	环境影响指标
248	平凉	0.5567	0.5531	0.4905	0.6106	0.4836	0.4803
249	乌兰察布	0.5509	0.4628	0.6180	0.5712	0.5286	0.4662
250	六盘水	0.5481	0.3828	0.6331	0.7359	0.4352	0.4686
251	莱芜	0.5392	0.4767	0.4942	0.5909	0.6496	0.6872
252	巴彦淖尔	0.5352	0.5125	0.5519	0.5244	0.3047	0.4189
253	运城	0.5328	0.4947	0.4889	0.6153	0.4961	0.5063
254	嘉峪关	0.5326	0.4774	0.4192	0.3824	0.8027	0.8368
255	攀枝花	0.5248	0.4717	0.4709	0.5487	0.6952	0.6980
256	吕梁	0.5213	0.4477	0.5475	0.5736	0.5490	0.3855
257	石嘴山	0.5207	0.3793	0.5798	0.4131	0.7737	0.7966
258	乌海	0.5157	0.3412	0.4998	0.5596	0.6491	0.6521
259	临汾	0.5111	0.4337	0.5506	0.5368	0.5162	0.4274
260	忻州	0.4997	0.4851	0.4308	0.5468	0.6065	0.4419
261	中卫	0.4784	0.4565	0.4036	0.6319	0.4108	0.4423

参 考 文 献

陈蔚镇，卢源．2011．低碳城市发展的框架、路径与愿景．北京：科学出版社．

樊纲，马蔚华．2011．低碳城市在行动：政策与实践．北京：中国经济出版社．

联合国环境规划署．2013．城市温室气体核算国际标准．http：//www.unep.org.

刘志林，戴亦欣，董长贵，等．2009．低碳城市理念与国际经验．城市发展研究，（6）：2~3.

潘海啸，贾宁．2011．低碳城市的高品质交通：政策、体系与创新．上海：同济大学出版社．

仇保兴．2012．兼顾理想与现实——中国低碳生态城市指标体系构建与实践示范初．北京：中国建筑工业出版社．

世界银行．2012．中国低碳城市报告．

王伟，等．2011．低碳时代的中国能源发展政策研究．北京：中国经济出版社．

王新华，俞珠峰，等．2004．从18个城市看我国人均能耗和单位 GDP 能耗水平．研究与探讨，（5）：24~27.

王勇．2011．单位 GDP 能耗的数学模型探讨．科技创新导报，（1）：89~90.

熊焰 . 2011. 低碳之路：重新定义世界和我们的生活 . 北京：中国经济出版社 .

张坤民 . 2010. 低碳经济：可持续发展的挑战与机遇 . 北京：中国环境科学出版社 .

中国城市科学研究会 . 2009. 中国低碳生态城市发展战略 . 北京：中国城市出版社 .